机电安全管理

主　编　雷　勇　黄崇富
副主编　谭亚红　吴慧玲
主　审　林雪峰

U0234349

北京理工大学出版社
BEIJING INSTITUTE OF TECHNOLOGY PRESS

内 容 简 介

本书在内容结构设置上主要分为机电设备安全和电气安全两部分，每个部分融入安全管理意识及技术措施应用，共分为 8 个学习情境，以情境式学习环境展开。本书通过企业生产中典型机电伤害事故案例分析引入，提出学习目标，增强学习的针对性和代入感；在知识学习单元融入国家标准、行业标准和职业技能等级考核标准，重难点内容配置有讲解微课二维码，方便学习时扫码观看，加深对知识技能的理解应用；在情境小结和学习评价环节，配置有知识结构思维导图和测评表，方便对学习效果做直观的检测和回顾。希望通过本书的学习，可以着重培养读者的电气安全意识和安全技能，掌握电气安全的管理和技术措施。

本书面向机电一体化技术和安全技术专业领域，可以作为技术从业人员的技能参考书，也可以作为机电相关专业的核心课程教学用书。

图书在版编目（C I P）数据

机电安全管理／雷勇，黄崇富主编． —— 北京 ：北京理工大学出版社，2023.12

ISBN 978 - 7 - 5763 - 3245 - 2

Ⅰ．①机… Ⅱ．①雷… ②黄… Ⅲ．①机电设备 – 安全管理 – 高等学校 – 教材 Ⅳ．①TM08

中国国家版本馆 CIP 数据核字（2023）第 252017 号

责任编辑：王梦春　　**文案编辑**：魏　笑
责任校对：周瑞红　　**责任印制**：李志强

出版发行／北京理工大学出版社有限责任公司
社　　址／北京市丰台区四合庄路 6 号
邮　　编／100070
电　　话／（010）68914026（教材售后服务热线）
　　　　　　（010）68944437（课件资源服务热线）
网　　址／http://www.bitpress.com.cn

版 印 次／2023 年 12 月第 1 版第 1 次印刷
印　　刷／河北盛世彩捷印刷有限公司
开　　本／787 mm×1092 mm　1/16
印　　张／17.5
字　　数／340 千字
定　　价／79.90 元

前　言

电力是人类目前最重要的能源之一，随着我国经济建设的迅速发展和人民生活水平的不断提高，各种以电力作为能源的机械设备逐渐增多，一方面机械设备提高了生产效率，另一方面因机电安全引起的人身设备事故越来越多，损失也逐渐增多。

在党的第二十次全国代表大会上，习近平代表第十九届中央委员向大会作了题为《高举中国特色社会主义伟大旗帜　为全面建设社会主义现代化国家而团结奋斗》的报告，报告提出："巩固优势产业领先地位，在关系安全发展的领域加快补齐短板，提升战略性资源供应保障能力。"机电安全管理与安全发展密切相关，相互促进。通过合理的机电安全管理措施，可以保障人身安全、提高生产效率、保护环境资源，促进经济可持续发展和高质量发展。

本书在内容结构设置上分为8个学习情境，包括机电安全基础认知、供配电系统的电气安全、机电设备安全、电气线路安全、防雷与接地系统、电气防火防爆、静电防护和电磁防护、施工现场临时用电安全。本书主要阐述安全用电常识、触电急救方法、电击防护措施和方法、机械伤害和防护、雷电和静电防护、管理条例及规范操作等。

本书以情境式学习环境展开，通过企业生产中典型机电伤害事故案例分析引入，提出学习目标，增强学习的针对性和代入感；在学习单元融入最新颁发的国家标准、行业标准和职业技能等级考核标准，同时重难点内容均配置有讲解微课二维码，方便读者学习时扫码观看，加深对知识技能的理解应用；在情境小结和学习评价环节，均配置有知识结构思维导图和测评量表，方便对学习效果做直观地检测和回顾。通过本书的学习，可以着重培养学员的电气安全意识和安全技能，让学员掌握电气安全的管理措施和技术措施，同时让更多的读者掌握触电急救、绝缘体测试、接地电阻测试、电气消防技术和防雷接地施工技术，对职业能力培养和职业素养养成起到主要支撑及明显的促进作用。本书面向机电一体化技术和安全技术专业领域，可以作为技术从业人员的技能参考书，也可以作为机电相关专业的核心课程教学用书。

本书由重庆工程职业技术学院雷勇、黄崇富担任主编；谭亚红、吴慧玲担任副主编；

林雪峰担任主审。本书编写过程中得到了重庆工程职业技术学院电气自动化教研室同事们大力帮助，同时感谢来自机电行业的资深技术人员（如广东锐志科技有限公司的朱军、中煤科工集团重庆研究院有限公司常宇）在教材编写过程中提供帮助并把关审稿。本书的编写得到了基金项目：教育部全国职业院校教师教学创新团队建设体系化课题"机电一体化技术专业（工业机器人方向）'双师'队伍建设发展规划研究与实践"（项目编号：TX20200201），重庆市教委重大教改课题"1＋X证书制度下机电一体化技术专业群'双元'育人模式改革研究与实践"（项目编号：201037），重庆市教委重点教改课题"'互联网＋教育'背景下基于智慧课堂教学模式提升大学生自主学习能力的研究与实践"（项目编号：192076）的资助与支持，在此表示感谢。本书在编写过程中参考了相关文献和著作，在此向这些文献的作者致以诚挚的谢意。

由于作者水平有限，期待专家与读者对书中的错误和不足之处提出宝贵意见，以便进一步修改与完善。

编　者
2024年1月

目　录

学习情境一
机电安全基础认知

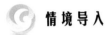 **情境导入**

"12·24" 国家能源集团宁夏平罗发电有限公司机械伤害人身死亡事故

2020年12月24日，国家能源集团宁夏平罗发电有限公司发生一起人身伤亡事故，1人死亡。宁夏平罗发电有限公司外包单位河南豫能电力工程有限责任公司的1名作业人员在输煤8A皮带落煤管检查积煤时，未停止运行中的入炉煤采样机，违规打开观察口，探入采样机内部检查积煤，被定时动作的8A皮带入带炉煤采样机采样头夹住，后经抢救无效死亡。

在后续调查和责任认定时，对这起事故的事故分析如下：

（1）违规操作：事故发生的直接原因是作业人员违规操作。作业人员在未停止运行入炉煤采样机的情况下，打开观察口并探入采样机内部检查积煤。这违反了安全操作规程和检查程序，危及了自己的安全。

（2）缺乏有效的管控：事故发生反映出管控不到位。即使工程已外包河南豫能电力工程有限责任公司，安全管理仍然是主管单位的责任。宁夏平罗发电有限公司未能充分监管外包单位和作业人员的操作安全，也未建立有效的审批程序和管控机制。

（3）安全教育和培训不足：作业人员的违规行为可能与安全教育和培训不足有关。如果作业人员对设备操作规程和风险意识接受了足够的培训和教育，可能能够避免这起事故的发生。

（4）设备设计缺陷：事故显示了入炉煤采样机的设计缺陷。在正常运行状态下，采样机应该无法被非授权人员打开和接近，以防止类似的意外发生。因此，入炉煤采样机的设计可能需要进一步改进，以提高安全性。

为避免类似事故的发生，我们该采取什么措施来提高作业人员的安全意识和技能？以减少违规操作的发生，从而降低类似事故的风险。同时，对于企业本身、主管单位和外包单位在提升生产效率、经营收益的同时，又该采取什么措施为工作人员提供安全的工作环境呢？

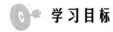 **学习目标**

技能目标 ☞

安全操作技能：学生能够正确、规范地操作机电设备，具备安全意识、包括设备的启停、检修和维护等，遵守操作规程和流程，确保操作安全。

应急处置技能：学生能够识别和应对机电设备故障和事故，采取适当的应急措施，保护自身和他人的安全。

现场风险评估技能：学生能够对机电设备操作现场进行风险评估，识别潜在的安全风险，采取相应的措施进行预防和控制。

知识目标 ☞

机电设备相关知识：学生能够掌握机电设备的基本防护等级、常见故障原因、预防和维修方法等相关知识。

安全管理和法规知识：学生能够了解、查找与机电设备安全相关的国家和地区的法规标准，掌握相关安全管理要求和措施。

风险评估和控制知识：学生能够理解风险评估的方法和流程，知晓风险控制的措施和技术，并能够应用于机电设备操作和维护中。

素质目标 ☞

安全意识与责任意识培养：学生能够培养安全意识和责任意识，认识到自身在机电设备操作中的责任，积极参与安全管理和维护工作。

团队合作与沟通能力：学生能够在机电安全管理中与他人合作，通过有效沟通和协作解决安全问题，建立良好的工作关系。

自我学习与创新能力发展：学生能够主动学习和探索机电安全领域的新知识和新技术，善于分析和解决问题，具备自我学习和创新的能力。

学习单元 1 机电安全基础

1.1 引言

18世纪60年代，人类迎来工业革命，并创造了巨大的生产力，随着蒸汽机的发明和应用，人类进入"蒸汽时代"。

100多年后，人类社会生产力发展又一次重大飞跃。人类把这次飞跃叫作"第二次工业革命"，今天所使用的电灯、电话都是在这次变革中被发明出来的，人类由此进入"电气时代"。

随着科学技术的不断提高，在企业生产过程中，人类使用电力驱动的先进机械设备的应用越来越多。工业生产已逐渐向自动化、智能化转变，机电设备已经成为企业生产中必不可少的一部分。

随着我国工业生产作业自动化和机械化程度的不断提高，机电一体化进程正不断深入生产，机电设备管理在生产管理中显得更加重要。机电设备安全管理作为设备管理的重头戏，应该受到企业和从业人员的高度重视。

科学有效的机电设备安全管理与维护制度能够保障机电设备在安全稳定的状态下运行，规避各种安全隐患，提升设备运行效率，最大限度地减少故障的发生和人身伤害，从而提升机电设备的使用年限，减少不必要的成本支出，切实保障企业的经济效益，推动我国《中国制造 2025》战略的顺利实施。

1.2　机电安全

从工程应用的角度来说，机电安全分为机械安全和电气安全两个方面。机械安全主要有常用机械安全生产技术、机械制造场所安全技术、机械安全测试与维修、机电产品安全评价、机电产品安全性设计、机械电气防火防爆安全等；电气安全主要有触电防护、雷电防护、静电防护、电气系统安全、电气安全测试等，如图 1 – 1 所示。

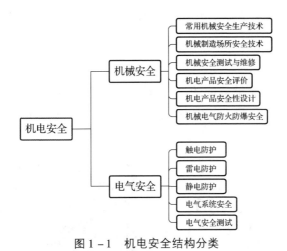

图 1 – 1　机电安全结构分类

1.3　电气安全

电气安全是安全领域中与电气相关的科学技术及管理工程，包括电气安全实践、电气安全教育和电气安全科研。电气安全是以安全为目标，以电气为领域的应用科学，它包括用电安全和电器安全，其基本理论是电磁学理论及安全原理。

视频：电气事故的类型

由于电能应用的广泛性，电气安全也具有广泛性，不论生产领域，还是生活领域，都离不开电，都会遇到各种不同的电气安全问题。电气安全具有综合性的特点，它不仅与电力工业密切相关，而且与建筑、煤炭、冶金、石油、化工、机械等各行各业都密切相关；再者，电气安全工作既有工程技术的一面，又有组织管理的一面。

电气安全评价包括有效性和经济性两个方面。系统的电气安全有效性评价，是从电气安全角度来评价系统中各部分布置是否合理，各部分所采取的电气安全防范措施是否合理，各部分能否协调工作，整个系统是否存在电气安全的死区等；也是对工业企业现实系统中的电气危险因素进行辨识，并预测由于电的热效应、化学效应、机械效应等引发事故的可能性及事故后果，从而提出电气安全措施和整改建议。

1.4 电气事故

电气事故是局外电能作用于人体或电能失去控制所造成的意外事件，即与电能直接关联的意外灾害。电气事故使人们的正常活动中断，并可能造成人身伤亡和设备、设施的毁坏。管理、规划、设计、安装、试验、运行、维修、操作中的失误可能导致电气事故。

视频：电气事故的特征

1. 电气事故的分类

按照构成事故的基本要素，电气事故可分为触电事故、静电事故、雷电灾害、射频危害、电路故障五类。

（1）触电事故。

触电事故是由电流的能量造成的（见图 1-2）。触电是电流对人体的伤害，电流对人体的伤害可以分为电击和电伤（见图 1-3）。绝大部分触电伤亡事故含有电击的成分。

图 1-2　触电

图 1-3　电伤

电击是电流通过人体，刺激机体组织，使肌肉非自主地发生痉挛性收缩而造成的伤害，严重时会破坏人的心脏、肺部、神经系统的正常工作，形成危及生命的伤害。

电伤是电流的热效应、化学效应、机械效应等对人体造成的伤害。电伤多见于人体的外部，往往在人体表面留下伤痕。能够形成电伤的电流通常比较大。电伤属于局部伤害。

（2）静电事故。

静电事故指生产工艺过程和工作人员操作过程中，由于某些材料的相对运动、接触与分离等原因而积累起来的相对静止的正电荷和负电荷。静电电压可能高达数万伏至数十万伏，可能在现场产生静电火花。在火灾和爆炸危险场所，静电火花是一个十分危险的因素。

（3）雷电灾害。

雷电灾害是大气电。雷电放电具有电流大、电压高等特点，其能量释放出来可能产生极大的破坏力。雷击除了可能毁坏设施和设备外，还可能直接伤及人、畜，引起火灾和爆炸。

（4）射频危害。

射频辐射危害，即电磁场伤害。在高频电磁场作用下人体吸收辐射能量，使人的中枢神经系统、心血管系统等部件会受到不同程度的伤害。射频辐射危害表现为感应放电。

（5）电路故障。

电路故障是由电能传递、分配、转换失去控制造成的。断线、短路、接地、漏电、误合闸、误掉闸、电气设备或电气元件损坏等属于电路故障。电气线路或电气故障可能影响到人身安全。

2. 电气事故的一般规律

电气事故总是发生在突然的一瞬间，而且往往造成严重的后果。因此掌握事故的规律，对防止或减少电气事故的发生是有好处的。根据对已发生电气事故的分析，电气事故主要有以下规律。

视频：用电安全的
基本要求

（1）电气事故季节性明显。

一年之中，二、三季度是电气事故多发期，尤其在6~9月最为集中，原因主要是：

①这段时间正值炎热季节，人体穿着单薄且皮肤多汗，增大了电气的危险性。

②这段时间潮湿多雨，电气设备的绝缘性能有所降低。

③这段时间许多地区处于农忙季节，用电量增加，农村电气事故随之增加。

（2）低压设备触电事故多。

低压电气事故远多于高压电气事故，原因主要是：

①低压设备远多于高压设备。

②缺乏电气安全知识的人员多是与低压设备接触。

（3）携带式设备和移动式设备电气事故多。

携带式设备和移动式设备电气事故多，原因主要是：

①设备经常移动。

②工作条件较差，容易发生故障。

③在使用时需用手紧握进行操作。

（4）电气连接部位触电事故多。

电气连接部位触电事故多的原因主要是：

①电气连接部位机械牢固性较差。

②电气连接部位电气可靠性较低，是电气系统的薄弱部位。

（5）农村触电事故多。

农村触电事故多的原因主要是：

①农村用电条件较差。

②设备简陋，技术水平低。

③管理不严，电气安全知识缺乏。

（6）冶金、矿业、建筑、机械行业触电事故多。

冶金、矿业、建筑、机械行业触电事故多的原因主要是：

①工作现场环境复杂，潮湿、高温。

②移动式设备和携带式设备多。

③现场金属设备多。

（7）青年、中年人以及非电工人员电气事故多。

青年、中年人以及非电工人员电气事故多的原因主要是：

这些人员是设备操作人员的主体，他们直接接触电气设备，部分人缺乏电气安全的知识。

（8）误操作事故多。

误操作事故多的原因主要是：

防止误操作的技术措施和管理措施不完备。

学习单元 2 人体通过电流的效应

当人体同时触及不同电位的导电部分时，电位差使电流流经人体，称为电接触。视接触电流的大小和持续时间的长短，电接触对人体有不同的效应。电流小时于人体无害，例如用于诊断和治病的某些医疗电气设备，接触人体时通过微量电流治病救人，对人体有益，这种电接触被称作微电接触；如通过人体的电流较大，持续时间过长，则可使人体受到伤害甚至死亡，这种电接触被称作电击。电击危及生命，电气专业人员应了解电流通过人体的效应，采取正确有效的防范措施，避免发生电击事故。

2.1 电流通过人体时的反应

电流对人体的作用是指电流通过人体内部对人体有害的作用。

电流通过人体内部对人体的伤害程度与通过人体电流的大小、电流通过人体的持续时间、电流通过人体的途径、电流的种类以及人体的状况等多种因素有关，电流大小与持续时间是主要因素。

1. 伤害程度与电流大小的关系

通过人体的电流越大，人体的生理反应越明显、感觉越强烈。

根据 GB/T 13870.1—2008《电流对人和家畜的效应　第 1 部分：通用部分》有如下几个电流阈值：

视频：电流通过人体时的效应

①感知电流。可引起人的感觉的最小电流称为感知电流（见图 1 - 4）。

②摆脱电流。人触电后能自行摆脱电源的电流极限值称为摆脱电流（见图 1 - 5）。

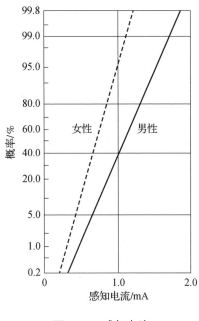

图 1 - 4　感知电流

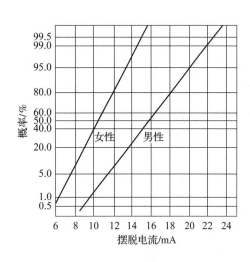

图 1 - 5　摆脱电流

③致命电流。致命电流是指电流通过人体时，使心脏的心室产生颤动而濒于死亡的电流值。

2. 伤害程度与时间的关系

电流对人体的伤害程度与电流对人体作用的持续时间有密切关系。在心脏搏动周期中，只有对应心电图上约 0.1 s 的 T 波这一特定相位是心脏对电流最敏感的（见图 1 - 6）。

通电时间越长，心脏搏动与特定相位重合的可能性越大，心室颤动的可能性就越大。从图 1 - 7 可知，人体遭受电击时发生心室纤颤致死的危险程度是与通过人体电流的大小及持续时间的长短有关的。由此可知，手持式设备（例如手电钻）和移动式设备（例如落地灯）比固定式设备具有更大的电击致死的危险性。在持握这类绝缘损坏的设备时，如通过人体的电流大于 30 mA，由于已超过摆脱电流阈值 10 mA，人体已不能脱离与电

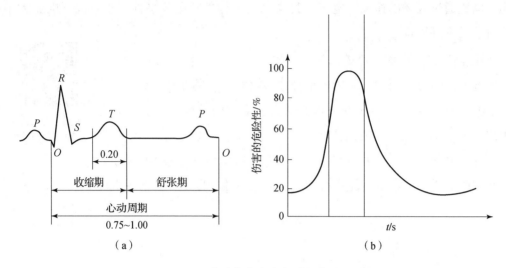

图 1-6 电流伤害程度与时间的关系

的接触，若切断电源的时间较长超过图 1-7 所示的发生心室纤颤阈值，即有可能电击致死。因此对于手持式和移动式设备，必须在相应时间内切断电源，这是要求在连接手持式、移动式设备的插座回路上装有瞬动剩余电流动作保护器（RCD）的缘由。对于固定式设备和配电线路，因不存在手掌紧握故障设备不能摆脱的问题，可在 5 s 内切断电源，缘由将在后续章节予以说明。

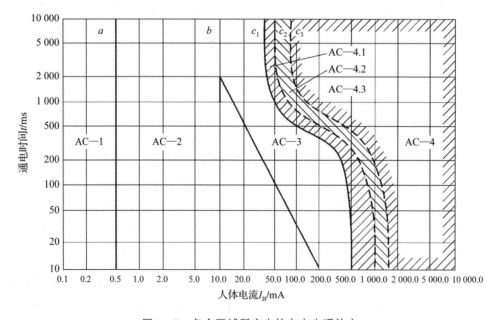

图 1-7 各个区域所产生的电击生理效应

交流电流对人体作用产生的电击效应和区域划分如表 1-1 所示。

表 1－1　交流电流对人体作用产生的电击效应和区域划分

区域符号	区域界限	生理效应
AC—1	$0 \sim 0.5$ mA 至线 a	通常无反应
AC—2	0.5 mA 至线 b	通常无有害生理效应
AC—3	线 b 至曲线 c_1	通常预计无器质性损伤，通电时间超过 2 s 时，很可能发生痉挛样的肌肉收缩，呼吸困难。随着电流量值和时间的增加，心脏内心电冲动的形成和传导有可能恢复的障碍，包括无心室纤维性颤动的心房纤维性颤动和心脏短暂停搏动
AC—4	曲线 c_1 以右	除区域 AC—3 的效应外，随着电流量值和通电时间的增加，可能出现一些危险病理生理效应，如心跳停止、呼吸停止及严重烧伤
AC—4.1	$c_1 - c_2$	心室纤维性颤动的概率增约 5%
AC—4.2	$c_2 - c_3$	心室纤维性颤动的概率增约 50%
AC—4.3	曲线 c_3 以右	心室纤维性颤动的概率超过 50%

　　直流电流通过人体时同样会产生各种效应。直流电流的感觉阈值约为 2 mA，它没有明确的摆脱阈值，只是在人体通电和断电的瞬间能引起类似痉挛的、有疼痛感的肌肉收缩。直流电流心室纤颤阈值为，当电击持续时间超过一个心搏周期时（约 1 ms），比交流电的心室纤颤阈值大几倍；当电击持续时间少于 200 ms 时，则几乎与交流电的心室纤颤阈值相同。

　　交流电流对人体作用的区域范围的划分如图 1－8、表 1－2 所示。

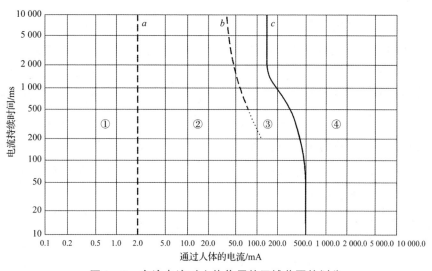

图 1－8　交流电流对人体作用的区域范围的划分

表 1-2　交流电流对人体作用的区域对应生理效应

区域	生理效应
①	通常无反应性效应
②	通常无有害的生理效应
③	通常无器官性损伤，随电流和时间的增加，可能出现心脏中兴奋波的形成和传导的可逆性紊乱
④	除③区的效应外，还可能出现心室纤颤，也可能发生严重烧伤等其他病理生理效应

3. 伤害程度与电流种类的关系

电流频率为 25~300 Hz 的交流电对人体伤害最严重。雷电和静电产生的电流为冲击电流，通常认为冲击电流引起心室颤动的界限是 27 W·s。当人体电阻为 500 Ω 时，引起心室颤动的冲击电流与时间常数的关系如图 1-9 所示。

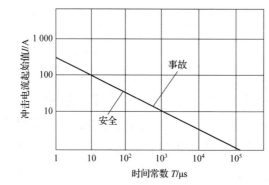

图 1-9　冲击电流与时间常数的关系

4. 安全阈值

安全电压是指不致使人直接死亡或伤残的电压，一般环境条件下允许持续接触的安全特低电压是 36 V。行业规定安全电压不高于 36 V，持续接触安全电压为 24 V，安全电流为 10 mA，电击对人体的危害程度，主要取决于通过人体电流的大小和通电时间长短。

电流强度越大，致命危险越大；持续时间越长，死亡的可能性越大。能引起人感觉到的最小电流值称为感知电流，交流为 1 mA，直流为 5 mA；人触电后能自己摆脱的最大电流称为摆脱电流，交流为 10 mA，直流为 50 mA；在较短的时间内危及生命的电流称为致命电流，如 100 mA 的电流通过人体 1 s，可足以使人致死。在有防止触电保护装置的情况下，人体允许通过的电流一般可按 30 mA 考虑。

根据生产和作业场所的特点，采用相应等级的安全电压，是防止发生触电伤亡事故的根本性措施。国家标准 GB 3805—83《安全电压》规定我国安全电压额定值的等级为 42 V、36 V、24 V、12 V 和 6 V，应根据作业场所、操作员条件、使用方式、供电方式、线路状况等因素选用。例如在特别危险环境中，使用的手持电动工具应采用 42 V 特低电压；在有电击危险环境中，使用的手持照明灯和局部照明灯应采用 36 V 或 24 V 特低电压；在金属容器内、特别潮湿处等特别危险环境中，使用的手持照明灯应采用 12 V 特低电压；水下作业等场所应采用 6 V 特低电压。

2.2 触电急救

人触电后，电流可能直接流过人体的内部器官，导致心脏、呼吸和中枢神经系统机能紊乱，形成电击；或者电流的热效应、化学效应和机械效应对人体的表面造成电伤。无论是电击还是电伤，都会带来严重的伤害，甚至危及生命。因此，触电的现场急救方法是大家必须熟练掌握的急救技术。

1．触电急救措施

当发现人体触电后，应立即采取如下急救措施：

（1）首先尽快使触电者脱离电源，以免由于触电时间稍长难于挽救，如电源开关或刀闸距触电者较近，则尽快切断开关或刀闸；如电源较远时，可用绝缘钳子或带有干燥木柄的斧子、铁锹等切断电源线，也可用木杆、竹杆等将导线挑开脱离触电者。

视频：触电急救

（2）在电源未切断之前，救护人员切不可直接接触触电者，以免触电的危险。

（3）当触电者脱离电源后，如触电者神志尚清醒，仅感到心慌、四肢麻、全身无力或曾一度昏迷，但未失去知觉时，可将触电者平躺于空气畅通而保温的地方，并严密观察。

（4）发生触电事故后，一方面进行现场抢救，另一方面应立即与附近医院联系，让医院速派医务人员抢救。在医务人员未到现场之前，不得放弃现场抢救。

（5）抢救时不能只根据触电者没有呼吸和脉搏，就擅自判断触电者已死亡而放弃抢救。因为有时触电后会出现一种假死现象，故必须由医生到现场抢救后做出触电者是否死亡的诊断。

（6）触电者呼吸和心跳的情况，一般应在 10 s 内用看、听、试的方法进行判断。如图 1－10 所示，看触电者胸部、腹部有无起伏动作，用耳贴近触电者的口鼻听有无呼吸声音；用两个手指轻轻按在触电者左侧或右侧喉结旁凹陷处，测试颈动脉有无搏动。

（7）未经医生许可，严禁用打强心针的方法进行触电急救。因为触电者处于心脏纤维性颤动（即强烈地收缩）状态，而强心针是促进心脏收缩的，故打强心针将造成恶果。

2．触电急救的原则和方法

触电急救可按以下原则，视触电者状态而采用不同方法：

（1）当触电者神志不清、有心跳，但呼吸停止或轻微呼吸时，应即时用仰头抬颏法使气道开放，并进行口对口人工呼吸。

动画：触电急救小常识

图 1－10　呼吸与脉搏判断

（2）当触电者神志丧失、心跳停止，但有极微弱的呼吸时，应立即用心肺复苏法急救。不能认为有极微弱的呼吸就只做胸外按压，因为极微弱的呼吸不能起到气体交换作用。

（3）当触电者心跳和呼吸均停止时，应立即采用心肺复苏法急救，即使在送往医院的途中也不能停止用心肺复苏法急救。

（4）当触电者心跳和呼吸均停止并有其他伤害时，应先立即进行心肺复苏法急救，然后进行外伤处理。

（5）当人遭雷击心跳和呼吸均停止时，应立即进行心肺复苏法急救，以免发生缺氧性心跳停止而造成死亡，不能只看雷击者瞳孔已放大而不坚持采用心肺复苏法急救。

3. 心肺复苏法

心肺复苏法的主要内容是开放气道、口对口（或鼻）人工呼吸和胸外按压，它可提高心跳和呼吸骤停的触电者的抢救存活率。仰卧压胸法、俯卧压胸法以及举臂压胸法，这三者只能进行人工呼吸，不能维持气道开放，不能提高肺泡内气压，效果难以判断。采用心肺复苏法抢救心跳呼吸均停止的触电者的存活率较高，是目前有效的急救方法，操作方法如下：

（1）开放气道。

触电者由于舌肌缺乏张力而松弛，舌头根下坠，堵塞气道，堵住气道入口，造成呼吸道阻塞，所以应开放气道，使舌根抬起离开咽后壁。另外，触电者口中异物、假牙或呕吐物等应首先去除。开放气道的方法有仰头抬颏法和托颌法。

仰头抬颏法的操作方式如图 1－11 所示，具体做法是将触电者仰面躺平，急救者一只手放在触电者头部前额上并用手掌用力向下压，另一只手放在触电者的颏下部将颏向上抬起，使触电者下边牙齿接触到上边牙齿，从而使头后仰放开气道。抬颏时不要将手指压向颈部软组织深处，以免阻塞气道。

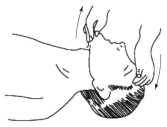

图 1 – 11　仰头抬颏法

托颏法的操作方法如图 1 – 12 所示。使触电者仰面躺平，急救者跪在触电者头部，两手放在触电者下颌两侧，如图 1 – 12（a）所示，用手将下颌抬起即可，如图 1 – 12（b）所示。操作时注意：不得使触电者头部左右扭转，以免扭伤颈椎，双手用力均匀，如图 1 – 12（c）所示。

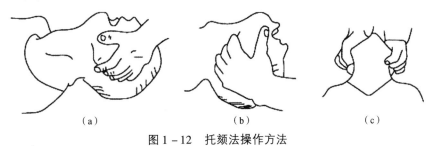

（a）　　　　　　　　　　（b）　　　　　　　　　　（c）

图 1 – 12　托颏法操作方法

（2）口对口（鼻）人工呼吸。

口对口进行人工呼吸的方法是急救者先用一只手捏紧触电者的鼻孔（防止气体从触电者鼻孔放出），然后吸一口气用自己的嘴对准触电者的嘴，向触电者做两次大口吹气，每次 1~1.5 s，再检查触电者颈动脉，若有脉搏而无呼吸则以每秒一次的速度进行人工呼吸。口对口人工呼吸操作如图 1 – 13 所示，吹气时用眼观看触电者胸部有无起伏现象。当触电者有下颌或嘴唇外伤，牙关紧闭不能口对口密封进行人工呼吸时，可用口对准鼻孔进行人工呼吸。急救者一只手放在触电者前额上使触电者头部后仰，用另一只手抬起触电者的下颌并使其口闭合，以防漏气，然后深吸一口气用嘴包封触电者鼻孔向鼻内吹气，急救者的口部移开，让触电者将气呼出。

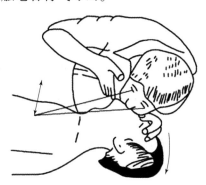

图 1 – 13　口对口（鼻）人工呼吸

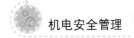

（3）胸外按压。

胸外按压的目的是人工迫使血液循环。通过胸外按压，增加胸腔压力，并对心脏产生直接压力，提供心、肺、脑及其他器官血液循环。进行胸外按压时，首先要找出正确的按压部位。正确按压部位的确定法是：急救者用右手的食指和中指沿触电者肋弓下缘向上找到肋骨和胸骨接合处的切迹，将中指放在切迹之上（即剑突底部），食指在中指旁并放在胸骨下端；急救者左手掌根，紧挨食指上缘放在胸骨上，即为正确的按压部位，如图 1-14（a）所示。

进行胸外按压操作方法如下：

1）急救者双手掌重叠以增加压力，手指翘起离开胸壁，只用手掌压住已确定的按压部位，如图 1-14（b）所示。

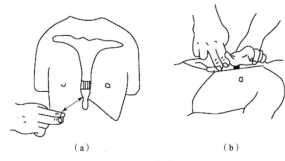

（a）　　　　　　　　　　（b）

图 1-14　胸外按压

2）急救者立或跪在触电者一侧肩旁，腰部稍弯，上身向前两臂垂直于按压部位上方。

3）以髋关节作支点利用上身的重力垂直将正常成人的胸骨向下压陷 3~5 cm（儿童和瘦弱者酌减）。

4）压到 3~5 cm 后立即全部放松，使胸部恢复正常位置让血液流入心脏（放松时急救人员的手掌不得离开胸壁也不准离开按压部位）。

5）胸外按压要以均匀速度进行，每分钟 80 次左右，每次按压和放松时间要相等。

6）胸外按压与口对口（鼻）人工呼吸同时进行时，若单人进行救护则每按压 15 次后，吹气 2 次，反复进行。若双人进行救护时，每按压 5 次后，由另一人吹气 1 次，反复进行。

（4）抢救过程的再判断。

在抢救过程中应对触电者状态进行再判断，一般按以下要求进行判断：

1）按压吹气 1 min 后，应用看、听、试的方法在 5~7 s 内，对触电者的呼吸和心跳是否恢复进行判断。

2）若颈动脉已有搏动但无呼吸则暂停胸外按压，而进行两次口对口（鼻）人工呼吸。若脉搏和呼吸均未恢复，则应继续进行心肺复苏法抢救。

3）在抢救过程中每隔数分钟，应再判断一次。每次判断时间不得超过 5~7 s，以免判断时间过长时造成死亡事故。

4）若触电者的心跳和呼吸经抢救后均已恢复，可暂停操作心肺复苏法。但在心跳呼吸恢复的早期有可能再次骤停，故应严密监护，随时准备再次抢救。

5）在现场抢救时不要为了方便而随意移动触电者，若确需移动触电者时，抢救时间不得中断 30 s。

学习单元 3　电气设备安全

视频：电气设备安全基础知识

电气设备（Electrical Equipment）是在电力系统中，从发电、供配电到用电过程中设备的统称，主要指变压器、电抗器、电容器、组合电器、断路器、互感器、避雷器、耦合电容器、输电线路、电力电缆、接地装置、发电机、调相机、电动机、封闭母线、晶闸管等。

电气设备包括一次设备和二次设备。一次设备主要是发电、变电、输电、配电、用电等直接产生、传送、消耗电能的设备，例如发电机、变压器、架空线、配电柜、开关柜等。二次设备是起控制、保护、计量等作用的设备。

3.1　电气安全基础要素

（1）电气绝缘。

保持配电线路和电气设备的绝缘良好，是保证人身安全和电气设备正常运行的最基本要素。电气绝缘的性能是否良好，可通过测量绝缘电阻、耐压强度、泄漏电流和介质损耗等参数来衡量。

（2）安全距离。

电气安全距离是指人体、物体等接近带电体而不发生危险的安全可靠距离，如带电体与地面之间、带电体与带电体之间、带电体与人体之间、带电体与其他设施和设备之间，均应

与电相关的易混淆名词

电力、电子和电器都属于电气工程学科。

1. 电气

电子、电器和电力都属于电气工程，它是一个抽象的概念，不是具体指某个设备或器件，而是指整个系统和电子、电器和电力的范畴。

2. 电力

电力是电气工程的强电部分，主要研究电能的提供（即电能的产生——发电系统）、传输（电力线路传输）、变换（高低压变换，变压器、断路器、接触器）。电力分为高压电、电压变配电。

3. 电子

电子是指电气工程的弱电部分，主要研究信息的处理、变换。电子可分为两块：电子电路和电子系统。

电子元件：制作电路板和电子设计的电子零部件，如二极管、三极管、硅类、LED 灯。电子器件：由单个和多个电路板组成的一个电子功能器件。电子系统：由电子设备组成的系统即弱电工程系统。

保持一定距离。通常，在配电线路和变、配电装置附近工作时，应考虑线路、变、配电装置、检修和操作安全距离等。

（3）安全载流量。

导体的安全载流量是指允许持续通过导体内部的电流量。持续通过导体的电流如果超过安全载流量，导体的发热将超过允许值，导致绝缘损坏，甚至引起漏电和发生火灾。因此，根据导体的安全载流量确定导体截面和选择设备是十分重要的。

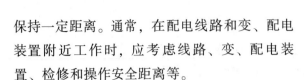

4．电器

电器是具体的设备，狭义上的电器指在工业领域开关。在民用领域，电器是指耗电类电气设备（即用电设备，如洗衣机、电视、电冰箱）。

（4）标志。

明显、准确、统一的标志是保证用电安全的重要因素。标志一般有颜色标志、标示牌标志和型号标志等。颜色标志表示不同性质、不同用途的导线；标示牌标志一般作为危险场所的标志；型号标志作为设备特殊结构的标志。

3.2 安全技术方面对电气设备基本要求

根据电气事故统计资料统计，由于电气设备的结构有缺陷，安装质量不佳，不能满足安全要求而造成的事故所占比例很大。因此，为了确保人身和设备安全，在安全技术方面对电气设备有以下要求：

（1）对裸露于地面和人身容易触及的带电设备，应采取可靠的防护措施。

（2）设备的带电部分与地面及其他带电部分应保持一定的安全距离。

（3）易产生过电压的电力系统，应有避雷针、避雷线、避雷器、保护间隙等过电压保护装置。

（4）低压电力系统应有接地、接零保护装置。

（5）对各种高压用电设备应采取装设高压熔断器和断路器等不同类型的保护措施；对低压用电设备应采用相应的低电器保护措施进行保护。

（6）在电气设备的安装地点应设安全标志。

（7）根据某些电气设备的特性和要求，应采取特殊的安全措施。

3.3 电气设备外壳防护

为防止从任何方向触及危险带电体，将带电体用绝缘体或附加一定厚度空层（见图1-15）。主要目的有以下三个方面：

①防止人体接近壳内危险部件。

②防止固体异物进入壳内设备。

③防止由于水进入壳内对设备造成有害的影响。

图 1 - 15 电气设备外壳

1. 外壳防护等级的体系

（1）IP 体系。

IP（Ingress Protection）防护等级系统是由国际电工委员会（International Electrotechnical Commision，IEC）所起草。

视频：外壳防护等级

国际电工委员会编写的国际防护和防水试验标准：IEC 60529—2001《外壳防护等级（IP 代码）》。

我国基本上是基于 GB 4208—2008《外壳防护等级（IP 代码）》标准进行规定的。

（2）NEMA 体系。

NEMA 是美国国家电器制造商协会的首字母缩写，标准号为 NEMA ICSI—110—1973。

2. IP 防护等级的组成

（1）适用范围。

本标准适用于额定电压不超过 77.5 kV，借助外壳防护的电气设备的防护分级。

（2）防护等级。

按标准规定的检验方法，外壳对接近危险部件、防止固体异物进入或水进入所提供的保护程度。

（3）IP 代码。

IP 代码表明外壳对人接近危险部件、防止固体异物或水进入的防护等级，以及与这些防护有关的附加信息的代码系统。

（4）IP 代码的配置。

IP 代码的配置如图 1 - 16 所示。

17

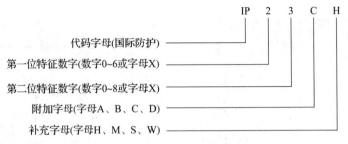

图 1-16　IP 代码的配置

1）IP 等级第一个数字代表的意义如表 1-3 所示。

表 1-3　IP 等级第一个数字代表的意义

数字	防固体物质等级（第一个数字）	
	对设备的防护	对人员的防护
0	无防护	无防护
1	防护直径不小于 50 mm 的固体异物	防止手背接近危险部件（不防护蓄意侵入）
2	防护直径不小于 12.5 mm 的固体异物	防护手指接近危险部件
3	防护直径不小于 2.5 mm 的固体异物	防护工具接近危险部件
4	防护直径不小于 1.0 mm 的固体异物	防护金属线接近危险部件
5	防护灰尘： 不可能完全阻止灰尘进入，但灰尘进入的数量不会影响设备的正常运行，不得影响安全	防护金属线接近危险部件
6	尘密型	防护金属线接近危险部件

2）IP 等级第二个数字代表的意义如表 1-4 所示。

表 1-4　IP 等级第二个数字代表的意义

数字	防液体物质等级（第二个数字）
0	无防护，无专门的防护
1	防护垂直方向滴水（垂直落下的水滴）
2	设备倾斜15°时，防护垂直方向滴水。垂直落下的水滴不应引起损害
3	防护淋水。以60°角度从垂直线两侧淋水不应引起损害
4	防护溅水。向外壳各个方向溅水无有害影响
5	防护喷水。向外壳各个方向喷水无有害影响
6	防护强烈喷水。向外壳各个方向强烈喷水无有害影响
7	防护短时间浸水。在定义的压力和时间下浸入水中时，不应有能引起损害的水量侵入
8	防护持续潜水。在制造商说明的条件下设备可长时间浸入水中，进水量不致有害程度

3）IP 代码配置举例如图 1 - 17 所示。

图 1 - 17　IP 代码的配置举例

4）附加字母所表示的对接近危险部件的防护等级如表 1 - 5 所示。

表 1 - 5　附加字母所表示的对接近危险部件的防护等级

附加字母	防护等级	
	简要说明	含义
A	防止手背接近	直径 50 mm 的球形试具与危险部件必须保持足够的间隙
B	防护手指接近	直径 12 mm、长度 80 mm 的铰接试指与危险部件必须保持足够的间隙
C	防护工具接近	直径 2.5 mm、长度 100 mm 的试具与危险部件必须保持足够的间隙
D	防护金属线接近	直径 1.0 mm、长度 100 mm 的试具与危险部件必须保持足够的间隙

5）补充字母进行试验的补充要求如表 1 - 6 所示。

表 1 - 6　补充字母进行试验的补充要求

字母	含义
H	高压设备
M	防水试验是在设备的可动部件（如旋转电机的转子）运动时进行的
S	防水试验是在设备的可动部件（如旋转电机的转子）静止时进行的
W	提供附加防护或处理以适用于规定的气候条件

（5）NEMA 防护标准的代码如表 1 - 7 所示。

表 1 - 7　NEMA 防护标准的代码

类型代码	说明
Type 1	通用型，室内用
Type 2	防滴漏水，室内用

续表

类型代码	说明
Type 3	防尘，防雨（不漏水），抗雨夹雪和冰，室外用
Type 3R	防雨（不漏水），抗雨夹雪和冰，室外用
Type 4	防雨防尘，室内室外用
Type 4X	防雨防尘，防腐，室内室外用
Type 6	可以浸入水中，防尘，防雨（不漏水），抗雨夹雪和冰，室外用
Type 12	工业用途，防尘，防水，室内用
Type 13	防油防尘，室内用

（6）IP 防护等级与 NEMA 防护等级的对应关系如表 1-8 所示。

表 1-8　IP 防护等级与 NEMA 防护等级的对应关系

IP	NEMA
30	1
31	2
32	3R
64	3
64	12 和 12
66	4 和 4X

3. 防护标准的应用

在工业应用中，必须考虑 IP 防护。对于封闭建筑的标准工业系统，采用 IP54 防护，灰尘防护和泼水防护；对于户外系统（汽车等），推荐 IP65 防护，防灰和防喷水；防护等级≤IP40 仅为防触摸或仅当系统安装在机架（例如支架）上才有意义；在户外仓库的铲车系统上不应该用 IP20 防护；采用 IP67 的控制系统，如果不是应用在潜艇上，通常使用在不当的场合里。

3.4　电气设备触电防护

工业上的许多伤亡事故是由于对电的职业暴露引起的。人体作为电的良导体，如果成为电路的一部分，电流将在其中通过，造成对人体的伤害。通常触电是与较差绝缘的带电设备接触的结果。触电事故按作用方式可分为电击和电伤两种类型。人遭电击后会引起胸肌收缩、神经中枢麻痹、心跳暂停、出血等症状。人体遭受数十毫安电流电击时，时间稍长即会致命。电击是全身伤害，但一般不在身体表面留下大面积明显伤痕。绝大部分触电伤亡事故都含有电击的成分。

视频：电气设备电击
防护方式分类

1. 电气设备触电防护分类

电气设备按照触电防护方式，分为以下 5 类。

（1）0 类。0 类设备仅仅依靠基本绝缘来防止触电，外壳上和内部的不带电导体上都没有接地端子，只能用于非导电场所。

（2）0Ⅰ类。0Ⅰ类设备是依靠基本绝缘来防止触电的，但是，这种设备的金属外壳上装有接地（零）的端子，不提供带有保护芯线的电源线。

（3）Ⅰ类。Ⅰ类设备除依靠基本绝缘外，还有一个附加的安全措施，外壳上没有接地端子，但内部有接地端子，自设备内引出带有保护插头的电源线。

（4）Ⅰ类。这种设备具有双重绝缘和加强绝缘的安全防护措施。

（5）Ⅱ类。Ⅱ类设备依靠超低安全电压供电以防止触电。

手持电动工具没有 0 类和 0Ⅰ类产品，市售产品基本上是Ⅱ类设备。移动式电气设备大部分是Ⅰ类产品。

2. 电气设备触电防护措施

电气设备及装置的触电防护措施主要有绝缘、屏护和间距，其中绝缘是电气设备的主要电击防护措施，屏护和间距则主要针对电气装置而言的。这些措施均为消除接触带电体的可能性，属于直接电击防护措施，是预防而非补救措施。

（1）绝缘。

绝缘是用绝缘物把带电体封闭起来。绝缘物只有遭到破坏时才失效。电工绝缘材料的体积电阻率一般在 $10^7 \ \Omega \cdot m^3$ 以上。

绝缘物由于击穿、损伤、老化会失去或降低绝缘性能。在强电场等因素作用下，绝缘物完全失去绝缘性能的现象称为击穿。气体击穿后能自己恢复绝缘性能；液体击穿后能基本上或一定程度上恢复绝缘性能；固体击穿后不能恢复绝缘性能。损伤是指绝缘物由于腐蚀性气体、蒸气、潮气、粉尘及机械等因素而受到损伤，降低甚至失去绝缘性能。老化是指在电、热等因素作用下，绝缘物电气性能和机械性能逐渐恶化。带电体的绝缘材料若被击穿、损伤或老化，就会发生电流泄漏。

对于安全要求较高的设备或器具，如绝缘手套、绝缘靴、绝缘垫等电工安全用具；阀型避雷器、断路器、变压器、电力电缆等高压设施；某些日用电器和电动工具应定期进行泄漏电流试验，及时发现绝缘材料的硬伤、脆裂等内部缺陷。同时，应定期对绝缘物作介质损耗试验，采取有效措施保证绝缘物的绝缘性能。

（2）屏护和间距。

屏护是借助屏障物防止触及带电体。屏护装置包括护栏和障碍，可以防止触电，也可以防止电弧烧伤和弧光短路等事故。屏护装置所用材料应该有足够的机械强度和良好的耐火性能，可根据现场需要制成板状、网状或栅状。

护栏高度不应低于 1.7 m，下部边缘离地面不应超过 0.1 m。金属屏护装置应采取接零或接地保护措施。护栏应具有永久性特征，必须使用钥匙或工具才能移开；障碍必须牢固，不得随意移开。屏护装置上应悬挂"高压危险"的警告牌，并配置适当的信号装置和连锁装置。

间距是将带电体置于人和设备所及范围之外的安全措施。带电体与地面之间、带电体与其他设备或设施之间、带电体与带电体之间均应保持必要的安全距离。间距可以用来防止人体、车辆或其他物体触及或过分接近带电体，间距有利于检修安全和防止电气火灾及短路等各类事故，应该根据电压高低设备类型、环境条件及安装方式等决定间距大小。

架空线路与地面和水面应保持一定的安全距离。架空线路应避免跨越建筑物，尤其是有可燃材料屋顶的建筑物。架空线路与建筑物之间应有一定的安全距离。架空线路与有爆炸、火灾危险的厂房之间应保持一定的防火间距。当几种线路同杆架设时，电力线路必须位于弱电线路的上方，高压线路必须位于低压线路的上方。线路之间、线路导线之间的间距应符合安全要求。

为了防止人体接近带电体，带电体安装时必须留有足够的检修间距。在低压操作中，人体及其所带工具与带电体的距离不应小于 0.1 m；在高压无遮拦操作中，人体及其所带工具与带电体之间的最小距离视工作电压，不应小于 0.7 ~ 1.0 m。

（3）保护接地或接零。

保护接地或接零是防止间接接触电击的安全措施。保护接地适用于各种不接地电网。在这些电网中，由于绝缘损坏或其他原因可能使正常不带电的金属部分呈现危险电压，如变压器、电机、照明器具的外壳和底座，配电装置的金属构架，配线钢管或电缆的金属外皮等，除另有规定外，均应接地。保护接零是把设备外壳与电网保护零线紧密连接起来。当设备带电部分碰连其外壳时，即形成相线对零线的单相回路，短路电流将使线路上的过流速断保护装置迅速启动，断开故障部分的电源，消除触电危险。

保护接零适用于低压中性点直接接地的 380 V 或 220 V 的三相四线制电网。

（4）漏电保护。

漏电保护装置除用于防止直接接触电击和间接电击外，还可用于防止漏电火灾、监测一相接地、绝缘损坏等事故。依据启动原理和安装位置，漏电保护装置可分为电压型、零序电流型、中性点型、泄漏电流型等几种类型。

电压型漏电保护装置是以设备外壳对地电压作为启动讯号。当发生漏电时，设备外壳对地电压达到启动数值，继电器迅速启动，切断接触器的控制回路，从而断开设备的电源。

零序电流型漏电保护装置是以零序电流互感器作为检测器。当正常时，三线电流在其铁芯中产生的磁场互相抵消，互感器副边不产生感应电势，继电器不启动，开关保持在闭合位置。当设备漏电时，产生零序电流，感应器副边产生感应电势，继电器启动，并通过脱扣机构使开关断开电源。

中性点型漏电保护装置是把灵敏电流继电器的线圈并联在击穿保险器的两端。当正常时，零序电流很小，继电器不启动；当设备漏电、有人单相触电、一相或两相接地、一相或两相对地绝缘降低到一定程度时，继电器迅速启动，通过接触器断开电源。

泄漏电流型漏电保护装置的继电器是由两个整流器供给直流电源，直流电经零序电压互感器、变压器、线路对地绝缘电阻构成回路。当设备漏电或有人单相触电时，由于各相对地平衡遭到破坏，互感器输出零序电压，继而整流器输出直流电压，从而使继电器启动，通过接触器断开电路。

学习单元 4　环境条件与环境试验

机电设备主要有机械部件、电器、配电线路、变压器、各种配件装置等。因为受到工作环境、气候、电压电流、后期维护、技术等诸多方面的因素影响，在运行过程中有可能缩短机电设备的寿命。

通过对电气设备进行环境试验，通常可以在较短时间内暴露在正常环境下很长时间也不易暴露的问题。通过国家相关标准中规定的一系列试验对电气设备进行考核，对提高产品的可靠性有着重要的作用，是确保产品安全有效的措施之一。

研究电气设备性能与环境状况之间关系的技术叫作环境技术。环境技术主要包括两方面的内容：一是环境条件；二是环境试验。

4.1　环境技术与电气安全的关系

（1）环境条件。

环境条件，是我国传统的称谓。在 IEC 关于外部条件的概念中，环境条件属于外部条件的一个组成部分。外部条件包括环境、使用情况、建筑结构 3 大类，其中环境又分为 11 小类，根据使用情况分为人的能力、人体电阻、人与地电位接触、紧急疏散条件。建筑结构分为建筑材料、建筑设计两部分，根本区别在于是否包括环境中人与人相关的因素（见图 1 - 18）。

视频：环境条件与环境试验成片

环境条件是指产品在组成、运输和使用场所的物理、化学和生物等条件，例如气候、生物、化学、机械等环境条件。每一种环境条件由各种环境因素的不同等级参数值表示，如气候环境条件通常是由温度、湿度、气压、太阳辐射强度、沙尘、雨量等参数值组成。根据 IEC 的定义，环境细分为环境温度、空气湿度、海拔高度、水、外来固体物、腐蚀性或污染性物质、冲击、振动、其他机械应力、植物和霉菌等（见图 1 - 19）。

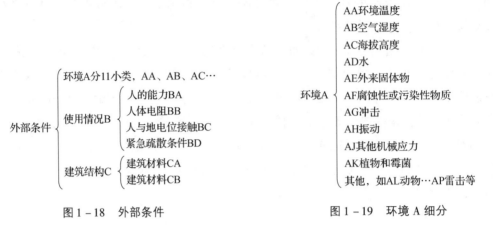

图 1 - 18　外部条件　　　　　　图 1 - 19　环境 A 细分

（2）三种环境因素对机电设备的影响。

1）环境温度。

低温会引起结冰，使材料收缩、变硬或发脆，导致产品的电性能或机械性能变坏，如密封失效，磨损或润滑性能改变。高温会使材料氧化、干裂、裂解、软化、融化、升华，造成产品的绝缘老化，电性能下降，如轴承润滑油泄露，电缆头密封胶流失等。

温度突变会使产品机械结构变形、开裂。在高湿度条件下，温度的突变将使产品表面凝露，加速潮湿的影响。

2）空气湿度。

当一定温度下，空气中水蒸气含量增加时，潮湿空气边渗透扩散，边进入材料内部而引起产品理化性能的变化，例如用作结构材料中的数量。受潮后变色、变形或膨胀，使产品外观变坏或发生机构失灵，如绝缘材料受潮后，使产品电性能下降，绝缘电阻和电击穿强度降低，介质损失角增大等。

当空气中相对湿度达到90%以上或接近饱和时，遇到温度波动，将使材料表面水蒸气凝露形成水膜，引起材料的表面电阻下降、金属表面腐蚀，导致电工产品表面放电、闪络或金属结构件锈蚀失灵、电触点接触不良等现象。

当湿度降低到30%以下时，木材、皮革、塑料和绝缘材料制品会产生干燥收缩、变形，甚至龟裂。

3）海拔高度。

高原地区的气压随海拔高度增加而降低。低气压将引起材料膨胀，从而造成容器变形或机械故障。空气介电强度下降，造成开关灭弧困难，直流电机换向恶化。

在高电压下，低气压的空气中容易放电，使绝缘子产生电晕。

海拔低于海平面的场所，气压将随深度增加而增高。在高气压环境中，材料将被压缩变形，造成产品机械故障或密封性能降低而失效。

4.2　环境试验

环境试验主要分为：

①自然暴露试验。它是最准确、最难实施的一种试验，而且很难重复失效性之差。

②现场试验。试验实效性较好，有一定可重复性。结果可行度取决于试验内容和方法。

③人工模拟试验。试验可随时重复进行，失效性好，结果可信度高度存疑。

自然暴露试验和现场试验有不足之处，但能直接反映客观实际情况，是研究实验室人工模拟试验的基础，也是验证人工模拟试验好坏程度的基本手段。对这两种试验技术的基本要求是选定有代表性的地点、年份和时期，并使样本处于典型的工作或贮存状态。

将样品置于典型的自然环境条件下存放或使用，如寒带或热带的室内、室外以及严重的工业污染区等。环境试验的局限性为：

①试验结果往往受反常天气的影响，并且因所选地点的不同而有差异。试验场地的选择还受工作人员生活、工作条件等限制，往往不能在恶劣地区长期设点进行试验。

②获得试验结论往往需要较长时间的现场试验，将样品置于各种典型的使用现场，如沙漠、极寒地区、海洋等，并使样本处于正常运行状态。这种试验的费用较多。

4.3　环境试验的意义

环境试验的意义为：

①在研制阶段用以暴露试制产品各方面的缺陷，评价产品可靠性达到预定指标的情况。

②生产阶段为监控生产过程提供信息。

③对定型产品进行可靠性鉴定或验收。

④在不同环境和应力条件下，暴露和分析产品的失效规律及有关的失效模式和失效机理可靠性，是指在一定时间、条件下，元器件、产品、系统无故障地执行功能的能力或可能性。可通过可靠度、失效率、平均无故障间隔分析产品可靠性环境。可靠性试验是为了保证产品在规定的寿命期间，在预期的使用、运输和贮存的所有环境下，保持功能可靠性而进行的活动。可靠性试验是将产品暴露在自然的或人工的环境条件下，使产品经受环境条件作用，以评价产品在实际使用、运输和贮存的环境条件下的性能，并分析、研究环境因素的影响程度及作用机理。通过使用各种环境试验设备模拟气候环境中的高温、低温、高温水湿以及湿度骤变等情况，加速反映产品在使用环境中的状况，来验证产品是否达到研发、设计、制造预期的质量目标，从而对产品整体进行评估，以确定产品可靠性寿命。

⑤可靠性检测的意义对产品的评价不能只看产品的功能和性能，还要综合各方面条件，例如在严酷的环境中，产品功能和性能的可靠程度以及维修、成本高低等。在提高产品可靠性方面，环境试验占有重要位置，没有环境试验，就无法正确鉴别产品的品质，确保产品质量。在产品的研制、生产和使用中，都贯穿着环境试验，通常是设计、试验、改进再试验、投产。环境试验越真实准确，产品的可靠性越好，即应用于产品研究性试验、定型试验、检查试验、验收试验以及安全性试验。

⑥为改进产品可靠性，制定和改进可靠性试验方案，为用户选择产品提供依据。气候环境可靠性试验项目包括高温、低温、温度冲击（气态及液态）、浸渍、温度循环、低气压、高低温、恒定湿热、高压蒸煮、砂尘、盐雾腐蚀、淋雨、太阳辐射、光老化等。

✓ 情境小结

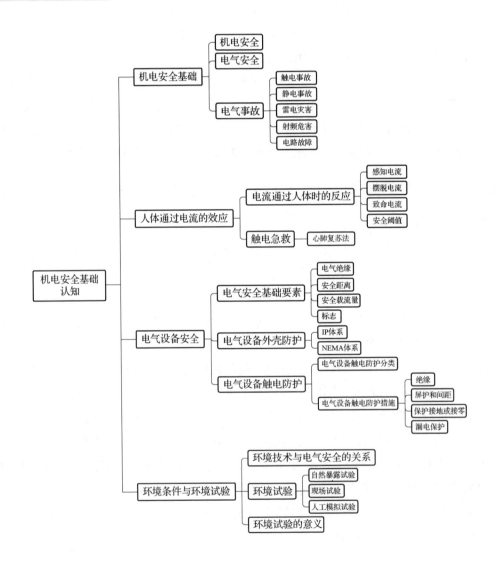

☑ **思考与习题**

1. 单项选择题

（1）决定人体阻抗大小的主要因素是（　　）。

A. 体内阻抗　　　　B. 皮肤阻抗　　　　C. 骨骼阻抗　　　　D. 肌肉阻抗

（2）人体电阻的平均值大致是（　　）。

A. 15 Ω　　　　　　B. 150 Ω　　　　　C. 1.5 kΩ　　　　D. 1.5 MΩ

（3）当有电流在接地点流入地下时，电流在接地点周围土壤中产生电压降。人在接地点周围，两脚之间出现的电压称为（　　）。

A. 跨步电压　　　　B. 跨步电势　　　　C. 临界电压　　　　D. 故障电压

（4）以下不属于电气事故的是（　　）。

A. 触电事故　　　　B. 静电事故　　　　C. 雷电灾害　　　　D. 火灾灾害

2. 判断题

（1）电气安全距离是指人体、物体等接近带电体而不发生危险的安全可靠距离。

（　　）

（2）对于同一类型的电子产品，IP64 比 IP65 防护等级的产品，具有更高的液体防护能力。（　　）

（3）关于电气设备的触电防护等级划分，移动式电气设备大部分是 I 类产品。（　　）

（4）在一般环境条件下，允许人体持续接触的安全特低电压是 24 V。（　　）

（5）对电气设备进行环境试验，通常可以在较短时间内暴露在正常环境下很长时间也不易暴露的问题，从而设计优化，提高设备的安全性能。（　　）

3. 简答题

（1）当人遭电击而心跳和呼吸均停止时，应立即进行心肺复苏法急救，心肺复苏法操作的核心技巧有哪些？

（2）电气安全的基础要素有哪些？

✓ 学习评价

学习情况测评量表									
序号	内容	采取形式	自评得分（50分，每项10分）	测试得分（50分，每项10分）	学习效果				结论及建议
					好	一般	较好	较差	
1	学习目标达成情况		（ ）分						
			（ ）分						
			（ ）分						
2	重难点突破情况		（ ）分						
			（ ）分						
3	知识技能的理解应用			（ ）分					
4	知识技能点回顾反思			（ ）分					
5	课堂知识巩固练习			（ ）分					
6	思维导图笔记制作			（ ）分					
7	思考与习题			（ ）分					
备注："学习效果"一栏请用"√"在相应表格内记录。采取形式：可以根据实际情况填写，如笔记、扩展阅读、案例收集分析、课后习题测试、课后作业、线上学习等。									

供配电系统的电气安全

情境导入

世界规模上最大的水电站——长江三峡水电站

三峡水电站于 1994 年开始动工，2003 年开始蓄水发电，直到 2009 年才全部完工。从 1919 年孙中山提出建设三峡到 2009 年，历经了 90 年。2012 年 7 月 4 日全部机组投产，装机总容量达 2 240 万千瓦，年发电量近 1 000 亿千瓦时（见图 2 - 1）。

三峡水电站是世界上规模最大的水电站，也是中国有史以来建设最大型的工程项目。三峡大

图 2 - 1　长江三峡水电站

坝工程建成后，成功解决了至少 1.3 亿人用电的难题，也减轻了每年洪水泛滥时带给人们的危害。同时在航运、旅游、种植等方面发挥着积极的作用。

这么多的电能是如何分配给居民或在工业中使用呢？又是如何防范在使用过程中的安全隐患呢？在本情境内容中，让我们一起来寻找答案。

学习目标

技能目标 ☞

安全操作技能：学生能够正确、规范地操作供配电设备，包括开关、断路器、保护装置等，熟悉设备的启停、检修和维护流程，确保操作安全。

事故处理技能：学生能够迅速识别和应对供配电系统故障和事故，采取适当的紧急措施，确保人员和设备的安全，并及时报告上级。

现场风险评估技能：学生能够对供配电系统工作现场进行风险评估，识别潜在的安全风险，采取相应的措施进行预防和控制。

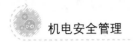
知识目标 ☞

供配电系统基本原理：学生能够理解供配电系统的组成、主要设备和工作原理，包括配电变压器、电缆线路、开关设备等。

电气设备的规范和标准：学生能够了解供配电系统的规范标准，包括国家和地区的电气安全标准、设备选型准则等。

电气事故的原因和预防：学生能够了解供配电系统事故的常见原因，掌握事故预防的相关知识，包括设备维护、漏电保护、接地保护等。

素质目标 ☞

安全意识与责任意识培养：学生能够培养供配电系统的安全意识和责任意识，认识到自身在供配电系统操作中的责任，积极参与安全管理和维护工作。

团队合作与沟通能力：学生能够在供配电系统操作中与他人合作，通过有效沟通和协作解决安全问题，建立良好的工作关系。

自我学习与创新能力发展：学生能够主动学习和探索供配电系统安全领域的新知识和新技术，善于分析和解决问题，具备自我学习和创新的能力。

学习单元 5 供配电系统及电气事故防范

5.1 供配电系统

一个完整的电力系统由分布各地的、各种类型的发电厂、升压和降压变电所、输电线路及电力用户组成，它们分别完成电能的生产、电压变换、电能的输配及使用。

电力网：由输电设备、变电设备和配电设备组成的网络。

电力系统：在电力网的基础上加上发电设备。

动力系统：在电力系统的基础上，把发电厂的动力部分（例如火力发电厂的锅炉、汽轮机和水力发电厂的水库、水轮机以及核动力发电厂的反应堆等）包含在内的系统。

供配电系统：由高低压配电线路、变电站（包括配电站）和用电设备组成（见图 2-2）。

为了减少线路损失，提高输电效率，保证电能质量，通常在远距离输送电能时采用交流高压输电，在达到电力用户时再经过变电站降压。各级系统或变配电设备的电压范围如下：

（1）发电厂或火力发电站的发电机输出电压。

输出电压等级有 6.3 kV、10.5 kV、13.8 kV、18.5 kV 等。根据发电机组装机容量的不同有不同的输出电压，如 10 MW 容量以下一般为 6 kV 左右，50～100 MW 容量为 10.5 kV，

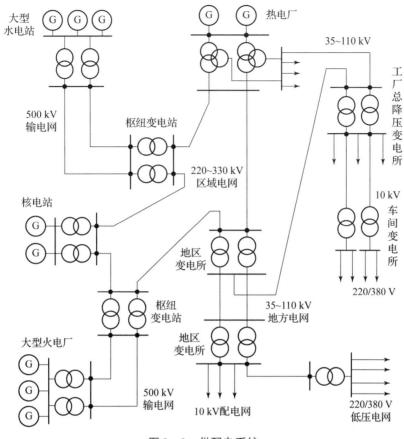

图 2-2　供配电系统

300 MW 容量一般为 18 kV。情境导入中长江三峡水电站 700 MW 容量的发电机组输出电压为 20 kV。

（2）电力网中的电压。

我国的电力网（俗称电网）额定电压等级有 220 V、0.38 kV、3 kV、6 kV、10 kV、35 kV、60 kV、110 kV、220 kV、330 kV、500 kV 等，习惯上称 10 kV 以下线路为配电线路；35 kV、60 kV 线路为输电线路；110 kV、220 kV 线路为高压线路；330 kV 以上线路称为超高压线路；60 kV 以下电网称为地域电网；110 kV、220 kV 电网称为区域电网；330 kV 以上电网称为超高压电网，如我国大部分省网骨干网架电压为 500 kV，西北电网骨干网架电压为 750 kV。

（3）电力设备电压。

把电力用户从系统所取用的功率称为负荷。另外，通常把 1 kV 以下的电力设备及装置称为低压设备，1 kV 以上的设备称为高压设备（见图 2-3）。

（4）用电设备电压。

我国民用供电使用三相电作为楼层或小区进线，多用星形接法，其相电压为 220 V，

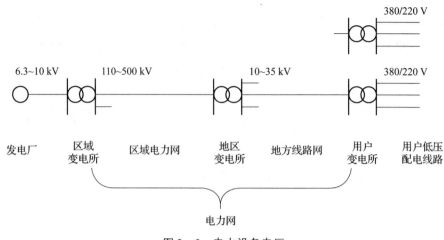

图 2 – 3 电力设备电压

而线电压为 380 V（近似值），需要中性线，一般有地线，即为三相五线制。进户线为单相线，即三相中的一相，对地或中性线电压均为 220 V。大功率空调等家用电器也使用三相四线制接法，此时进户线必须是三相线。

工业用电多使用 6 kV 以上高压三相电进入厂区，经总降压变电所、总配电所或车间变电所变压成为较低电压后，以三相或单相的形式深入各个车间供电。因此，在国内用电设备多是采用 220 V、380 V 作为额定用电电压。

5.2 供配电系统中的电气事故

国家标准 GB 3805—83《安全电压》规定我国安全电压额定值的等级为 42 V、36 V、24 V、12 V 和 6 V。在供配电系统中绝大多数的电压值远远超过安全电压。

在供配电系统中，受环境、气候、设备材质等影响，常见电气事故具有以下几种类型及特点：

视频：安全电压

（1）触电伤害事故。

与学习情境一中我们学习的触电伤害事故相同，触电伤害事故多发生在低压供配电系统中。电气设备及线路的事故是由于电气运行人员、安装人员、使用电器人员或其他人员，违反操作规程、安全注意事项、教育不够、管理不利等因素造成的人身触电而引起的。

（2）电气系统故障事故。

电气系统故障事故是电能在输送、分配、转换过程中失去控制而产生的、会导致人员伤亡及重大财产损失的事故，如由于短路、过负荷、接地、缺相、漏电、绝缘破坏、振荡、安装不当、调整试验漏项或精度不够、维护检修欠妥、设计先天不足、运行人员经验不足、自然条件破坏、人为因素及其他原因，导致电气设备及线路发生的爆炸、起火、人员伤亡、设备及线路损坏及由于跳闸而停电造成的经济及政治损失等。

（3）电气火灾爆炸事故。

在易燃易爆炸、火灾危险系数高的场所，由于电气设备的危险温度或放电火花、电弧、静电放电等因素而引发的可燃性气体、易燃易爆物品的爆炸、着火，以及伴随的设备损坏及人身伤亡事故。电气火灾爆炸事故有较大的危险性，会给生产带来毁灭性的灾难及大量的人员伤亡。

（4）雷电灾害事故。

雷电灾害事故由自然界中的雷击而造成的毁坏建筑物、毁坏电气设备，及线路引发的雷电直接对人、畜伤害事故和爆炸、火灾事故。

5.3　电击事故防护准则

在学习情境一中，我们知道触电伤害事故是当电流通过人体时，由电能造成的人体伤害事故。触电事故可分为电击和电伤两大类。

电击是电流通过人体，刺激机体组织，使肌肉非自主地发生痉挛性收缩而造成的生理伤害，严重时会破坏人体的心脏、肺部、神经系统的正常工作，甚至危及生命。绝大部分触电事故是电击造成的。人身触及带电体、漏电设备以及雷击、静电、电容器放电等，都可能导致电击。电击对人体的伤害程度与通过人体电流的强度、种类、持续时间、通过途径及人体状况等多种因素有关。

1. 触电方式

按照人体触及带电体的方式，电击可分为单相触电、两相触电和跨步电压触电等。

（1）单相触电。

单相触电是指人体一部位接触到地面或其他接地体的同时，人体另一部位触及带电体的某一相所引起的电击，如图2-4（a）所示。根据统计资料，单相触电事故占全部触电事故的70%以上。因此，防止单相触电事故是触电防护技术措施的重点。

（2）两相触电。

两相触电是指人体的两个部位同时触及两相带电体所引起的电击，如图2-4（b）所示。在此情况下，人体所承受的电压为三相电力系统中的线电压，电压值高于单相触电时的相电压，危险性较大。

（3）跨步电压触电。

跨步电压触电是指人体站立或行走在带电体的接地点附近时，由人体两脚之间的电位差引起的电击，如图2-4（c）所示。高压故障接地处或大电流（如雷电）流经的接地装置附近可能出现较高的跨步电压。因为跨步电压本身不大，而且通过人体重要组织的电流分量较小，跨步电压直接电击的危险性一般不大，但可能造成跌倒等二次伤害。

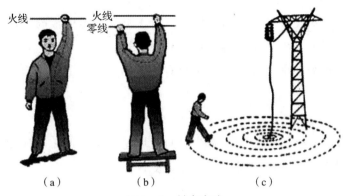

图 2-4　触电方式

(a) 单线触电；(b) 两线触电；(c) 跨步电压触电

2. 电击防护

对电击事故的防护，应是一项科学系统的工程。电击防护不仅要求生产企业应有完善健全的安全用电管理制度，也要求电气设备生产制造企业具有科学合理的产品设计理念和质量保障体系，同时要求生产制造企业的员工和设备检修维护员工具有安全用电意识和规范操作的技能。

根据国家相关标准 GB/T 17045—2020《电击防护装置和设备的通用部分》规定，在供配电系统中电气设备设计、安装、使用和检修时，应尽可能避免在正常状态和异常状态（或称单一故障状态）时发生电击的危险。从规定可以看出电气设备不但要在"正常使用"条件下，还应在"单一故障"条件下避免电击的危险，即电击事故防护应有基本防护和故障防护两种。

为了防止电击危害，可以采取限制电压或能量，带电部分加装外壳和防护罩，带电部分隔离，保护接地，减少流经人体能引起刺激作用的电流值，采用质量和结构满足要求的绝缘等。

视频：漏电保护

根据人体是否和带电体接触，可以将电击防护分为直接接触电击防护和间接接触电击防护。

直接接触电击的基本防护原则是使危险的带电部分不会被有意或无意地触及。最为常用的直接接触电击的防护措施有绝缘、屏护和间距。这些措施是各种电气设备都必须考虑的通用安全措施，即基本防护。基本防护的主要作用是防止人体触及或过分接近带电体造成触电事故，以及防止短路、故障接地等电气事故。

间接接触电击防护是指在供配电系统或设备发生故障状态下，对电击的防护，也称为故障防护。需要强调的是，故障防护一般是指单一故障条件下的电击防护，如漏电故障等。根据近年的统计数据，这种电击在电击伤害事故中约占50%，而电击导致死亡的伤害在电击伤害中所占的比例要大得多。保护接地、接零、加强绝缘、电气隔离、不导电环境、等电位联结、安全电压和漏电保护都是防护间接接触电击的技术措施，其中，保护接地和保护接零是防止间接接触电击的基本防护技术。这两种措施与低压供配电系统的防火性能有关。

另外，在基本防护和故障防护之外的电击防护，称为附加防护。如果在设备预期使用中会增加固有风险，例如在人与地电位低阻抗接触的区域内，则应考虑可能需要指定附加防护。附加防护可以在装饰、系统或设备内提供，如在低压情况下应用 $I_{\Delta m} \leqslant 30$ mA 的剩余电流保护器作为附加防护。

学习单元 6 电气绝缘

电气绝缘是一个电气工程学科的学术名词，是指在电力设备或电气器件中，对电流走向、电场分布的控制。

所谓绝缘，就是使用不导电的物质将带电体隔离或包裹起来，以防触电起保护作用的一种安全措施。良好的绝缘对于保证电气设备与线路的安全运行，防止人身触电事故的发生是最基本和最可靠的手段。长久以来，绝缘一直是作为防止触电事故的重要措施。

视频：绝缘

6.1 绝缘材料

绝缘材料是在允许电压下不导电的材料，但不是绝对不导电的材料。在一定外加电场强度作用下，绝缘材料会发生导电、极化、损耗、击穿等过程，而长期使用还会发生老化。

绝缘材料的电阻率很高，通常为 $10^{10} \sim 10^{22}$ Ω·m，如在电机中，导体周围的绝缘材料将匝间隔离并与接地的定子铁芯隔离开来，以保证电机的安全运行。

绝缘材料又称电介质，是指在直流电压作用下，不导电或导电极微的物质，电阻率一般大于 10^{10} Ω·m。绝缘材料的主要作用是在电气设备中，将不同电位的带电导体隔离，使电流能按一定的路径流通，还可起机械支撑和固定，以及灭弧、散热、储能、防潮、防霉或改善电场的电位分布和保护导体的作用。因此，要求绝缘材料有尽可能高的绝缘电阻、耐热性、耐潮性，还需要有一定的机械强度。

我国绝缘材料行业经过 50 多年的发展，已初步形成一个产品比较齐全，配套比较完备，具有相当生产规模和科研实力的工业体系，特别是 20 多年，绝缘材料的品种发展迅速，质量有很大提高，产品水平已达到一个新的高度。

20 世纪以前，绝缘材料基本上是来自天然材料或其制品。最早的电动机是用丝绸、棉纱、棉布作绝缘材料。为了提高耐水性等，绝缘材料采用虫胶等天然树脂与植物油、沥青进行浸渍。

20 世纪初，由于有机合成和高分子化学的发展，人类制得了第一个合成聚合物——酚醛树脂，是绝缘材料领域中的重要发明。酚醛树脂一经问世，很快获得了广泛应用，先后制成了以酚醛树脂为基础的浸渍漆、塑料、浸渍纤维制品与层压制品。绝缘材料领域以后又出现了脲醛树脂、苯胺甲醛树脂、三聚氰胺甲醛树脂、甘油树脂等。

30 年代起，绝缘材料领域发展了聚氯乙烯、聚乙烯、聚四氟乙烯、氯丁橡胶、聚乙烯醇缩醛等。20 世纪 50 年代，有机硅树脂、聚酯薄膜、不饱和聚酯树脂、环氧树脂等工业化生产，同时玻璃纤维、粉云母制品开始工业化生产，促进了绝缘材料的发展。伴随现代聚合物化学与工业的发展，真正开始了以合成聚合物为基础的新绝缘材料的发展时期。聚合物相继应用于绝缘材料中，并迅速发展了新的绝缘材料品种，如无溶剂漆应用于电机浸渍；薄膜复合制品作为电机的槽绝缘；粉云母制品迅速发展，并被用于大型高压发电机；六氟化硫问世并在高压电器中获得应用。

进入 20 世纪 70 年代，聚合物工业在进一步向大型工业化发展的同时，绝缘材料工业开始出现了新的 F 级、H 级绝缘材料体系，相继开发了聚酰亚胺、聚酰胺酰亚胺、聚酰亚胺、聚马来酰亚胺、聚二苯醚等耐热性绝缘漆、黏合剂和薄膜，以及改性环氧、不饱和聚酯、聚芳酰胺纤维纸及其复合材料等系列新产品。电工产品耐热等级大批上升为 B 级，在冶金、吊车、机车电机等特殊电机中开始采用新的 F 级、H 级绝缘材料。

进入 20 世纪 80 年代，中国大规模自主开发 F 级、H 级绝缘材料，使性能得到提高，如出现了改性二苯醚、改性双马来酰亚胺、改性聚酯亚胺漆包线漆、聚酰胺酰亚胺漆包线漆、聚酰亚胺漆包线漆、F 级、H 级玻璃纤维制品、高性能聚酰亚胺薄膜、F 级环氧粉云母带等。无溶剂浸渍树脂和快干浸渍漆得到迅速发展，少胶粉云母带、VPI（真空压力浸渍）浸渍树脂开始应用。

现代应用纳米技术发展纳米绝缘材料。纳米技术可以应用许多领域，包括绝缘材料领域。将纳米级（范围为 $1 \sim 100$ nm）粉料均匀地分散在聚合物树脂中，可以采取在聚合物内部形成或外加纳米级晶粒或非晶粒物质，还可以形成纳米级微孔或气泡。由于纳米级粒子的结构特征使复合型材料表现出一系列独特而奇异的性能，使纳米材料发展成极有前景的新材料领域。我国已经开展了这方面的研究，如四川大学已制备聚酰亚胺/蒙脱土纳米复合薄膜获得成功。纳米材料的应用将为许多传统的绝缘材料无法达到的新异性能，开辟新材料、新技术的发展前景。

1. 绝缘材料种类

根据物质形态，可以将绝缘材料分为气体绝缘材料、液体绝缘材料和固体绝缘材料，涉及电工、石化、轻工、建材、纺织等诸多行业领域。

（1）气体绝缘材料。

在通常情况下，常温常压的干燥气体均有良好的绝缘性能。作为绝缘材料的气体电介质，需要满足物理、化学性能及经济性方面的要求。空气及六氟化硫气体是常用的气体绝缘材料。

空气有良好的绝缘性能，击穿后绝缘性能可瞬时自动恢复，电气物理性能稳定，来源丰富，应用面比较广。但空气的击穿电压相对较低，电极尖锐、距离近、电压波形陡、温度高、湿度大等因素均可降低空气的击穿电压，常采用压缩空气或抽真空的方法来提高空气的击穿电压。

六氟化硫（SF_6）气体是一种不燃不爆、无色无味的惰性气体，具有良好的绝缘性能和灭弧能力，击穿电压远高于空气，在高压电器中得到了广泛应用。六氟化硫气体具有优异的热稳定性和化学稳定性，但在 600 ℃ 以上的高温作用下，六氟化硫气体会发生分解，将产生有毒物质。

（2）液体绝缘材料。

绝缘油有天然矿物油、天然植物油和合成油。天然矿物油应用广泛，是从石油原油中经过不同程度的精制提炼而得到的一种中性液体，呈金黄色，具有很好的化学稳定性和电气稳定性。天然矿物油主要应用于电力变压器、少油断路器、高压电缆、油浸式电容器等设备。天然植物油有蓖麻油、大豆油等。合成油有氧化联苯甲基硅油、苯甲基硅油等，主要用于电力变压器、高压电缆、油浸纸介电容器。

绝缘油在储存、运输和运行过程中会受各种因素影响导致污染和老化。热和氧是绝缘油老化的最主要的原因。工业中采取的防油老化的措施有加强散热以降低油温；用氮气、薄膜使变压器油与空气隔绝；使用干燥剂以消除水分；添加抗氧化剂；防止日光照射等。绝缘油被污染后可采取压力过滤法或电净化法进行净化和再生。

（3）固体绝缘材料。

固体绝缘材料的种类很多，绝缘性能优良，在电力系统中的应用很广。常用的固体绝缘材料有绝缘漆、绝缘胶、纤维制品、橡胶、塑料及其制品、玻璃、陶瓷制品、云母、石棉及其制品等。

绝缘漆、绝缘胶是以高分子聚合物为基础，能在一定条件下固化成绝缘硬膜或绝缘整体的重要绝缘材料。

绝缘漆主要由漆基、溶剂、稀释剂、填料等部分组成。绝缘漆成膜固化后，绝缘强度较高，一般可作为电动机、电器线圈的浸渍绝缘或涂覆绝缘。绝缘漆按用途可分为浸渍漆、漆包线漆、覆盖漆、硅钢片漆和防电晕漆等。

绝缘胶与绝缘漆相似，一般加有填料，广泛用于浇注电缆接头、套管、220 kV 及以下的电流互感器、10 kV 及以下的电压互感器。绝缘胶有黄电缆胶、黑电缆胶、环氧电缆胶、环氧树脂胶、环氧聚酯胶等。

绝缘纤维制品是指用绝缘纸、纸板、纸管和各种纤维织物等制成的绝缘材料。浸渍纤维制品是用绝缘纤维制品作底材，浸以绝缘漆制成，具有一定的机械强度、电气强度、耐潮性能，还具备了一些防霉、防电、防辐射等特殊功能（见图 2-5）。绝缘电工层压制品是以绝缘纤维作底材，浸涂不同的胶黏剂，经热压或卷制而成的层状结构绝缘材料，性能取决于底材和胶黏剂及其成型工艺，可制成具有优良电气性能、力学性能和耐热、耐霉、耐电弧、防电晕等特性的制品。

图 2 - 5　绝缘纤维制品

2. 性能

为了防止绝缘材料的绝缘性能损坏造成事故，必须使绝缘材料符合国家标准规定的性能指标。绝缘材料的性能指标很多，各种绝缘材料的特性各有不同，常用绝缘材料的主要性能指标有击穿强度、耐热性、绝缘电阻和机械强度等。

绝缘材料的电气性能主要表现在电场作用下材料的导电性能、介电性能及绝缘强度。电气性能分别以绝缘电阻率 ρ（或电导力）、相对介电常数、介电损耗及击穿强度四个参数来表示，常见参数如下。

（1）绝缘电阻与电阻率。

绝缘电阻是表征绝缘体特性的基本参数之一，一个绝缘体的绝缘电阻由两部分组成，分别为体积电阻（Volume Resistance）与表面电阻（Surface Resistance），相对应的电阻率分别是体积电阻率（ρ_v）和表面电阻率（ρ_s）。从定义上看，体积电阻是在试样两个相对表面上放置的两电极间所加直流电压与流过两电极的稳态电流之商，体积电阻率即单位体积内的体积电阻；表面电阻是在试样的一个表面上的两电极间所加电压与流过两电极间的电流之商，表面电阻率即单位面积内的表面电阻。事实上，在电场下，绝缘材料会有很小的电流通过，这一现象，被称为漏电，通过的电流被称为漏泄电流（Leakage Current）。

绝缘材料体积和表面电阻的测试标准主要有 IEC 60093、ASTM D257 和 GB/T 1410。值得注意的是，温度、湿度、电场强度及辐照等试验条件和环境条件，会对材料的绝缘电阻产生影响。常见塑料绝缘材料的体积电阻率为 $10^7 \sim 10^{16} \, \Omega \cdot m$，表面电阻率为 $10^{10} \sim 10^{17} \, \Omega$。一般来说，非极性高分子的电阻率要略大于极性高分子的电阻率，但由于材料成分、制造工艺、测试条件差别很大，即便是同一种材料的性能也有很大差别。

（2）介电常数及介电损耗。

相对介电常数（也称作相对电容率，Relative Permittivity）是电容器的电极之间及电极周围的空间全部充以绝缘材料时，电容与同样电极构形的真空电容之商。介电常数是相对介电常数与真空介电常数的乘积。介质损耗角（Dielectric Loss Angle）是由绝缘材料作为电介质的电容器上，施加的电压与由此产生的电流之间的相位差余角。介质损耗角正切值（也称作介电损耗因数，Dissipation Factor）是绝缘材料在施加电压时所消耗的有功功率与无功功率的比值，即为损耗角 δ 的正切值。通俗一点，介电常数的来源是在电场中极化，塑料绝缘材料形成反电场，使电容器的电场强度减小；介电损耗的来源是在电场中极化，塑料绝缘材料吸收电能，以热的形式耗散。

塑料绝缘材料相对介电常数和介电损耗因数的测试标准主要有 IEC 60250、ASTM D150 和 GB/T 1409。频率对两者的影响为（50 Hz ~ 1 GHz），一般的塑料绝缘材料，随着电场频率的增加，介电常数降低，介电损耗增加。常见的非极性或稍带极性的塑料，如聚乙烯、聚苯乙烯、聚四氟乙烯和其他纯碳氢的塑料，相对介电常数很小（2 ~ 3），介电损耗因数也很小（10^{-8} ~ 10^{-4}）；极性大的塑料，如聚氯乙烯、酚醛树脂、尼龙等，相对介电常数较大（4 ~ 7），介电损耗因数也较大（0.01 ~ 0.2）。与电阻率一样，塑料绝缘材料的介电常数和介电损耗也受到材料成分、制造工艺、测试条件的影响。

（3）介电强度。

介电强度（Dielectric Strength）的试验分为两种类型，即击穿试验和耐电压试验。击穿试验是在连续升压试验中，试样发生击穿时的电压，即击穿电压（Breakdown Voltage or Puncture Voltage），单位厚度的击穿电压即介电强度（kV/mm）。耐电压试验是在逐级升压中，试样承受住的最高电压，即耐电压（Withstand Voltage 或 Voltage Resistance），在该电压水平下，整个试验内试样不发生击穿。值得注意的是，在试验中，有可能发生闪络（Flashover），即试样和电极周围的气体或液体介质绝缘性能丧失，引起试验回路。

塑料绝缘材料介电强度的测试标准主要有 IEC 60243、ASTM D149、GB/T 1408 和 GB/T 1695，其中 GB/T 1695 是针对硫化橡胶的测试方法。值得一提的是，材料介电强度的测试受电压波形和频率（直流、工频、雷电冲击）、电压作用时间、试样的厚度与不均匀性以及环境条件的影响。常见的通用塑料、工程塑料板材和片材的介电强度为 10 ~ 60 kV/mm，聚丙烯、聚酯、聚酰亚胺等薄膜的介电强度为 100 ~ 300 kV/mm。

（4）耐电痕化。

电痕化（Tracking），即漏电起痕，是指在电应力和电解杂质的联合作用下，塑料绝缘材料表面导电通路的逐步形成。对于塑料绝缘材料，常见的电性能指标是相比电痕化指数（Comparative Tracking Index，CTI）。从定义上讲，相比电痕化指数是指材料经受 50 滴电解液期间未电痕化失效的最大电压值。所谓的电痕化失效，即过电流，为 0.5 A 或更大的电流持续 2 s 时动作或者持续燃烧 2 s 以上。具体一点，CTI 的测试电压范围为 100 ~ 600 V（50 Hz），电压的增减量为 25 V 的倍数。电解液有两种，溶液 A 为 0.1 wt%氯化铵溶液，电阻率约为 3.95 Ω·m；溶液 B 为 0.1 wt%氯化铵加 0.5 wt%二异丁基萘磺酸钠，电阻率约为 1.98 Ω·m；溶液 B 的侵蚀性更强，一般在 CTI 值后加一个字母 M。此外，电痕化还有一个概念 PTI（Proof Tracking Index），即耐漏电起痕指数，是材料经受 50 滴电解液而不出现漏电起痕的耐电压值。

CTI 的测试标准主要有 IEC 60112、ASTM D3638 和 GB/T 4207。对于塑料绝缘材料，基材、填料和助剂（阻燃剂、塑化剂等）均会影响 CTI。从配方和加工的角度来看，避免小分子析出、游离碳的生成和堆积是绝缘的关键，同时要提高制品外表的光泽度和平整度。以 DuPont 的 Crastin PBT 为例，CTI 为 175~600 V，在一定程度上玻璃纤维和阻燃剂的加入会使得 CTI 降低。另外，PPS、LCP 等材料的 CTI 要略低一些，主要是分子结构含碳量较高。总之，针对电气和电子设备的塑料表面绝缘，要整体考虑基材、配方和加工方面的问题。

（5）耐电弧。

塑料绝缘材料的耐电弧能力（Arc Resistance），是指材料抵抗由高压电弧作用引起变质的能力，通常用电弧焰在材料表面引起碳化至表面导电、燃烧、熔化（孔洞形成）所需的时间表示（单位为 s）。绝缘测试一般采用高电压（12.5 kV）、小电流（10~40 mA），在两电极间产生电弧，作用于材料表面，通过电弧间歇时间逐步缩短、电流逐步加大的方式，使材料经受逐渐严酷的燃烧条件，直至试样破坏，记录自电弧产生至材料破坏所经过的时间。相较于耐电痕化的湿烧，耐电弧属于干烧，是通过一次次产生电弧，来考察材料表面的绝缘性能。

耐电弧的测试标准主要有 IEC 61621、ASTM D495 和 GB/T 1411。一般塑料绝缘材料的耐电弧时间从几十秒到一二百秒；耐电弧时间越长，表面绝缘性能越好。与 CTI 类似，塑料中的玻璃纤维、阻燃剂等填料和助剂，以及塑料的表面光滑度，均会影响材料的耐电弧性能。

（6）耐电晕。

高压带电体，如高压电力电缆及其接头，在强电场作用下周围的气体会局部游离而出现放电现象，称为电晕（Corona）。在电晕放电作用下塑料绝缘材料会缓慢破坏，原因主要有带电粒子的直接碰撞、局部高温、臭氧等氧化作用。耐电晕（Corona Resistance）是指绝缘材料经受电晕放电作用能够抵抗质量下降的性质。

耐电晕的测试标准主要有 IEC 60343、ASTM D2275 和 GB/T 22689。耐电晕一般是测试材料耐表面放电击穿能力，即击穿时间。耐电晕塑料绝缘材料，尤其是耐电晕薄膜，在高频脉冲电力电子产品中发挥着重要作用。市场上，DuPont 的 Kapton CRC 聚酰亚胺薄膜的耐电晕性能极佳，用于各种存在电晕放电的高压环境，如电动机、发电机和变压器等。Kapton 100CRC 在局部放电的情况下（1 250 VAC/1 050 Hz），电压耐受时间是普通的聚酰亚胺薄膜 Kapton 100HN 的几十倍。值得一提的是，添加无机纳米粒子是提高塑料绝缘材料耐电晕性能的重要方法。

（7）局部放电。

局部放电（局放，Partial Discharge，PD）是在电场作用下，导体间绝缘仅部分桥接的电气放电。局部放电一般发生在击穿之前，产生的原因主要是绝缘体内部存在不均匀的复合介质、气泡或气隙、导电杂质等，导致局部电场过于集中于某点而放电。这些气泡或气隙一方面是在制造过程中绝缘材料不可避免的存在，另一方面是长期运行中因温度变化或电磁力作用等引起机械振动等因素而产生。局部放电会加速绝缘材料的老化和击穿，在结构设计、材料选择和制造中都不容忽视。对于塑料绝缘材料，要把结构设计和制造工艺综合考虑，避免因制造难度过大，如厚壁注塑，在材料中产生气泡等缺陷，而加剧局部放电。

局部放电的测试标准主要有 IEC 60270、ASTM D1868 和 GB/T 7354。在测量的过程中，电压的幅值、电压的频率、电压的作用时间及环境条件均会影响局部放电的结果。此外，除了脉冲电流法，超声法、光波法等电测法也可以用来检测局部放电。局部放电的单位是库伦（Coulomb，C），1 库伦是当导线中有 1 安培电流时，1 秒内通过导线横截面积的电量（$1C = 1A \cdot s$）。一般情况下，要求绝缘产品的局部放电量不大于 3 pC（3×10^{-12} C）。

6.2　绝缘失效

在电气设备的运行过程中，绝缘材料会由于电场、热、化学、机械、生物等因素的作用，使绝缘性能发生劣化，从而失去绝缘保护作用。

1. 绝缘击穿

当施加于电介质上的电场强度高于临界值时，会使通过电介质的电流突然增加，这时绝缘材料被破坏，完全失去了绝缘性能，这种现象称为电介质的击穿。发生击穿时的电压称为击穿电压，击穿时的电场强度简称击穿场强。

（1）气体电介质的击穿。

气体击穿是由碰撞电离导致的电击穿。在强电场中，带电质点（主要是电子）在电场中获得足够的动能，当与气体分子发生碰撞时，能够使中性分子电离为正离子和电子。新形成的电子在电场中积累能量而碰撞其他分子，使电子电离，这就是碰撞电离。碰撞电离过程是一个连锁反应过程，每一个电子碰撞产生一系列新电子，因而形成电子崩。电子崩向阳极发展，最后形成一条具有高电导的通道，导致气体击穿。

当温度、电极距离不变，气体压力很低时，均匀电场中气体中分子稀少，碰撞游离机会很少，因此击穿电压很高。随着气体压力的增大，碰撞游离增加，击穿电压有所下降，在某一特定的气压下出现最小值；但当气体压力继续升高，密度逐渐增大，平均自由行程很小，只有更高的电压才能使电子积聚足够的能量以产生碰撞游离，击穿电压也逐渐升高。利用此规律，在工程上常采用高真空和高气压的方法来提高气体的击穿场强。空气的击穿场强为 25～30 kV/cm。

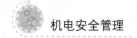

（2）液体电介质的击穿。

液体电介质的击穿特性与纯净度有关，一般认为纯净液体的击穿与气体的击穿机理相似，是由电子碰撞电离最后导致击穿。但液体的密度大，电子自由程短，积聚能量小，因此击穿场强比气体高。工程上液体绝缘材料不可避免地含有气体、液体和固体杂质，当液体中含有乳化状水滴和纤维时，由于水和纤维的极性强，在强电场的作用下使纤维极化而定向排列，并运动到电场强度最高处联成小桥，小桥贯穿两电极间引起电导剧增，局部温度骤升，最后导致击穿，例如变压器油中含有极少量水分就会大大降低油的击穿场强。

含有气体杂质的液体电介质的击穿可用气泡击穿机理来解释。气体杂质的存在使液体呈现不均匀性，液体局部过热，气体迁移集中，在液体中形成气泡。由于气泡的相对介电常数较低，使气泡内的电场强度较高，为油内电场强度的 $2.2 \sim 2.4$ 倍，而气体的临界场强比油低得多，致使气泡游离，局部发热加剧，体积膨胀，气泡扩大，形成连通两电极的导电小桥，最终导致整个电介质击穿。

为此，在液体绝缘材料使用之前，必须进行纯化、脱水、脱气处理。在液体绝缘材料使用过程中，应避免杂质的侵入。液体电介质击穿后，绝缘性能在一定程度上可以得到恢复。

（3）固体电介质的击穿。

固体电介质的击穿有电击穿、热击穿、电化学击穿、放电击穿等形式。

1）电击穿。

电击穿是在强电场作用下，固体电介质内少量处于导带的电子剧烈运动，与晶格上的原子（或离子）碰撞而使之游离，并迅速扩展下去导致的击穿。电击穿的特点是电压作用时间短，击穿电压高。电击穿的击穿场强与电场均匀程度密切相关，但与环境温度及电压作用时间几乎无关。

2）热击穿。

热击穿是在强电场作用下，固体电介质由于介质损耗等原因所产生的热量不能及时散发出去，会因温度上升，导致电介质局部熔化、烧焦或烧裂，最后造成击穿。热击穿的特点是电压作用时间长，击穿电压较低。热击穿电压随环境温度上升而下降，但与电场均匀程度关系不大。

3）电化学击穿。

电化学击穿是在强电场作用下，固体电介质由游离、发热和化学反应等因素的综合效应造成的击穿。电化学击穿的特点是电压作用时间长，击穿电压往往很低，与绝缘材料本身的耐游离性能、制造工艺、工作条件等因素有关。

4）放电击穿。

放电击穿是固体电介质在强电场作用下，内部气泡首先发生碰撞游离而放电，继而加热其他杂质，使之汽化形成气泡，由气泡放电进一步发展，导致击穿。放电击穿的击穿电压与绝缘材料的质量有关。

固体电介质一旦击穿，将失去其绝缘性能。实际上，绝缘结构发生击穿，往往是电、热、放电、电化学等多种形式同时存在，很难截然分开。一般来说，采用介质损耗角正切值大、耐热性差的电介质的低压电气设备，在工作温度高、散热条件差时，热击穿较为多见。而在高压电气设备中，放电击穿的概率更大些。脉冲电压下的击穿一般属于电击穿。当电压作用时间达数十小时乃至数年时，击穿大多数属于电化学击穿。

2. 绝缘老化

在运行过程中，电气设备的绝缘材料由于受热、电、光、氧、机械力（包括超声波）、辐射线、微生物等因素的长期作用，产生一系列不可逆的物理变化和化学变化，导致绝缘材料的电气性能和机械性能的劣化。绝缘老化过程十分复杂，就老化机理而言，主要有热老化机理和电老化机理。

（1）热老化。

一般在低压电气设备中，促使绝缘材料老化的主要因素是热。热老化包括低分子挥发性成分的逸出，材料的解聚和氧化裂解、热裂解、水解，还包括材料分子链继续聚合等过程。

每种绝缘材料都有极限耐热温度，当超过极限耐热温度时，老化将加剧，电气设备的寿命缩短。在电工技术中，常把电机与电气中的绝缘结构和绝缘系统按耐热等级进行分类。表2-1所示为我国绝缘材料标准规定的绝缘耐热分级和极限温度。

表2-1 绝缘耐热性分级和极限温度

ATE 或 RTE		耐热等级	字母表示
≥90	<105	90	Y
≥105	<120	105	A
≥120	<130	120	E
≥130	<155	130	B
≥155	<185	155	F
≥180	<200	180	H
≥200	<220	200	N
≥220	<250	220	R
≥250	<275	250	—
注：ATE 指电气绝缘材料预估耐热指数；RTE 指电气绝缘材料相对耐热指数			

（2）电老化。

电老化主要是由局部放电引起的。在高压电气设备中，促使绝缘材料老化的主要原因是局部放电。局部放电时产生的臭氧、氮氧化物、高速粒子都会降低绝缘材料的性能，局部放电还会使材料局部发热，促使材料性能恶化。

3. 绝缘损坏

绝缘损坏是指由于不正确选用绝缘材料，不正确地进行电气设备及线路的安装，不合理地使用电气设备等，导致绝缘材料受到外界腐蚀性液体、气体、蒸汽、粉尘的污染和侵蚀，或受到外界热源、机械因素的作用，在较短或很短的时间内失去电气性能或机械性能的现象。另外，动物和植物也可能破坏电气设备和电气线路的绝缘结构。

6.3 绝缘检测与绝缘试验

绝缘检测和绝缘试验的目的是检查电气设备或线路的绝缘指标是否符合要求。绝缘检测和绝缘试验主要包括绝缘电阻试验、耐压试验、泄漏电流试验和介质损耗试验，其中绝缘电阻试验是最基本的绝缘试验；耐压试验是检验电气设备承受过电压的能力，主要用于新品种电气设备的形式试验及投入运行前的电力变压器等设备、电工安全用具等；泄漏电流试验和介质损耗试验只对一些要求较高的高压电气设备才有必要进行。现仅就绝缘电阻试验进行介绍。

绝缘电阻是衡量绝缘性能优劣的最基本的指标。在绝缘结构的制造和使用中，经常需要测定绝缘电阻。通过绝缘电阻的测定，可以在一定程度上判定某些电气设备的绝缘好坏，判断某些电气设备（如电机、变压器）的受潮情况等。以防因绝缘电阻降低或损坏而造成漏电、短路、电击等电气事故。

1. 绝缘电阻的测量

绝缘材料的电阻可以用比较法（属于伏安法）测量，也可以用泄漏法来进行测量，但通常用兆欧表（摇表）测量。这里仅就应用兆欧表测量绝缘材料的电阻进行介绍。

兆欧表主要由作为电源的手摇发电机（或其他直流电源）和作为测量机构的磁电式流比计（双动线圈流比计）组成（见图2-6）。测量时，实际上是给被测物加上直流电压，测量通过的泄漏电流，在兆欧表的表盘上读到的是经过换算的绝缘电阻值。

在使用兆欧表测量绝缘电阻时，应注意下列事项：

①应根据被测物的额定电压正确选用不同电压等级的兆欧表。所用兆欧表的工作电压应高于绝缘物的额定工作电压。在一般情况下，测量额定电压500 V以下的线路或设备的绝缘电阻，应采用工作电压为500 V或1 000 V的兆欧表；测量额定电压500 V以上

图2-6　兆欧表

的线路或设备的绝缘电阻，应采用工作电压为 1 000 V 或 2 500 V 的兆欧表。

②与兆欧表端钮接线的导线应用单线单独连接，不能用双股绝缘导线，以免测量时因双股线或绞线绝缘不良而引起误差。

③测量前，必须断开被测物的电源，并进行放电测量终了也进行放电。放电时间一般不短于 2～3 min。对于高电压、大电容的电缆线路，放电时间应适当延长，以消除静电荷，防止发生触电危险。

④测量前，应对兆欧表进行检查。首先，使兆欧表端钮处于开路状态，转动摇把，观察指针是否在"∞"位；然后将 E 和 L 两端短接起来，慢慢转动摇把，观察指针是否迅速指向"0"位。

⑤在进行测量时，摇把的转速应由慢至快，当转速到 120 r/min 左右时，发电机输出额定电压。摇把转速应保持均匀、稳定，一般摇动 1 min 左右，待指针稳定后再进行读数。

⑥测量过程中，如指针指向"0"位，表明被测物绝缘失效，应停止转动摇把，以防表内线圈发热烧坏。

⑦禁止在雷电时或邻近设备带有高电压时用兆欧表进行测量工作。

⑧测量应尽可能在设备刚刚停止运转时进行，这是因为测量时的温度条件接近运转时的实际温度，可以使测量结果符合运转时的实际情况。

2. 吸收比的测定

对于电力变压器、电力电容器、交流电动机等高压设备，除测量绝缘电阻外，还要求测量吸收比。吸收比是加压测量开始后 60 s 时读取的绝缘电阻值与加压测量开始后 15 s 时读取的绝缘电阻值之比。由吸收比的大小可以对绝缘受潮程度和内部有无缺陷存在进行判断。这是因为绝缘材料加上直流电压时都有充电过程，在绝缘材料受潮或内部有缺陷时，泄漏电流增多，同时充电过程加快，吸收比的值小，接近 1；在绝缘材料干燥时，泄漏电流小，充电过程慢，吸收比明显增大，例如干燥的发电机定子绕组，在 10%～30% 时的吸收比远大于 1.3。吸收比原理如图 2－7 所示。

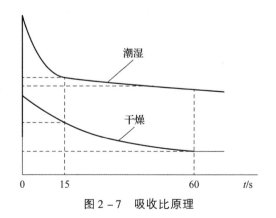

图 2－7　吸收比原理

3. 绝缘电阻指标

随线路和设备的不同，绝缘电阻指标要求也不同。一般而言，高压较低压绝缘电阻指标要求高；新设备较老设备绝缘电阻指标要求高；室外设备较室内设备绝缘电阻指标要求高；移动设备较固定设备绝缘电阻指标要求高。以下为几种主要线路和设备应达到的绝缘电阻值。

①新装和大修后的低压线路和设备，要求绝缘电阻不低于 0.5 MΩ；运行中的线路和设备，要求可降低为每伏工作电压不小于 1 000 MΩ；安全电压下工作的设备同 220 V 一样，不得低于 0.22 MΩ；在潮湿环境下，要求可降低为每伏工作电压 500 Ω。

②携带式电气设备的绝缘电阻不应低于 2 MΩ。

③配电盘二次线路的绝缘电阻不应低于 1 MΩ，在潮湿环境下，允许降低为 0.5 MΩ。

④10 kV 高压架空线路每个绝缘子的绝缘电阻不应低于 300 MΩ；35 kV 及以上的线路不应低于 500 MΩ。

⑤运行中的 6～10 kV 和 35 kV 电力电缆的绝缘电阻分别不应低于 400～1 000 MΩ 和 600～1 500 MΩ。干燥季节取较大的数值；潮湿季节取较小的数值。

⑥电力变压器投入运行前，绝缘电阻应不低于出厂时的 70%，运行中的绝缘电阻可适当降低。

学习单元 7 屏护与间距

屏护和间距是最为常用的安全防护措施之一。从防止电击的角度而言，屏护和间距属于防止直接接触电击的安全措施。此外屏护和间距还是防止短路、故障接地等电气事故的安全措施之一。

7.1 屏护

屏护是指采用遮栏、护罩、护盖、箱匣等把危险的带电体同外界隔离开来的安全防护措施。屏护的特点是屏护装置不直接与带电体接触，对所用材料的电气性能无严格要求，但应有足够的机械强度和良好的耐火性能。

视频：屏护和间距

屏护可分为屏蔽和障碍，两者的区别为后者只能防止人体无意识触及或接近带电体，而不能防止有意识移开、绕过或翻过障碍触及或接近带电体。因此屏蔽是完全的防护，障碍是不完全的防护。屏护装置主要用于电气设备不便于绝缘或绝缘不足以保证安全的场合。

1. 屏护的分类

屏护装置按使用要求分为永久性屏护装置和临时性屏护装置，前者如配电装置的遮栏、开关的罩盖等；后者如检修工作中使用的临时屏护装置和临时设备的屏护装置等。

屏护装置按使用对象分为固定屏护装置和移动屏护装置，如母线的护网就属于固定屏护装置；而跟随天车移动的天车滑线屏护装置就属于移动屏护装置。

2．屏护的应用

屏护装置主要用于电气设备不便于绝缘或绝缘不足以保证安全的场合，以下场合需要屏护：

①开关电器的可动部分：闸刀开关的胶盖、铁壳开关的铁壳等。

②人体可能接近或触及的裸线、行车滑线、母线等。

③高压设备：无论是否有绝缘。

④安装在人体可能接近或触及场所的装置。

⑤在带电体附近作业时，作业人员与带电体之间、过道、入口等处应装设可移动临时性屏护装置。

3．屏护装置的安全条件

尽管屏护装置是简单装置（见图2-8），但为了保证屏护有效性，须满足如下的条件：

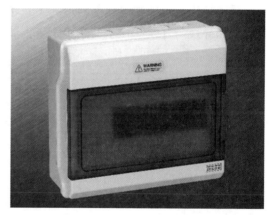

图2-8 屏护装置

①屏护装置所用材料应有足够的机械强度和良好的耐火性能，金属屏护装置必须实行可靠接地或接零。

②屏护装置应有足够的尺寸，与带电体之间应保持必要的距离。

③遮栏、栅栏等屏护装置上应有"止步，高压危险！"等标识。

⑤必要时应配合采用声光报警信号和联锁装置。

7.2 间距

间距是指带电体与地面之间，带电体与其他设备和设施之间，带电体与带电体之间必要的安全距离。在选择安全的间距时，即要考虑安全的要求，也要符合人机工效学的要求。

不同电压等级、设备类型、安装方式和周围环境所要求的间距不同。各种不同场合最小间距如下要求如表2-2所示。

表2-2　导线与地面水面的最小距离

线路经过地区的最小距离/m	线路电压/kV		
	<1	1~10	35
居民区	6	6.5	7
非居民区	5	5.5	6
不能通航或浮运的河、湖（冬季水面）	5	5	—
不能通航或浮运的河、湖（50年一遇的洪水水面）	3	3	—
交通困难地区	4	4.5	5
步行可以达到的山坡	3	4.5	5
步行不能达到的山坡、峭壁或岩石	1	1.5	3

在未经相关管理部门许可的情况下，架空线路不得跨越建筑物，若必须跨越应遵守架空线路导线与建筑物树木的最小距离，如表2-3、表2-4所示。

表2-3　导线与建筑物的最小距离

线路电压/kV	≤1	10	35
垂直距离/m	2.5	3.0	4.0
水平距离/m	1.0	1.5	3.0

表2-4　导线与树木的最小距离

线路电压/kV	≤1	10	35
垂直距离/m	1.0	1.5	3.0
水平距离/m	1.0	2.0	—

其他相关定义及标准如下：

①接户线：从配电线路到用户进线处第一个支持点之间的一段导线。10 kV接户线对地距离不应小于4.5 m；低压接户线对地距离不应小于2.75 m。

②进户线：从接户线引入室内的一段导线。进户线的进户管口与接户线端头之间的垂直距离不应大于0.5 m；进户线对地距离不应小于2.7 m。

③直埋电缆埋设深度不应小于0.7 m，并应位于冻土层之下。

（1）用电设备间距。

明装的车间低压配电箱底口距地面的高度可取 1.2 m，安装的间距可取 1.4 m。明装电能表板底口距地面的高度可取 1.8 m。常用电器的安装高度为 1.3~1.5 m，墙用平开关离地面高度可取 1.4 m，胡内灯具高度应大于 2.5 m。

（2）检修间距。

当低压操作时，人体及所携带工具与带电体之间的距离不得小于 0.1 m。

当高压作业时，各种作业所要求的最小距离如表 2-5 所示。

表 2-5　高压作业的最小距离

最小距离/m	电压等级	
	10 kV	35 kV
无遮拦作业，人体及所携带工具与带电体之间	0.7	1.0
无遮拦作业，人体及所携带工具与带电体之间，用绝缘杆操作	0.4	0.6
线路作业，人体及所携带工具与带电体之间	1.0	2.5
带电水冲洗，小型喷嘴与带电体之间	0.4	0.6
喷灯或气焊火焰与带电体之间	1.5	3.0

学习单元 8　间接接触电击防护

通过前文我们学习了间接接触电击防护，是指在供配电系统或设备发生故障的状态下，对电击的防护，也称故障防护。通常，故障防护是指单一故障情况下的防护，由单一故障引发的其他故障情况，也是单一故障防护。

将设备与地面连接，当设备的部位因绝缘老化等原因带电时，电流直接经接地装置流入地面，而避免与设备的部位接触的人员发生触电事故。本单元我们来认识几种常见的与接地相关的间接接触电击防护措施。

8.1　接地保护

1. 接地的相关概念

所谓接地，就是将设备的某一部位经接地装置与地面紧密连接起来。当设备的部位因绝缘老化等原因带电时，电流直接经接地装置流入地面，而避免与设备该部位接触的人员发生触电事故。

（1）接地分类。

按照接地性质，接地可分为正常接地和故障接地。正常接地分为工作接地和安全接地。工作接地是指在正常情况下有电流流过，利用地面代替导线的接地，以及正常情况下没有或只有很小不平衡电流流过，用以维持系统安全运行的接地。安全接地是在正常情况下没有电流流过的，起到防止事故作用的接地，如防止触电的保护接地、防雷接地等。故障接地是指带电体与地面的意外连接，如接地短路等。

（2）接地电流和接地短路电流。

从接地点流入地下的电流即属于接地电流。

系统一相接地可能导致系统发生短路，这时的接地电流为接地短路电流，如 0.4 kV 系统中的单相接地短路电流。在高压系统中，接地短路电流可能很大，电流 500 A 及以下的为小接地短路电流系统；接地短路电流大于 500 A 的为大接地短路电流系统。

（3）流散电阻和接地电阻。

接地电流流入地下后自接地体向四周流散的电流为流散电流。流散电流在土壤中遇到的全部电阻为流散电阻。

接地电阻是接地体的流散电阻与接地线的电阻之和。接地线的电阻一般很小，可忽略不计，因此，在绝大多数情况下可以认为流散电阻为接地电阻。

（4）对地电压。

电流通过接地体向大地作半球形流散。因为半球面积与半径的平方成正比，半球的面积随远离接地体而迅速增大，所以，与半球面积对应的土壤电阻随远离接地体而迅速减小，至离接地体 20 m 处，半球面积达 2 500 m²，土壤电阻可小到忽略不计。通常认为在离开接地体 20 m 外，电流不再产生电压了，至离接地体 20 m 处，电压几乎降低为零。电气工程上说的"地"就是这里的地，而不是接地体周围 20 m 以内的地。通常对地电压，即带电体与地面的电位差，也是指离接地体 20 m 外的大地而言。简单地说，对地电压就是带电体与电位为零的地面的电位差。显然，对地电压等于接地电流和接地电阻的乘积。

如果接地体由多根钢管组成，则当电流自接地体流散时，流散至电位为零处的距离可能超过 20 m。

从以上的讨论可知，当电流通过接地体流入地面时，接地体具有最高的电压。离开接地体后，电压逐渐降低，电压降落的速度也逐渐降低。

（5）接触电动势和接触电压。

接触电动势是指接地电流自接地体流散，在地面形成不同电位时，设备外壳与水平距离 0.8 m 处的电位差。

接触电压是指加于人体某两点之间的电压，如图 2-9 所示。当设备漏电，电流孔自接地体流入地下时，漏电设备对地电压为 U_E，对地电压曲线呈双曲线形状。a 触及漏电设备外壳，接触电压即 a 手与脚的电位差。如果忽略人双脚下面土壤的流散电阻，接触电压与接触电动势相等。在图 2-9 中，a 的接触电压为 U_c。如果不忽略脚下土壤的流散电阻，接触电压将低于接触电动势。

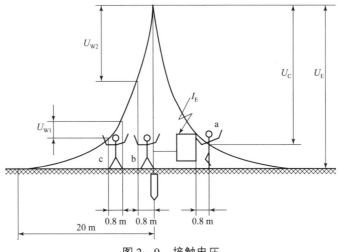

图 2 - 9　接触电压

（6）跨步电动势和跨步电压。

跨步电动势是指地面上水平距离为 0.8 m（人的跨距）的两点的电位差。跨步电压是指人站在流过电流的地面上，加于人两脚的电压，如图 2 - 9 中的 U_{W1}，如果忽略脚下土壤的流散电阻，跨步电压与跨步电动势相等。人的跨步距离一般按 0.8 m 考虑；大型牲畜的跨步距离通常按 1.0 ~ 1.4 m 考虑。在图 2 - 9 中，b 紧靠接地体位置，承受的跨步电压最大；c 离开了接地体，承受的跨步电压要小一些。如果不忽略脚下土壤的流散电阻，跨步电压将低于跨步电动势。

2. 系统接地的型号说明

根据国家标准 GB 50054—2011《低压配电设计规范》，低压配电系统有三种接地形式，即 IT 系统、TT 系统、TN 系统，具体的的命名规则如下：

（1）第一个字母表示电源端与地的关系。

T——电源变压器中性点直接接地。

I——电源变压器中性点不接地，或通过高阻抗接地。

（2）第二个字母表示电气装置的外露可导电部分与地的关系。

T——电气装置的外露可导电部分直接接地，此接地点在电气上独立于电源端的接地点。

N——电气装置的外露可导电部分与电源端接地点有直接电气连接。

8.2　保护接地系统——IT 系统

IT 系统即保护接地系统，保护接地是最古老的安全措施。目前为止，保护接地是应用最广泛的安全措施之一，不论是交流设备还是直流设备，高压设备还是低压设备，都采用保护接地作为必需的安全技术措施。

视频：**IT 系统**

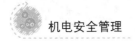
1. IT 系统的安全原理

如图 2-10（a）所示，在不接地配电网中，当一相碰壳时，接地电流孔通过人体和配电网对地绝缘阻抗构成回路。如各相对地绝缘阻抗对称，则运用戴维南定理可以比较简单地求出人体承受的电压和流经人体的电流。运用戴维南定理可以得出图 2-10（b）所示的等值电路。等值电路的电动势为网络二端开路，即没有人触电时的相对地电压。因为对称，电压即相电压，阻抗即 $Z/3$。根据等值电路，求得人体承受的电压和流过人体的电流分别为

$$U_p = \frac{R_p}{R_p + \dfrac{Z}{3}}U = \frac{3 R_p}{3 R_p + Z}U$$

$$I_p = \frac{U}{R_p + \dfrac{Z}{3}} = \frac{3 U}{3 R_p + Z}$$

式中　　U——相电压；

　　　　U_p、I_p——人体电压和人体电流；

　　　　R_p——人体电阻；

　　　　Z——各相对地绝缘阻抗。

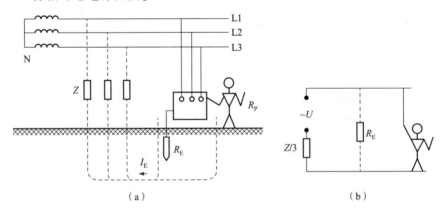

图 2-10　IT 系统安全原理

（a）示意图；（b）等值电路图（图中虚线为有保护接地的情况）

绝缘阻抗 Z 是绝缘电阻 R 和分布电容 C 的并联阻抗。对于对地绝缘电阻较低，对地分布电容很小的情况，由于绝缘阻抗中的容抗比电阻大得多，可以不考虑电容。

由以上各式不难知道，在不接地配电网中，单相电击的危险性取决于配电网电压、配电网对地绝缘电阻和人体电阻等因素。

上述做法，即将在故障情况下可能呈现危险，对地电压的金属部分经接地线、接地体同大地紧密地连接起来，把故障电压限制在安全范围的做法称为保护接地。在不接地配电网中采用接地保护的系统，这种系统即为 IT 系统。

在不接地配电网中，只有对地绝缘阻抗较高，单相接地电流较小，才有可能通过保护接地把漏电设备故障对地电压限制在安全范围。

2. 保护接地的应用范围

（1）各种不接地配电网。

保护接地适用于各种不接地配电网，包括交流不接地配电网和直流不接地配电网，低压不接地配电网和高压不接地配电网。在这类配电网中，凡由于绝缘损坏或其他原因而可能呈现危险电压的金属部分，除另有规定外，均应接地，金属部分主要包括：

①电机、变压器、电气、携带式或移动式用电器具的金属底座和外壳。

②电气设备的传动装置。

③屋内外配电装置的金属或钢筋混凝土构架，以及靠近带电部分的金属栅栏和金属门。

④配电、控制、保护用的屏（柜、箱）及操作台等的金属框架和底座。

⑤交、直流电力电缆的金属接头盒、终端头和膨胀器的金属外壳和电缆的金属护层，可触及的金属保护管和穿线的钢管。

⑥电缆桥架、支架和井架。

⑦装有避雷线的电力线路杆塔。

⑧装在配电线路杆上的电力设备。

⑨在非沥青地面的居民区内，无避雷线的小接地短路电流架空电力线路的金属杆塔和钢筋混凝土杆塔。

⑩电除尘器的构架。

⑪封闭母线的外壳及其他裸露的金属部分。

⑫六氟化硫封闭式组合电气和箱式变电站的金属箱体。

⑬电热设备的金属外壳。

⑭控制电缆的金属护层。

（2）电气设备的某些金属部分。

电气设备的金属部分，除另有规定外，可不接地，主要包括：

①在木质、沥青等不良导电地面，无裸露接地导体的干燥的房间内，交流额定电压380 V及以下，直流额定电压440 V及以下的电气设备的金属外壳；但当有可能同时触及上述电气设备外壳和已接地的其他物体时，仍应接地。

②在干燥场所，交流额定电压127 V及以下，直流额定电压110 V及以下的电气设备的外壳。

③安装在配电屏、控制屏和配电装置上的电气测量仪表、继电器和其他低压电气等的外壳，以及当发生绝缘损坏时不会在支持物上引起危险电压的绝缘子的金属底座等。

④安装在已接地金属框架上的设备，如穿墙套管等（但应保证设备底座与金属框架接触良好）。

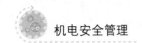

⑤额定电压220 V及以下的蓄电池室内的金属支架。

⑥由发电厂、变电所和工业企业区域内引出的铁路轨道。

⑦与已接地的机床、机座之间有可靠电气接触的电动机和电器的外壳。木结构或木杆塔上方的电气设备的金属外壳一般不接地。

3. 接地电阻的确定

从保护接地的原理可以知道，保护接地的基本原理是限制漏电设备外壳对地电压在安全限值 U_L，即漏电设备对地电压 $U_E = I_E R_E \leqslant U_L$。各种保护接地的接地电阻是根据这个原则来确定的。

低压设备接地电阻在380 V不接地低压系统中，单相接地电流很小，为限制设备漏电时外壳对地电压不超过安全范围，一般要求保护接地电阻 $R_E \leqslant 4\ \Omega$。

当配电变压器或发电机的容量不超过 100 kV·A 时，由于配电网分布范围很小，单相故障接地电流更小，可以放宽对接地电阻的要求，取 $R_E \leqslant 10\ \Omega$。

（1）高压设备接地电阻。

1）小接地短路电流系统。如果高压设备与低压设备共用接地装置，要求设备对地电压不超过 120 V，接地电阻为

$$R_E \leqslant \frac{120}{I_E}$$

式中　R_E——接地电阻，Ω；

　　　I_E——接地电流，A。

如果高压设备单独装设接地装置，设备对地电压可放宽至 250 V，接地电阻为

$$R_E \leqslant \frac{250}{I_E}$$

小接地短路电流系统高压设备的保护接地电阻除应满足上式的要求外，还应不超过 10 Ω。以上两个式子中的 I_E 为配电网的单相接地电流，应根据配电网的特征计算和确定。

2）大接地短路电流系统。在大接地短路电流系统中，由于按地短电流很大，很难限制设备对地电压不超过某一范围，所以靠线路上的速断保护装置切除接地故障，要求接地电阻为

$$R_E \leqslant \frac{2\ 000}{I_E}$$

当接地短路电流 $I_E > 4\ 000$ A 时，可采用 $R_E \leqslant 0.5\ \Omega$。

（2）架空线路和电缆线路的接地电阻。

在小接地线路电流系统中，无避雷线的高压电力线路在居民区的钢筋混凝土杆宜接地，金属杆塔应接地，接地电阻不宜超过 30 Ω。

中性点直接接地的低压系统的架空线路和高、低压共杆架设的架空线路，其钢筋混

凝土杆的铁横担和金属杆应与零线连接，钢筋混凝土的钢筋宜与零线连接。与零线连接的电杆可不另做接地。

沥青路面上的高、低压线路的钢筋混凝土和金属杆塔以及已有运行经验的地区，可不另设人工接地装置，钢筋混凝土的钢筋、铁横担和金属杆塔，也可不与零线连接。

三相三芯电力电缆两端的金属外皮均应接地。

变电所电力电缆的金属外皮可利用主接地网接地。与架空线路连接的单芯电力电缆进线段，首端金属外皮应接地。如果在负荷电流下，末端金属外皮上的感应电压超过 60 V，末端宜经过接地器或间隙接地。

在高土壤电阻率地区接地电阻难以达到要求数值时，接地电阻允许值可以适当提高，例如低压设备接地电阻允许为 10 ~ 300 Ω，小接地短路电流系统中高压设备接地电阻允许达到 30 Ω，发电厂和区域变电站的接地电阻允许达到 15 Ω。

4. 绝缘监视

在不接地配电网中，发生一相故障接地时，其他两相对地电压升高，可能接近相电压，这会增加绝缘的负担，增加触电的危险。若某设备另一相漏电，即使设备上有合格的保护接地，也不可能将故障电压限制在安全范围，而不接地配电网中一相接地的接地电流很小，线路和设备还能继续工作，故障可能长时间存在。这对安全是非常不利的。因此，在不接地配电网中，需要对配电网进行绝缘监视（接地故障监视），并设置声光双重报警信号。

低压配电网的绝缘监视，是用三只规格相同的电压表来实现的，接线如图 2-11 所示。配电网对地电压正常时三相平衡，三只电压表读数均为相电压。当一相接地时，相电压表读数急剧降低，另两相则显著升高。当系统没有接地，一相或两相对地绝缘显著恶化时，三只电压表会给出不同的读数，引起工作人员的注意。为了不影响系统中保护接地的可靠性，应当采用高内阻的电压表。

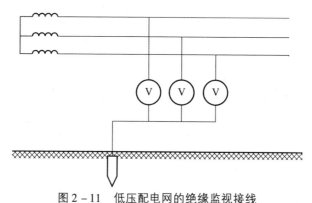

图 2-11　低压配电网的绝缘监视接线

配电网的绝缘监视如图 2-12 所示。监视仪表（器）通过电压互感器同配电网连接。互感器有两组低压线圈：一组接成星形，供绝缘监视的电压表用；另一组接成开口三角形，开口处接信号继电器。绝缘正常时，三相平衡，三只电压表读数相同，三角形开口外电压为零，信号继电器 KS 不动作。当一相接地或一、两相绝缘明显恶化时，三只电压表出现不同读数，同时三角形开口处出现电压，信号继电器动作，发出信号。

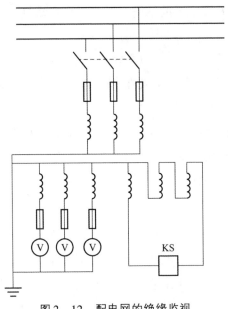

图 2-12　配电网的绝缘监视

这种绝缘监视装置是以监视三相对地平衡为基础的，对于一相接地故障很敏感，但对三相绝缘同时恶化，即三相绝缘同时降低的故障是没有反映的，其他缺点是当三相绝缘都在安全范围，但相互差别较大时，会给出错误的指示或信号。由于这两种情况很少发生，上述绝缘监视装置还是可用的。

在低压配电网中，为了比较准确地检测配电网对地绝缘情况，可以借用专用方法测量绝缘阻抗。绝缘阻抗的测量分为无源测量、有源测量，具体原理如图 2-13 所示。

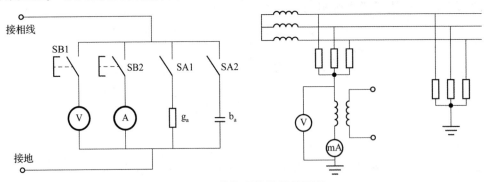

图 2-13　绝缘阻抗的测量原理

5. 过电压的防护

配电网中出现过电压的原因很多，由外部原因造成的有雷击过电压、电磁感应过电压和静电感应过电压；由内部原因造成的有操作过电压、谐振过电压，以及来自变压器高压侧的过渡电压或感应电压。

对于不接地配电网，由于配电网与地面没有直接的电气连接，在意外情况下可能产生很高的对地电压，例如当高压一相与低压中性点短接时，低压侧对地电压将大幅度升高，这将给低压系统的安全运行造成极大的威胁。

为了减轻过电压的危险，在不接地低压配电网中，可把低压配电网的中性点或者一相经击穿保险器接地。

击穿保险器主要由两片黄铜电极夹以带小孔的云母片组成，击穿电压大多不超过额定电压的 2 倍。在正常情况下，击穿保险器处在绝缘状态，配电系统不接地；当过电压产生时，云母片带孔部分的空气隙被击穿，故障电流经接地装置流入大地。这个电流是高压系统的接地短路电流，可能引起高压系统过电流保护装置动作，切除故障，断开电源。如果这个电流不大，不足以引起保护装置动作，则可以通过选定适当的接地电阻值控制低压系统电压升高不超过 120 V。在正常情况下，击穿保险器必须保绝缘良好，否则，不接地配电网变成接地配电网，用电设备上的保护接地将不足以保证安全。因此，对击穿保险器的状态应经常检查，或者接入两只相同的高内阻电压表进行监视。正常时，两只电压表的读数各为相电压的一半。如果击穿保险带内部短路，一只电压表的读数降低至零，而另一只电压表的读数上升至相电压。必要时，防护装置应当设置监视击穿保险器绝缘的声、光双重报警信号。为了不降低系统保护接地的可靠性，监视装置应具有很高的内阻。

为了抑制可能的过电压振荡，可在不接地配电网的电源中性点，或人为中性点与大地面接一阻抗值为 5~6 倍相电压值的阻抗。

8.3　保护接地系统——TT 系统

TT 系统是电源中性点直接接地，用电设备外露可导电部分直接接地的系统。通常将电源中性点的接地叫作工作接地，而设备外露可导电部分的接地叫作保护接地。在 TT 系统中，这两个接地必须是相互独立的。设备接地可以是每一个设备都有各自独立的接地装置，也可以若干设备共用一个接地装置。

视频：TT 系统

1. TT 系统接线图

TT 系统接线图如图 2－14 所示。

2. TT 系统特点

TT 系统的主要优点是：

①能抑制高压线与低压线搭连或配变高低压绕组间绝缘击穿时，低压电网出现的过电压。

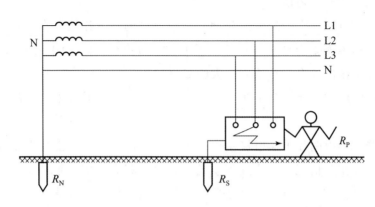

图 2-14　TT 系统接线图

②对低压电网的雷击过电压有一定的泄漏能力。

③与低压电器外壳不接地相比，在电器发生碰壳事故时，可降低外壳的对地电压，因而减轻人身触电危害程度。

④由于单相接地时接地电流比较大，可使保护装置（漏电保护器）可靠动作，及时切除故障。

TT 系统的主要缺点是：

①当低、高压线路雷击时，配变可能发生正、逆变换过电压。

②低压电器外壳接地的保护效果不及 IT 系统。

③当电气设备的金属外壳带电（相线碰壳或设备绝缘损坏而漏电）时，由于有接地保护，可以大大减少触电的危险性。但是，低压断路器（自动开关）不一定能跳闸，造成漏电设备的外壳对地电压高于安全电压，属于危险电压。

④当漏电电流比较小时，即使有熔断器也不一定能熔断，所以需要漏电保护器作保护，因此 TT 系统难以推广。

⑤TT 系统接地装置耗用钢材多，而且难以回收、费工时、费料。

3. TT 系统的应用

TT 系统由于接地装置在设备附近，因此 PE 线断线的概率小，且容易被发现。

在正常运行时 TT 系统设备外壳不带电，故障时外壳高电位不会沿 PE 线传递至全系统。因此，TT 系统适用于对电压敏感的数据处理设备及精密电子设备进行供电，在存在爆炸与火灾隐患等危险性场所应用有优势。

TT 系统能大幅降低漏电设备上的故障电压，但一般不能降低到安全范围。因此，采用 TT 系统必须装设漏电保护装置或过电流保护装置，并优先采用前者。

TT 系统主要用于低压用户，即用于未装备配电变压器，从外面引进低压电源的小型用户。

8.4　保护接零系统——TN 系统

TN 系统中的字母 N 表示在正常情况下电气设备不带电的金属部分与配电网中性点之间金属性的连接，即与配电网保护零线（保护导体）的紧密连接，这种做法就是保护接零。或者说 TN 系统就是配电网低压中性点直接接地。

视频：TN 系统

1. TN 系统的安全原理

保护接零的原理如图 2 - 15 所示。当某相带电部分碰连设备外壳（即外露导电部分）时，通过设备外壳形成相对零线的单相短路，短路电流促使线路上的短路保护元件迅速动作，从而断开故障部分设备电源，消除电击危险。

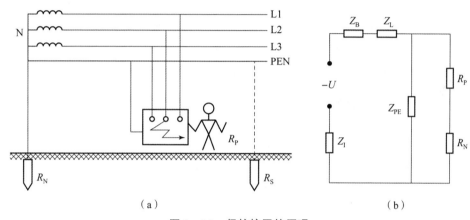

图 2 - 15　保护接零的原理

在三相四线配电网中，应当区别工作零线和保护零线，前者即中性线，用 N 表示；后者即保护导体，用 PE 表示。如果一根线既是工作零线又是保护零线，则用 PEN 表示。

2. TN 系统类别

TN 系统分为 TN - S、TN - C - S 和 TN - C 三种方式，如图 2 - 16 所示。TN - S 系统的保护零线是与工作零线完全分开的；TN - C - S 系统干线部分的前一部分保护零线是与工作零线共用的；TN - C 系统的干线部分保护零线是与工作零线完全共用的。

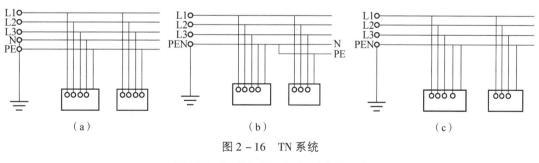

图 2 - 16　TN 系统

（a）TN - S；（b）TN - C - S；（c）TN - C

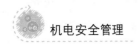

3. TN 系统速断和限压要求

在接零系统中，单相短电流越大，保护元件动作越快；反之，动作越慢。单相短路电流决定于配电网电压和相零线回路阻抗。

就电流对人体的作用而言，电流通过人体的持续时间越长，危险性越大，引起心室颤动所需要的电流越小。因此，确定速断保护的动作时间应当同时考虑可能的接触电压。

由于地面对地电压曲线分布规律随接地体特征及施工方式而异，发生触电的位置受工艺过程等因素的影响，最大接触电压可能难以确定。为此，国家标准以额定电压为依据作了一个比较简明的规定：对于相线对地电压 220 V 的 TN 系统，手持式电气设备和移动式电气设备末端线路或插座回路的短路保护元件，应保证相、零线短路持续时间不超过 0.4 s；配电线路或固定式电气设备的末端线路，应保证短路持续时间不超过 5 s。后者之所以放宽规定是因为这些线路不常发生故障，而且接触的可能性较小，即使触电也比较容易摆脱的缘故。如配电箱引出的线路中，除固定设备的线路外，还有手持式、移动式设备或插座线路，短路持续时间也不应超过 0.4 s。否则，应采取能将故障电压限制在许可范围的等电位联结措施。5 s 的时限主要是根据热稳定的安全考虑的，是一个时间限制，而非人为延时，这些规定与国际标准基本符合。

为了实现保护接零要求，可以采用一般过电流保护装置或剩余电流保护装置。

4. 保护接零的应用范围

保护接零用于中性点直接接地的 220/380 V 三相四线配电网。在这种配电网中，接地保护方式（TT 系统）难以保证安全，不能轻易采用。在 TT 系统中，凡因绝缘损坏而出现危险对地电压的金属部分均应接零。要求接零和不要求接零的设备和部位与保护接地的要求大致相同。

TN – S 系统可用于有爆炸危险、火灾危险性较大或安全要求较高的场所，宜用于独立附设变电站的车间。TN – C – S 系统宜用于厂内设有总变电站，厂内低压配电的场所及民用楼房。TN – C 系统可用于无爆炸危险，火灾危险性不大，用电设备较少，用电线路简单且安全条件较好的场所。

在同一建筑物内，若有中性点接地和中性点不接地的两种配电方式，则应分别采取保护接零措施和保护接地措施。在这种情况下，允许二者共用一套接地装置。

学习单元 9 保护导体

在国家强制标准 GB 16895.3—2004《建筑物电气装置　第 5 – 54 部分　电气设备的

选择和安装——接地配置、保护导体和保护联结导体》中，对于保护导体的定义为由保护联结导体、保护接地导体和接地导体组成，起安全保护作用的导体。

9.1 保护导体构成

从定义可以看出，保护导体有三部分组成，分别如下：

①接地导体（Earth Conductor），在布线系统、电气装置或用电设备的总接地端子与接地极或接地网，提供导电通路或部分导电通路的导体。

②保护接地导体（Protective Earthing Conductor），这是我们通常所说的 PE，用于保护接地的导体。故障时要通过故障电流，因此 PE 导体的截面积必须满足规范要求。

视频：电气设备的接地类型

③保护联结导体（Protective Bonding Conductor）用于保护等电位联结的导体。

交流电气设备应优先利用自然导体作保护导体，例如建筑物的金属结构（梁、柱等）及设计规定的混凝土结构内部的钢筋，生产用的起重机的轨道，配电装置的外壳、走廊、平台、电梯竖井、起重机与升降机的构架，运输皮带的钢梁，电除尘器的构架等金属结构，配线的钢管，电缆的金属构架及铅、铝包皮（通信电缆除外）等均可用作自然保护导体。在低压系统，可利用不流经可燃液体或气体的金属管道作保护导体。在非爆炸危险环境，如自然保护导体有足够的截面积，可不再另行敷设人工保护导体。人工保护导体可以采用多芯电缆的芯线，与相线同一护套内的绝缘线，固定敷设的绝缘线或裸导体等。

保护干线（保护导体干线）必须与电源中性点和接地体（工作接地、重复接地）相连。保护支线（保护导体支线）应与保护干线相连。为提高可靠性，保护干线应经两条连接线与接地体连接。

利用母线的外护物作保护导体时，外护物各部分电气连接必须良好，并不会受到机械破坏或化学腐蚀，导电能力必须符合要求，而且每个预定的分接点应能与其他保护导体连接。当利用电缆的外护物或导线的穿管作保护零线时，应保证连接良好和有足够的导电能力。当利用设备以外的导体作保护零线时，除应保证连接可靠、导电能力足够外，还应有防止变形和移动的措施。

利用自来水管作保护导体必须得到供水部门的同意，而且水表及其他可能断开处应予跨接。煤气管等输送可燃气体或液体的管道原则上不得用作保护导体。

为了维持保护导体导电的连续性，所有保护导体，包括有保护作用的 PEN 线，均不得安装单极开关和熔断器；保护导体应有防机械损伤和化学腐蚀的措施；保护导体的接头应便于检查和测试（封装的除外）；可拆开的接头必须是用工具才能拆开的接头；各设备的保护（支线）不得串联连接，即不得用设备的外露导电部分作为保护导体的一部

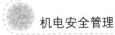

分。此外，注意一般不得在保护导体上接入电气的动作线圈。

9.2 等电位联结

等电位联结指保护导体与建筑物的金属结构、生产用的金属装备，以及允许用作保护线的金属管道等，用于其他目的的不带电导体之间的联结（包括 IT 系统和 TT 系统中各用电设备金属外壳之间的联结）。

视频：等电位连接

保护导体干线应接向总开关柜。总开关柜内保护导体端子排与自然导体之间的联结称为总等电位联结。总开关柜以下，如采用放射式配电，则保护导体作为支线分别接向用电设备或配电箱（配电箱以下都属于支线）；如采用树干式配电，应从总开关柜上引出保护导体干线，再从保护导体干线向用电设备或配电箱，引出保护支线。对于用电设备或配电箱，若保护接零难以满足速断要求，或为了提高保护接零的可靠性，可与自然导体之间再进行联结。这一联结称为局部等电位联结或辅助等电位联结。等电位联结的组成如图 2 – 17 所示。

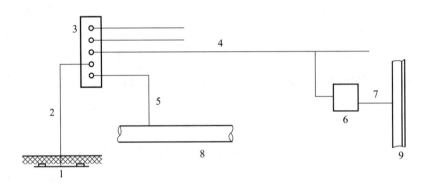

图 2 – 17 等电位联结的组成

1—接地体；2—接地线；3—保护导体端子排（总等电位连接端子板或接地母排）；4—保护导体（保护干线）；

5—主等电位联结导体；6—装置外露导电部分；7—局部（辅助）等电位联结导体；

8—自然保护导体（水管等）；9—装置以外的接零导体

总等电位联结导体的最小截面不得小于最大保护导体的 1/2，但不得小于 6 mm²，若系铜线，也不得大于 25 mm²。两台设备之间局部等电位联结导体的最小截面，不得小于两台设备保护导体中较小者的截面。设备与设备外导体之间的局部等电位联结线的截面，不得小于设备保护零支线的 1/2。

通过等电位联结可以实现等电位环境。等电位环境内可能的接触电压和跨步电压应限制在安全范围。等电位环境应采取防止环境边缘处危险跨步电压的措施，并应考虑防止环境内高电位引出和环境外低电位引入的危险。

情境小结

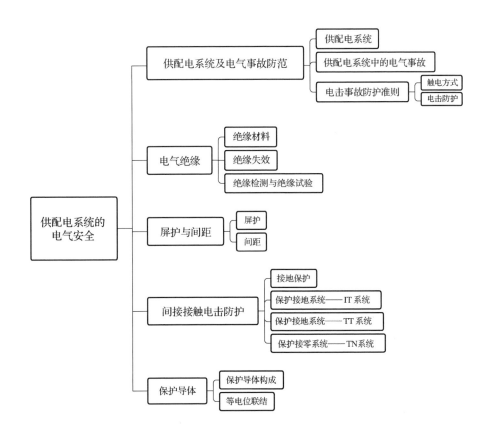

思考与习题

1. 单项选择题

（1）下列哪项是供配电系统中常用的接地方法？（　　　）

A. 绝缘接地

B. 系统中性点接地

C. 电流互感器接地

D. 漏电保护器接地

（2）以下哪种情况可能导致供配电系统中的电气跳闸？（　　　）

A. 过载

B. 短路

C. 接地故障

D. 所有答案都正确

（3）以下哪种装置常用于供配电系统中的过载保护？（　　　）

A. 熔断器

B. 漏电保护器

C. 接地开关

D. 变压器

2. 判断题

（1）在供配电系统中，接地是为了避免电流通过人体，并将电流引导到地下。（　　　）

（2）在接地保护系统中，接地线应该与电源线和信号线分开布置，以避免干扰和串扰。　　　　　　　　　　　　　　　　　　　　　　　　　　　　　　　　（　　　）

（3）屏护可以采用金属屏蔽，安装在电缆或设备周围形成一个封闭的屏蔽环境。

（　　　）

（4）间距是指电缆或设备之间的距离，可以用来减少电磁相互作用。　（　　　）

（5）在 TT 系统中，仅有电源的中性点接地并不足以确保供配电系统的安全，需要通过良好的接地设计和保护措施来提供全面的安全保护。（　　　）

3. 简答题

（1）简述三种不同保护接地系统的优缺点。

（2）等电位联结的主要目的是什么？

（3）保护导体的构成元素是哪些？

✔️ 学习评价

<table>
<tr><td colspan="9">学习情况测评量表</td></tr>
<tr><td rowspan="2">序号</td><td rowspan="2">内容</td><td rowspan="2">采取
形式</td><td rowspan="2">自评得分
（50分，
每项10分）</td><td rowspan="2">测试得分
（50分，
每项10分）</td><td colspan="4">学习效果</td><td rowspan="2">结论及建议</td></tr>
<tr><td>好</td><td>一般</td><td>较好</td><td>较差</td></tr>
<tr><td rowspan="3">1</td><td rowspan="3">学习目标
达成情况</td><td></td><td>（　　）分</td><td></td><td></td><td></td><td></td><td></td><td></td></tr>
<tr><td></td><td>（　　）分</td><td></td><td></td><td></td><td></td><td></td></tr>
<tr><td></td><td>（　　）分</td><td></td><td></td><td></td><td></td><td></td></tr>
<tr><td rowspan="2">2</td><td rowspan="2">重难点
突破情况</td><td></td><td>（　　）分</td><td></td><td></td><td></td><td></td><td></td><td></td></tr>
<tr><td></td><td>（　　）分</td><td></td><td></td><td></td><td></td><td></td></tr>
<tr><td>3</td><td>知识技能
的理解应用</td><td></td><td></td><td>（　　）分</td><td></td><td></td><td></td><td></td><td></td></tr>
<tr><td>4</td><td>知识技能点
回顾反思</td><td></td><td></td><td>（　　）分</td><td></td><td></td><td></td><td></td><td></td></tr>
<tr><td>5</td><td>课堂知识
巩固练习</td><td></td><td></td><td>（　　）分</td><td></td><td></td><td></td><td></td><td></td></tr>
<tr><td>6</td><td>思维导图
笔记制作</td><td></td><td></td><td>（　　）分</td><td></td><td></td><td></td><td></td><td></td></tr>
<tr><td>7</td><td>思考与习题</td><td></td><td></td><td>（　　）分</td><td></td><td></td><td></td><td></td><td></td></tr>
<tr><td colspan="9">备注："学习效果"一栏请用"√"在相应表格内记录。采取形式：可以根据实际情况填写，如笔记、扩展阅读、案例收集分析、课后习题测试、课后作业、线上学习等。</td></tr>
</table>

学习情境三
机电设备安全

 **情境导入**

"1·16" 浙江浙能集团长兴发电有限公司机械伤害一般人身伤亡事故

在国家能源局通报的 2021 年机电安全事故中，有这样一条。1 月 16 日，浙能集团长兴发电有限公司发生一起人身伤亡事故，1 人死亡。浙能集团长兴发电有限公司劳务分包单位浙江京兴物业管理有限公司 1 名作业人员未办理工作票，在清扫备用石膏排放输送皮带机散落石膏过程中，进入运行中的石膏排放输送皮带机尾部机架内进行清扫作业，被卷入皮带机后造成机械伤害，经抢救无效死亡。

在事故后的专项调查中，发现有以下原因：

直接原因：在石膏保洁清扫过程中，陈某某违章进入运行中的石膏排放输送皮带机尾部机架内进行清扫作业，被卷入皮带机后因机械伤害死亡。

间接原因 1：危险源辨识不全面、不到位。未进行石膏备用排放系统作业相关的危险源辨识及相应的风险评价和控制措施。

间接原因 2：对石膏仓消缺及由此引起的石膏紧急排放工作的安全监督不足，对外包单位的安全交底内容不全面，对外包工作落实情况的监管不到位。

间接原因 3：对临时作业管控不力。现场作业环境隐患较多、安全风险辨识不足，对现场作业的必要性缺少合理性分析。

严格遵守职业规范，耐心细致操作，是作为机电行业从业者必须坚守的红线。那如何从企业和个人的角度，吸取事故的教训，防范此类机电安全事故的发生呢？我们一起在本情境内容中寻求答案。

🎯 学习目标

技能目标 👉

安全操作技能：学生能够正确、规范地操作机电设备，了解设备的启动和停止程序，灵活使用安全控制装置，采取相应的安全措施，确保操作安全。

设备检查和维护技能：学生能够进行机电设备的定期检查和维护工作，包括设备清洁、绝缘、漏电以及故障排除等，保持设备的正常运行状态。

风险评估和管理技能：学生能够进行机电设备工作场所的风险评估，识别潜在的安全风险，采取适当的防护措施，有效管理风险。

知识目标 ☞

机电设备的工作原理和结构：学生能够了解常用机电设备的工作原理、结构和关键部件，了解设备运行过程中的安全要求和注意事项。

安全控制装置和防护装置：学生能够了解机电设备常见的安全控制装置和防护装置，包括限位开关、安全传感器、紧急停止按钮等，了解设备工作原理和应用方法。

安全规范和标准：学生能够了解相关的安全规范和标准，包括国家和行业的安全标准、设备选型和配置要求等。

素质目标 ☞

安全意识和责任意识培养：学生能够培养对机电设备安全的敏感性和责任感，自觉遵守安全操作规程，积极参与安全管理和事故预防工作。

风险识别和解决问题能力：学生能够在机电设备操作中识别和评估可能存在的风险，具备解决问题和做出决策的能力，能够快速应对意外情况并采取适当的措施。

团队协作和沟通能力：学生能够与他人合作，有效沟通和协调工作，共同维护机电设备安全，建立良好的团队合作关系。

学习单元 10 机电设备安全基础

10.1 机电设备

机电设备一般指机械、电器及电气自动化设备。

随着技术的不断改进，传统的机械设备进入了机、电结合的新阶段，并不断扩大应用范围。20 世纪 60 年代开始，计算机逐渐在机械工业的科研、设计、生产及管理中普及，为机械制造业向更复杂、更精密方向发展创造了条件。机电设备开始向数字化、自动化、智能化和柔性化发展，并进入现代设备的新阶段。

在生产生活中，都离不开机电设备的作用。机电设备种类很多，一般按机电设备的用途可分为三大类：产业类机电设备、信息类机电设备、民生类机电设备。

（1）产业类机电设备。

产业类机电设备是指用于生产企业的机电设备，例如普通车床、普通铣床、数控机床、线切割机、食品包装机械、塑料机械、纺织机械、自动化生产线、工业机器人、电

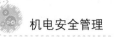

机、窑炉等。

（2）信息类机电设备。

信息类机电设备是指用于信息的采集、传输和存储处理的电子机械产品，例如计算机终端、通信设备、传真机、打印机、复印机及其他办公自动化设备等。

（3）民生类机电设备。

民生类机电设备是指用于人民生活领域的电子机械和机械电子产品，例如 VCD、DVD、空调、电冰箱、微波炉、全自动洗衣机、汽车电子化产品、疗器械以及健身运动机械等。

另外，按国民经济行业分类与代码、全国工农业产品分类与代码等国家标准分类，机电设备分为通用机械类，通用电工类，通用、专用仪器仪表类，专用设备类四大类。

（1）通用机械类。

通用机械类包括机械制造设备（金属切削机床、锻压机械、铸造机械等）；起重设备（电动葫芦、装卸机、各种起重机、电梯等）；农、林、牧、渔机械设备（如拖拉机、收割机、各种农副产品加工机械等）；泵、风机、通风采吸设备；环境保护设备；木工设备；交通运输设备（铁道车辆、汽车、摩托车、船舶、飞行器等）等。

（2）通用电工类。

通用电工类包括电站设备（工业锅炉；工业汽轮机）；电机；电动工具；电气自动化控制装置；电炉；电焊机；电工专用设备；电工测试设备；日用电器（电冰箱、空调、微波炉、洗衣机等）等。

（3）通用、专用仪器仪表类。

通用、专用仪器仪表类包括自动化仪表，电工仪表，专业仪器仪表（气象仪器仪表、地震仪器仪表、教学仪器、医疗仪器等）；成分分析仪表；光学仪器；试验机；实验仪器及装备等。

（4）专用设备类。

专用设备类是指专门针对某一种或一类对象或产品，实现一项或几项功能的设备，如火力发电设备、水力发电设备、核电设备、矿业设备等。

10.2 机电设备安全

机电设备种类繁多，不同功能的应用形式，具有不同的结构组成。通常，机电设备由机械系统、传动系统、电控系统、动力源、执行单元等几部分组成。随着现代计算机信息技术的广泛应用，现代机电设备添加了信息处理系统和传感检测系统。

随着机电设备功能越来越智能化、先进化，对工业企业和从业人员提出了更高的要求，完善的管理保障制度、专业规范的操作以及对设备正确的使用保养等，均是保障机电设备的安全运行的有效措施。

1. 机电设备工作状态

受机电设备的结构、材质、使用环境或人为因素等影响，在机电设备的使用过程中，存在不同状态的安全隐患，具体如下：

（1）正常工作状态。

在机器完好的情况下，机器可以完成预定功能的正常运转，过程中存在各种不可避免的但执行预定功能所必须具备的运动要素，有些可能产生危害后果，例如大量形状各异的零部件的相互运动、刀具锋刃的切削、起吊重物、机械运转的噪声等。在机械正常工作状态下，零部件存在碰撞、切割、重物坠落，及使环境恶化等对人身安全不利的危险因素。对这些在机器正常工作时产生危险的某种功能，人们称为危险的机器功能。

（2）非正常工作状态。

在机器运转过程中，由于各种原因（可能是人员的操作失误，也可能是动力突然丧失或来自外界的干扰等）引起的意外状态，例如意外启动、运动或速度变化失控，外界磁场干扰使信号失灵，瞬时大风造成起重机倾覆倒地等。机械的非正常工作状态往往没有先兆，会直接导致或轻或重的事故危害。

（3）故障状态。

故障状态是指机械设备（系统）或零部件丧失了规定功能的状态。设备的故障，哪怕是局部故障，有时会造成整个设备的停转，甚至整个流水线、整个自动化车间的停产，给企业带来经济损失。故障对安全的影响可能会有两种结果。有些故障的出现，对所涉及的安全功能影响很小，不会出现大的危险，例如当机器的动力源或某零部件发生故障时，使机器停止运转，处于故障保护状态。有些故障的出现，会导致某种危险状态，例如由于电气开关故障，会产生不能停机的危险；砂轮轴的断裂，会导致砂轮飞甩的危险；速度或压力控制系统出现故障，会导致速度或压力失控的危险等。

（4）非工作状态。

当机器停止运转处于静止状态时，机械设备基本是安全的，但不排除由于环境照明度不够，导致人员与机械悬凸结构的碰撞，造成结构垮塌；室外机械在风力作用下会滑移或倾覆；堆放的易燃易爆原材料自燃爆炸等。

（5）检修保养状态。

检修保养状态是指对机器进行维护和修理作业时（包括保养、修理、改装、翻建、检查、状态监控和防腐润滑等）机器的状态。检修保养一般在停机状态下进行，但机器作业的特殊性往往迫使检修人员采用一些超常规的做法，例如攀高、钻坑、将安全装置短路、进入正常操作不允许进入的危险区等，使维护出现正常操作不存在的危险。

在机械设备使用的各个环节，机器的不同状态存在不同危险因素。机器故障既可在机器预定使用期间存在（危险运动件的运动，焊接时的电弧等），也可能意外地出现，使检修人员不得不面临受到伤害的风险。人们把使人面临损伤或危害健康风险的机器内部或周围的某一区域称为危险区。就大多数机器而言，传动机构和执行机构集中了机器上大部分运动零部件，零部件种类繁多，运动方式各异，结构形状复杂，尺寸大小不一。所以，即使在正常状态下进行机器的正常操作时，传动机构和执行机构及周围区域，有可能形成机械的危险区。由于传动机构在工作中不需要与物料直接作用，也不需要操作者频繁接触，所以常用各种防护装置隔离或封装起来。在作业过程中，执行机构需要操作者根据情况不断地调整与物料的相互位置和状态，人体的某些部位不得不经常进入操作区，使操作区成为机械伤害的高发区，这是机械设备的主要危险区，是安全防护的重点。不同种类机器的工作原理不同，表现出来的危险有较大差异，成为安全防护难点。

2. 机电设备安全危险因素

按照危险的来源不同，可以分为机械危险、电气危险、温度危险、噪声危险、振动危险、辐射危险、材料危险、未履行人机原则的危险等。

对上述危害因素不加以有效控制，如对运动部件防护不当、无保险装置或保险装置失灵、在非正常状态下运转设备、安全操作规程不健全或操作者不按规程操作等，都极可能导致机电安全事故。

10.3 机电设备安全管理

现代工业生产所用到的机械电气设备种类繁多，虽各具特点，但具有很多共性。因此可从机电设备的设计、制造、检验、安装、使用、维护保养、作业环境等方面加强规范和管理，预防伤害事故的发生。

1. 设计和制造过程中的事故预防措施

机械设备生产制造企业，要在设计、制造生产设备的同时设计、制造、安装安全防护装置，达到机械设备本质安全化，不得把问题留给用户，具体要求为：

（1）设置防护装置。

防护装置要求以操作人员的操作位置所在平面为基准，凡在高度 2 m 内的所有传动带、转轴、传动链、联轴节、带轮、齿轮、飞轮、链轮、电锯等危险零部件及危险部位，都必须设置。

对防护装置的要求：

①安装牢固，性能可靠，并有足够的强度和刚度。

②适合机器设备操作条件，不妨碍生产和操作。

③经久耐用，不影响设备调整、修理、润滑和检查等。

④防护装置本身不应给操作者造成危害。

⑤当机器异常时，防护装置应具有防止危险的功能。

⑥自动化防护装置的电气、电子、机械组成部分，要求动作准确、性能稳定，并有检验线路性能是否可靠的方法。

（2）机器设备的设计，必须考虑检查和维修的方便性。必要时，应随设备供应专用检查维修工具或装置。

（3）为防止运行中的机器设备或零部件超过极限位置，应配置可靠的限位装置。

（4）机器设备应设置可靠的制动装置，以保证接近危险时能有效地制动。

（5）机器设备的气、液传动机械，应设有控制超压、防止泄漏等装置。

（6）机器设备在高速运转中易于甩出的部件，应设计防止松脱装置，配置防护罩或防护网等安全装置。

（7）机器设备的操作位置高出地面 2 m 时，应配置操作台、栏杆、扶手、围板等。

（8）机械设备的控制装置应装在使操作者能看到整个设备的操作位置上，在操纵台处不能看到所控制设备的全部时，必须在设备的适当位置装设紧急事故开关。

（9）各类机器设备都必须在设计中采取防噪声措施，使机器噪声低于国家规定的噪声标准。

（10）凡工艺过程中产生粉尘、有害气体或有害蒸汽的机器设备，应尽量采用自动加料、卸料装置，并必须有吸入、净化和排放装置，以保证工作场所排放的有害物浓度符合 TJ 36—70《工业企业设计卫生标准》和 GB J4—73《工业"三废"排放试行标准》的有关要求。

（11）在设计机器设备时，应使用安全色。设备易发生危险的部位，必须有安全标志。安全色和标志应保持颜色鲜明、清晰、持久。

（12）机器设备产生高温、极低温、强辐射线等部位，应有屏护措施。

（13）有电器的机器设备都应有良好的接地（或接零），以防止触电，同时注意防静电。

2. 安装和使用过程中的预防措施

（1）按照制造厂提供的说明书和技术资料安装机器设备。自制的机器设备要符合 GB 5083—85《生产设备安全卫生设计总则》的各项要求。

（2）按照安全卫生"三同时"的原则，在安装机器设备时设置必要的安全防护装置，如防护栏栅，安全操作台等。

（3）设备主管或有关部门应制订设备操作规程、安全操作规程及设备维护保养制度，并贯彻执行。

3. 加强维护保养

（1）日常维护保养，要求操作人员在每班生产中必须做到：班前、班后认真检查、

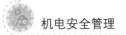

擦拭机器设备的各个部位；按时、按质加油；使设备经常保持清洁、润滑、良好。班中严格按操作规程使用机器设备，发生故障及时排除，并做好交接班工作。

（2）一级保养，以操作人员为主，维修人员配合，对机器设备进行局部解体和检查；清洗规定的部位；清洗滤油器、分油器及油管、油孔、油毡、油线等，达到油路畅通，油标醒目；调整设备各部位配合间隙，坚固各部位。

（3）二级保养，以维修人员为主，在操作人员参加下，对设备进行针对性的局部解体检查、修复或更换磨损件，使局部恢复精度；清洗、检查润滑系统，更换陈化油液；检查、修理电器系统、安全装置等。

4. 改善作业环境

（1）作业场所的地面要平坦清洁，不应有坑沟孔洞等；不得有水渍油污，以防绊倒、滑倒。

（2）机床设备的周围，应留有必要的空间、通道，间距须符合相应的最小安全距离要求。最小安全距离可参照如下数字：机床侧面与墙壁或柱子无工作地时，间距为400～500 mm；有工作地时，间距为1 000～1 200 mm；机床之间无工作地时，间距为800 mm；机床某一边有工作地并有行人定期通过时，间距为1 200 mm；机床两边均有工作地时，机床间距为1 500 mm；机床两边均有工作地并有行人通过时，间距为1 800 mm；排成15°的自动机床的间距为600～800 mm。

安全管理是一项长期且艰巨的任务，是生产过程中一个永恒的主题。吸取机电设备安全管理中的经验教训，应进行及时且认真的总结，对各类的事故给予高度的重视，避免同类事故的重复发生。企业及从业人员应对以往发生的事故进行认真的分析，寻找出各个环节中可能的危险，并进行及时的补救。

学习单元 11 常用机电设备安全

11.1 电动机安全

电动机是实现电能和机械能转换的机器，从能量转换的角度进行分类，可分为静止式和旋转式两大类。静止式电机包括：变压器、焊机等，实现电能之间的转换，比如高压变低压，直流变交流等；旋转式电动机包括：发电机、电动机等。

发电机是将其他形式的能转换为电能的机器。将水能转换为电能的为水力发电机；将煤、天然气、石油转换为电能的为火力发电机；靠风力发电的为风力发电机，还有太阳能发电机、手摇发电机、化学能发电机，核能发电机等。

电动机是将电能转换为机械能的机器。电动机按电源类型的不同可分为直流电动机、交流电动机；按转子绕组类型的不同可分为笼型电动机、绕线转子电动机等。

从上面的定义我们可以看出，电动机和发电机本质的区别是，一个输入的是电能，输出的是机械电能，而另一个输入的是其他能，输出的是电能。

不同的电机实物如图3-1所示。

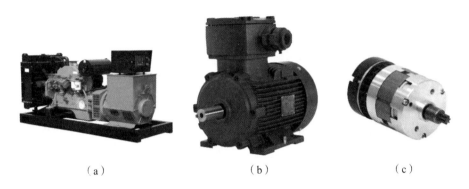

|（a）|（b）|（c）|

图3-1　电机实物图

（a）发电机；（b）交流电动机；（c）直流电动机

1. 电动机类型

（1）电动机类型按工作电源种类可分为直流电动机和交流电动机。

1）直流电动机按结构及工作原理可分为无刷直流电动机和有刷直流电动机。

有刷直流电动机可分为永磁直流电动机和电磁直流电动机。

电磁直流电动机可分为串励直流电动机、并励直流电动机、他励直流电动机和复励直流电动机。

永磁直流电动机可分为稀土永磁直流电动机、铁氧体永磁直流电动机和铝镍钴永磁直流电动机。

2）交流电机可分为单相电机和三相电机。

（2）电动机类型按结构和工作原理可分为异步电动机、同步电动机。

1）同步电动机可分为永磁同步电动机、磁阻同步电动机和磁滞同步电动机。

2）异步电动机可分为感应电动机和交流换向器电动机。

感应电动机可分为三相异步电动机、单相异步电动机和罩极异步电动机等。

交流换向器电动机可分为单相串励电动机、交直流两用电动机和推斥电动机。

（3）电动机类型按启动与运行方式可分为电容启动式单相异步电动机、电容运转式单相异步电动机、电容启动运转式单相异步电动机和分相式单相异步电动机。

（4）电动机类型按用途可分为驱动用电动机和控制用电动机。

1）驱动用电动机可分为电动工具用电动机（包括钻孔、抛光、磨光、开槽、切割、扩孔等工具），家电用电动机（包括洗衣机、电风扇、电冰箱、空调器、录音机、录像机、影碟机、吸尘器、照相机、电吹风、电动剃须刀等），及其他通用小型机械设备用电动机（包括各种小型机床、小型机械、医疗器械、电子仪器等）。

2）控制用电动机可分为步进电动机和伺服电动机等。

（5）电动机类型按转子的结构可分为笼型感应电动机（旧标准称为鼠笼型异步电动机）和绕线转子感应电动机（旧标准称为绕线型异步电动机）。

（6）电动机类型按运转速度可分为高速电动机、低速电动机、恒速电动机、调速电动机。

低速电动机又分为齿轮减速电动机、电磁减速电动机、力矩电动机和爪极同步电动机等。

调速电动机除了可分为有级恒速电动机、无级恒速电动机、有级变速电动机和无级变速电动机外，还可分为电磁调速电动机、直流调速电动机、PWM 变频调速电动机和开关磁阻调速电动机。

2. 电动机的安装环境

电动机作为现代工业的基础设备（见图 3 - 2），将电能转换为机械能，再与其他配套设备一起构成不同的动力或加工制造系统。良好的安装环境，不仅可以确保电动机正常运行，也能提高企业的生产效率，降低生产事故风险。根据电动机的结构和运行特点，可以创造如下安装环境：

①通风良好。通风散热，确保电动机运行在适宜的温度，防止电动机过热、烧毁，必要时可加换气扇或通风设备来改善通风条件。

②湿度适宜。当湿度过大时，绝缘电阻降低，电动机漏电可能性增大。金属部件易生锈腐蚀，易导致金属

图 3 - 2　电动机

间接触不良，接地回路电阻增大甚至断开，危及电动机安全运行。在潮湿的安装条件下，必须提高防护等级；采取必要防潮措施，如垫高安装基础，加装吸湿机等。

③清洁环境。灰尘过多时，绕组易吸附灰尘，散热条件变坏，绝缘性能下降，若必须在潮湿的条件下安装，需提高防护等级或采取其他防尘措施。

④环境温度适宜。防止缩短工作寿命，通常规定电动机绝缘的最高工作温度为 40 ℃，高于 40 ℃时应降低定额使用，特殊用途电动机除外。电动机不能置于其他设备热排气流中，机壳温度一般比绕组温度低 20 ~ 25 ℃。

⑤操作和维护方便。防止操作不方便情况下，电动机容易引起工作失误或疏忽而导致故障。

⑥安装基础要求。较强机械强度，不易变形；固定牢靠，保持电机在规定位置和状态而不产生位移；抑制振动传递。

3. 电动机机械安装安全

电动机机械安装安全涉及电动机的安装型式、安装尺寸和电动机的传动方式、机械联结件等方面的问题。

（1）安装型式。

安装型式应根据负载机械情况适当选用，可以参考 GB/T 997—2008《旋转电机结构型式、安装型式及接线盒位置的分类》提供的技术规范。

立式，如带凸缘、带底脚等形式，如图 3 – 3 所示。

卧式，如带凸缘等形式，如图 3 – 4 所示。

图 3 – 3　立式电动机　　　　　　　　　图 3 – 4　卧式电动机

（2）安装尺寸。

通常安装尺寸采用标准尺寸。用户可向生产厂家订制特殊尺寸的电动机，参考 GB/T 4772—1999《旋转电机尺寸和输出功率等级》及相关标准。

（3）电动机的传动方式应根据负载机械情况来选定。

1）直接传动。

直接传动使用联轴器将电动机与工作机械直接联结起来的传动，优先选择。传动效率高，设备简单，运行可靠。注意保证联轴器与轴的轴线在一条直线上，防止变形、折断。传动前需校验联轴器的机械平衡，防止机组异常振动。联轴器与轴之间不能有多余间隙，防止配合松动与轴键变形折断。键与键槽不应有间隙，定位螺钉应充分拧紧固定。直接传动应尽量选用弹性联轴器，减轻两轴安装误差产生的不良误差。

2）齿轮传动。

齿轮传动适用于传动比可变的传动场合。齿轮变速装置与负载机械之间需要联轴器来联结。

3）皮带传动。

皮带传动适用于传动比可变的传动场合。两皮带轮轴线应平行且皮带轮宽度的中心线应重合，应校验皮带轮的机械平衡来避免振动。皮带轮与轴的间隙不能太大。皮带长度适当，以免传动困难或打滑。三角带与皮带轮应有正确接触。皮带传动应增设防护设施。

4）机械联结件。

机械联结件主要为螺纹联结件、铆钉联结件，用来把电动机固定，或把机械部件联结成整体，或用来联结导体形成电气通路。机械联结件要求机械强度高，防止各种机械力作用下产生塑性变形。机械联接件不采用软性或易于发生缓慢塑性变形的金属材料来制作，需考虑联结部位的温度、受力情况，应有良好的耐热性抗腐蚀性。联结应牢固可靠，防止松动，螺钉长度足够，使用弹簧垫圈、双螺母等有助于防止松动。

4. 电动机电气接线的安全技术

电动机电气接线的安全技术涉及供电线路导线的合理选择，供电线路的正确布设，安装接地布置及按电动机接线图正确接线等内容。

（1）供电线路导线的选择。

电动机的供电线路有室内（有绝缘外皮的导线）、室外（室外架空线常采用裸导线）两类。正确选择导线有助于防止过热和电能损失。供电线路导线除了符合电线电缆行业的有关国家标准或行业标准外，还应注意以下几个方面：

①电气性能：与导线材料及外皮绝缘材料的性质有关。

注意：导线的允许电流不小于正常运行时的电流安全值。导线的允许电流应大于电动机的额定电流，还应大于线路中熔断器的额定电流。导线的额定电压不低于电动机的额定电压，否则，导线绝缘性能会变差。导线的电压降（电压损失）可能导致电动机实际工作电压低于额定电压值，使电动机启动困难、过载等，应对电压损失给予限制。导线绝缘材料的性能包括工作温度、耐热性、耐腐蚀性、阻燃性。阻燃绝缘导线有很强的阻燃能力，同时具有优良的介电性能和耐热、耐腐蚀性能，是提高安全质量的较理想的导线。

②机械性能（机械强度、柔软性两方面）：机械强度取决于导线的材料性质和最小截面积。

通常，应根据导线可能遇到的最大外界机械拉力来计算导线所需机械强度。导线的柔软性取决于导线的材料及线芯的结构形式（主要是线芯根数及绞合方式）。电动机接线柱上的引出线应尽可能选用柔软性好的绝缘导线。需要固定布设且弯曲较少的线路可采用铝导线。

③导线连接（影响供电线路运行安全的一个重要因素，常被忽视或不被重视）。

导线接头是线路的薄弱环节，易发生故障。线路应尽量减少接头数，减小接触电阻，机械强度不应低于导线的80%，绝缘强度不应降低。

导线的接线端子（由用户自行连接供电线路的电动机都设有外接导线的接线端子，

通常采用螺栓端子形式）应有良好导电性能和足够的机械强度两个方面。使用中注意端子锈蚀情况。端子不用于固定其他任何零件，使用适当压力夹紧导线，并配有 TO 型压接端头或弓形垫圈。

（2）布线。

在室外（架空拉线）、室内或室外沿建筑物墙壁（木槽板、塑料槽板、瓷夹板、瓷柱、瓷瓶、穿钢管、塑料管布线及沿钢索等）布线，注意墙板布线、穿管布设的绝缘导线不能有接头；穿钢管布设的三相导线应置于同一钢管内，不允许每相导线分别穿管布设。

布线路径因地制宜，合理设计，选择短路经，避免路径上可能存在的安全隐患，如外力作用、潮湿（包括热空气冷凝）、某个热源发热等。

（3）接地和接零。

接地和接零是保证电气设备乃至电力系统正常运行和人身安全的重要防护措施。当电动机绝缘老化或被击穿时，金属外壳就可能带有危险电压进而引发触电事故。

接地是将正常情况下不带电的机壳用接地装置与大地可靠连接，适用于三相三线制中性点不接地的电网系统。

接零是将机壳与中性点直接接地系统中的电网零线紧密地连接起来，适用于电网中性点直接接地的低压电网系统。

注意：在同一系统中，不允许一些电气设备保护接零，而另一些电气设备保护接地；对电动机电网中性点接地时，不能只采用保护接地；中性点接地的电网系统，重复接地（同时采用两种方式）可以克服单独保护接地或保护接零的不足，加强安全保护功能。

在电动机中，接地装置（包括以上两种）安全标准的具体要求：

①电动机的保护接地装置应符合国家标准 GB 775—2008。只有电动机电压对人体安全不够成为威胁或其绝缘保护极其可靠的情况下，才可不采用。

②电动机机壳与保护接地装置之间应具备永久、可靠、良好的电气连接（即使当电动机在设备底座上移动时，保护接地导体仍应可靠连接）。

③采用端子连接接地导线时，端子应满足接线端子的安全要求，连接必须可靠，无工具不足以将端子松开，端子不能兼作他用。

④保护接地导体应有足够韧性承受电动机振动应力，并应有适当安全措施。

⑤接地导体与端子及连接装置的材料应具有相容性，应是电的良导体，并抗电腐蚀。黑色金属应电镀或有效防锈。

⑥接地连接应确实贯穿油漆等非导电性涂层，采用冷压接地或其他等效手段，不用饺接和锡焊。接地线必须用整线，中间不能有接头。

⑦端子的螺钉和接地导体应有足够截面积，接地导体截面积应符合国家标准 GB 755—2008 的规定。

⑧接线装置若为接地端子，应有接地标志；若为接地软线，应是黄绿双色的绝缘线。

5. 电动机安全运行要求

电动机的发热与允许温升，发热与电机可变损耗（铜耗，与功率有关）、不变损耗（铁耗、机械耗等与功率无关）、环境温度、散热能力有关，允许温升与绝缘材料有直接关系。电动机内耐热能力最弱的部分是绝缘材料，允许温度有限度。在允许温度限度下，电动机物理化学机械电气等各方面的性能都较稳定，工作寿命一般为 20 年；超过此限度，电动机机械强度和绝缘性能很快降低，寿命大大缩短，甚至烧毁。绝缘材料允许温升，就是电动机的允许温升。绝缘材料的寿命，就是电动机的寿命。

GB 755—2008 中规定，电机运行地点的环境温度不应超过 40 ℃，设计电动机时规定取 40 ℃ 为我国的标准环境温度。电动机的最高温升等于绝缘材料的最高允许温度与 40 ℃ 的差值，见表 3 - 1。

表 3 - 1　电机绝缘材料的最高允许温度与温升

绝缘等级	A	E	B	F	H
最高允许温度/℃	105	120	130	155	180
最高允许温升/℃	65	80	90	115	140

电动机应按 GB 755—2008 和产品标准规定的环境条件运行。电动机绕组、铁芯、换向器、集电环的温升与轴承的温度限值，测量方法和修正值应按 GB 755—2008 中第 5 章的规定执行。电动机运行中的额定温升，应按电动机厂家的铭牌温升值的规定。在任何运行方式下，保证电动机均不超过温升限值。

（1）电源有扰动时的安全要求。

电动机的运行性能与电源质量有关。影响电源质量的三种不正常因素是电压波动、电压畸变和供电短时中断。正常运行时一般允许电源电压在一定范围内波动（如 +10% ~ -5%），电压波动可保持动机出力不变和正常运行。过载供电线路可导致电源电压降低，启动大容量重载电动机可能造成短时电压降低。过高或过低的电压可能导致用电设备的损坏，甚至会使设备监控系统产生误操作。

对电动机，运行电压超过允许范围时可能产生下列危害：

①启动时，电源电压下降过多，启动缓慢甚至不能启动。对异步电动机，启动转矩与电压的平方成正比。电压降低 10%，启动转矩降低 20%。

②运行中，电压低负载不变时，转速会下降（甚至停转），电动机电流会增大，电机过热，影响寿命，甚至烧毁。电压畸变指电压波形偏离了正常的正弦波。常见波形尖峰，电压出现电噪声干扰。

③电压波形尖峰指超出正常电压的短时冲击。低能量的小尖峰主要来自感性负载

的开关，为工厂常见现象。较大尖峰主要由闪击放电在电源线上传输产生，持续时间极短暂，峰值可达 5～10 倍正常电压。较大尖峰可能使控制装置中存储的数据丢失或造成误操作，也可能立即造成设备的损害或进而产生难以查知的随机损害。

④电噪声目前为较常见的一种电源扰动形式，纠正可能也较容易，但对它检测有一定难度。幅度较低的电压尖峰会造成电噪声干扰。无线电波的发射、计算机、商用机器等接触不良的电联结都会产生电噪声。电噪声会造成计算机误动作，控制设备各部件之间的相互电磁作用可能产生足够大的电噪声，从而导致运行错误。尽管大多设备中装有滤波器，仍应避免在电噪声严重的环境中工作。

⑤供电短时，中断仅仅 5 ms 的短时完全中断就可能停止一些敏感电气设备的工作。对使用者，造成控制装置中存储的数据丢失或需要时间重新编写程序。

（2）电压不对称时的安全要求。

交流电压三相不对称可能由三相负载大小负载不相等，变压器三相抽头设置不一致，线路联结不良等因素引起。

三相不对称对电机的危害：

①电动机输出转矩下降，甚至停转。启动时严重不对称会导致不能启动，同时绕组中电流较大。

②会使电动机一或两相绕组电流增大，过热，缩短寿命。

③运行中振动增加，产生噪声。通常要求当达到电动机额定状况时，不对称率不能超过 5%，即（最大电压 - 平均电压)/平均电压 × 100% < 5%。

（3）频率变动时的安全要求

当电源电压为额定电压时，频率过高会使定子电流增大，输出转矩减小，重载时电机会停转。频率过低会使定子电流增大，电机损耗增大，转速下降，影响电动机的通风冷却。通常要求电动机的电源频率的变动范围不超过 1%。当电网质量较差时，电压和频率的偏差往往超过上述范围要求。所以，选择和使用电动机时应充分了解电网质量。

（4）电动机启动的安全要求。

启动电动机时要求启动转矩足够大，启动电流不太大。启动电流太大会带来两种危害：当电网容量不够大时，使电网电压显著减小，启动转矩减小；影响其他电气设备正常使用。当三相异步电动机直接启动时，一般启动电流为额定电流值的 4～7 倍。一般情况下，经常直接启动的电动机启动电流引起的电压降不超过 10%，不经常启动的电动机在 15% 以内，就允许采用直接启动。降压启动只适用于启动转矩要求不高的情况，若要求启动电流小，启动转矩大，就需要启动性能好的异步机、深槽式、双笼式异步机，绕线式异步机常用。

（5）电动机机械部件的安全运行要求。

电动机机械部件的安全运行要求包括机械部件材料、结构、机械强度、防锈蚀等方面的要求；滚动轴承中润滑剂起散发热量（温度高，润滑剂性能下降）的作用；防锈蚀，防止异物进入；滑动轴承优先选择使用石油精炼高级润滑油；使用过多润滑剂是造成绝缘故障的最常见原因之一。当电动机稳定运行时，轴承允许最高温升（标准环境温度为40%时）为滑动轴承40 ℃，滚动轴承60 ℃；温度每升高约14 ℃，润滑剂使用寿命减少一半。

11.2 移动式电气设备安全

移动式电气设备是指因工作需要经常移动的电气设备，其特点是随工作环境经常变化，具有使用方便、灵活、快捷、应用范围广等特性。

1. 移动式电气设备分类

可移动式电气设备有三种类型：可移动式电源（见图3－5）；可移动式电器具；手持式电动（热）器具。

（1）可移动式电源。

可移动式电源也称临时电源。根据用电量及防护等级，可移动式电源分为可移动式（携带式）电源箱和可移动式插座（俗称拖板）。

对于这类电源的安全使用，应遵循的原则是：

①根据设备使用环境，确定可移动式电源防护等级。

②使用可移动式电源，必须依照容量安装漏电保护器。

③所有拖板的电线必须是橡胶护套绝缘的软电缆，严禁用花线或与之类似的电线做电源线。

④由专业人士定期对拖板进行检查。

图3－5　移动发电机

（2）可移动式电器具。

移动式电器具包括蛤蟆夯、振捣器、水磨石磨平机、电焊机设备等电气设备。

（3）手持式电动（热）器具。

我们在本项目的11.3小节中详细介绍手持式电动（热）器具。

2. 移动式电气设备安全使用要求

安全使用移动式电气设备的总思路是规范操作，防漏电、防潮、防松脱，接地可靠。

①在使用前，操作者应认真阅读工具使用说明书或安全操作规程，详细了解工具的性能和掌握正确使用的方法。

②在一般作业场所，应尽可能使用Ⅱ类工具，使用Ⅰ类工具时应采取漏电保护器、隔离变压器等保护措施。

③在潮湿作业场所或金属构架上等导电性能良好的作业场所，应使用Ⅱ类或Ⅲ类工具。

④在锅炉、金属容器、管道内等作业场所，应使用Ⅲ类工具，或装设漏电保护器的Ⅱ类工具。Ⅲ类工具的安全隔离变压器，Ⅱ类工具的漏电保护器及Ⅱ类、Ⅲ类工具的控制箱和电源连接器等，必须放在作业场所的外面，在狭窄作业场所使用应有人在外监护。

⑤在湿热、雨雪等作业环境，应使用具有相应防护等级的工具。

⑥Ⅰ类工具电源线中的黄绿双色线在任何情况下只能用作保护线。

⑦工具的电源线不得任意接长或拆换。当电源离工具操作点距离较远而电源线长度不够时，应采用耦合器进行连接。

⑧工具电源线上的插头不得任意拆除或调换。

⑨插头、插座中的接地极在任何情况下只能单独连接保护线。严禁在插头、插座内用导线直接将接地极与中性线连接起来。

⑩工具的危险运动零部件的防护装置（如防护罩、盖）等不得任意拆卸。

3. 电焊机

（1）电焊机种类。

电焊机（见图3-6）包括交流弧焊机、直流弧焊机、氩弧焊机、二氧化碳气体保护焊机、对焊机、点焊机、缝焊机、超声波焊机和激光焊机等。

（2）交流弧焊机安全要求。

电焊机种类较多，日常生活中人们接触最多的电焊机是交流弧焊机（见图3-7），下文主要介绍交流弧焊机使用的安全要求，其他电焊机可参考。

图3-6 电焊机

交流弧焊机的一次额定电压为380 V，二次空载电压为70 V左右，二次额定工作电压为30 V左右，二次工作电流达数十至数百安，电弧温度高达6 000 ℃。由交流弧焊机的工作参数可知，火灾危险和电击危险发生概率比较大。安装和使用交流弧焊机应注意以下问题：

①安装前应检查弧焊机是否完好；绝缘电阻是否合格（一次绝缘电阻不应低于 1 MΩ、二次绝缘电阻不应低于 0.5 MΩ）。

②弧焊机应与安装环境条件相适应。弧焊机应安装在干燥、通风良好处，不应安装在易燃易爆环境、有腐蚀性气体、有严重尘垢或剧烈振动的环境，并应避开高温环境、水池等。室外使用的弧焊机应采取防雨雪、防尘土的措施，工作地点远离易燃易爆物品，下方有可燃物品时应采取适当安全措施。

图 3 - 7　交流弧焊机

③弧焊机一次额定电压应与电源电压相符合，接线应正确并经端子排接线；多台焊机尽量均匀地分接于三相电源，以尽量保持三相平衡。

④弧焊机一次侧熔断器熔体的额定电流略大于弧焊机的额定电流即可，但熔体的额定电流应小于电源线导线的许用电流。

⑤二次线长度一般不应超过 20 ~ 30 m，否则，应验算电压损失。

⑥弧焊机外壳应当接零（或接地）。

⑦弧焊机二次侧焊钳连接线不得接零（或接地），二次侧的另一条线只能一点接零（或接地），以防止部分焊接电流经其他导体构成回路。

⑧移动焊机必须停电进行。

为了防止运行中的弧焊机熄弧时 70 V 左右的二次电压带来电击的危险，可以装设空载自动断电安全装置，这种装置还能减少弧焊机的无功损耗。

11.3　常用手持式电动工具安全

手持式机电设备是指在工作生活中手持操作或可以手动移动的机电设备。例如在 GB/T 4754—2002《国民经济行业分类与代码》中分类的信息类机电设备、笔记本电脑、手机等。在工业应用领域，常用的手持式机电设备主要是各种手持式电动工具，如设备施工中常用的电动螺丝刀、冲击钻、曲线锯、斜切锯、电动扳手、手持式激光焊接机等。

1. 手持电动工具的分类

在 GB/T 3787—2017《手持式电动工具的管理、使用、检查和维修安全技术规程》中将电动工具按触电保护分为Ⅰ类、Ⅱ类、Ⅲ类。

（1）Ⅰ类工具。

通常，Ⅰ类工具称为普通型电动工具（见图 3 - 8）。一般情况下，Ⅰ类工具是带有金属外壳的，但除靠一层基本绝缘来防电击外还另有补充措施，即具有经 PE 线接地的手段。当基本绝缘损坏带电导体碰设备金属外壳时，外壳电位因接地而大大降低，同时经 PE 线构成的接地通路也可使产生的接地故障电流返回电源，这时回路上的防护电器即可检测出故障电流而及时切断电源。

图 3 - 8　普通型电动工具

Ⅰ类工具的防电击保护不仅依靠基本绝缘、双重绝缘或加强绝缘，还包含一个附加安全措施，即把易触及的导电零件与设施中固定布线的保护接地导线连接起来，使易触及的导电零件在基本绝缘损坏时不能变成带电体。具有接地端子或接地触头的双重绝缘或加强绝缘的工具也认为是Ⅰ类工具。

Ⅰ类工具的插头为三角插头，PE 线必须是黄绿线，在使用时一定要进行接地或接零，最好装设漏电保护器。

（2）Ⅱ类工具。

Ⅱ类工具是即绝缘结构全部为双重绝缘结构的电动工具，规定电压超过 50 V。Ⅱ类工具不允许设置接地装置，一般为绝缘外壳。

通俗地讲，Ⅱ类工具的设计制造者将操作者的个人防护用品以可靠的方法置于工具上，使工具具有双重的保护电流，保证当故障状态基本绝缘损坏失效时，由附加绝缘和加强绝缘提供触电保护。Ⅱ类工具必须采用加强绝缘电源插头，且电源插头与软电缆或软线压塑成一体不可重接电源插头。Ⅱ类工具只允许采用不可重接的二脚电源插头。Ⅱ类工具均带有标志"回"字。

（3）Ⅲ类工具。

Ⅲ类工具称为安全电压工具，在防止触电保护方面依靠安全特低和在工具内部不会产生比安全特低电压高的电压供电，额定电压不超过 50 V，一般为 36 V，故工作更加安全可靠。常用的Ⅲ类工具，通常使用蓄电池供电。

2. 手持电动工具安全使用的基本要求

Ⅰ类手持电动工具的额定电压超过 50 V，属于非安全电压，所以必须做接地或接零保护，同时还必须接漏电保护器以保安全。

Ⅱ类手持电动工具的额定电压超过 50 V，但采用了双重绝缘或加强绝缘的附加安全措施。双重绝缘是指除了工作绝缘外，还有一层独立的保护绝缘，当工作绝缘损坏时，操作

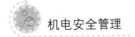

人员仍与带电体隔离，所以不会触电。Ⅱ类手持电动工具可以不必做接地或接零保护。

Ⅲ类手持电动工具是采用安全电压的工具，在不使用蓄电池供电时，需要有一个隔离良好的双绕组变压器供电，变压器副边额定电压不超过 50 V。所以Ⅲ类手持电动工具也不必做接地或接零保护的，但一定要安装漏电保护器。

3. 手持电动工具安全技术要求

手持电动工具的开关箱内必须安装隔离开关、短路保护、过负荷保护和漏电保护器。

手持电动工具的负荷线必须选择无接头的多股铜芯橡皮护套软电缆，性能应符合 GB/T 5013—2008《额定电压 450/750 V 及以下橡皮绝缘电缆》的要求，其中绿黄双色线在任何情况下只能用作保护线。

施工现场优先选用Ⅱ类手持电动工具，并应装设额定动作电流不大于 15 mA，额定漏电动作时间小于 0.1 s 的漏电保护器。

特殊潮湿环境场所作业安全技术要求：

①开关箱内必须装设隔离开关。

②在露天或潮湿环境的场所必须使用Ⅱ类手持电动工具。

③特殊潮湿环境场所电气设备开关箱内的漏电保护器应选用防溅型的，额定漏电动作电流应小于 15 mA，额定漏电动作时间不大于 0.1 s。

④在狭窄场所施工，优先使用带隔离变压器的Ⅲ类手持电动工具。如果选用Ⅱ类手持电动工具必须装设防溅型的漏电保护器，把隔离变压器或漏电保护器装在狭窄场所外并应设专人看护。

⑤手持电动工具的负荷线应采用耐气候型的橡皮护套铜芯软电缆，并不得有接头。

⑥手持式电动工具的外壳、手柄、负荷线、插头、开关等必须完好无损，使用前要做空载检查，运转正常方可使用。

4. 使用注意事项

在使用手持电动工具中，除了根据各种不同工具的特点、作业对象和使用要求进行操作外，还应同时注意以下事项：

①为了保证安全，应尽量使用Ⅱ类（或Ⅲ类）电动工具。当使用Ⅰ类工具时，必须采用其他安全保护措施，如加装漏电保护器、安全隔离变压器等。当条件未具备时，应有牢固可靠的保护接地装置，同时，使用者必须戴绝缘手套、穿绝缘鞋或站在绝缘垫上。

②使用前应先检查电源电压是否和电动工具铭牌上所规定的额定电压相符。长期搁置未用的电动工具，使用前必须用 500 V 兆欧表测定绕阻与机壳之间的绝缘电阻值，应不得小于 7 MΩ，否则必须进行干燥处理。

③使用者应了解所用电动工具的性能和主要结构，操作时要思想集中，站稳，使身体保持平衡，不得穿宽大的衣服，不戴纱手套，以免卷入工具的旋转部分。

④使用电动工具时，使用者所使用的压力不能超过电动工具所允许的限度，切忌单纯求快而用力过大，致使电机因超负荷运转而损坏。另外，电动工具连接使用的时间也不宜过长，否则微型电机容易过热损坏，甚至烧毁。一般电动工具在使用2 h左右需停止操作，待其自然冷却后再行使用。

⑤在使用电动工具中不得任意调换插头，更不能不用插头，而将导线直接插入插座内。当电动工具不用或需调换工作头时，应及时拔下插头，但不能拉着电源线拔下插头。将插头插入插座时，开关应在断开位置，以防突然启动。

⑥使用过程中要经常检查，若发现绝缘损坏，电源线或电缆护套破裂，接地线脱落，插头插座开裂，接触不良以及断续运转等故障时，应立即修理，否则不得使用。移动电动工具时，必须握持工具的手柄，不能用拖拉橡皮软线来搬动工具，并随时注意防止橡皮软线擦破、割断和轧坏现象，以免造成人身事故。

⑦电动工具不适宜在含有易燃、易爆或腐蚀性气体及潮湿等特殊环境中使用，并应存放于干燥、清洁和没有腐蚀柱气体的环境中。对于非金属壳体的电机、电气，在存放和使用时应避免与汽油等溶剂接触。

学习单元 12 变配电装置安全

变配电装置是变电装置和配电装置的简称，是用来变换电压和分配电能的装置。变配电装置中的设备大多是成套的定型设备，一般包括变压器（见图3-9）、高低压开关柜、保护电气、测量仪表及连接母线等。

通常，把电力系统中二次降压变电所低压侧或降压后向用户供电的网络称为配电网络。配电网络由架空或电缆配电线路、配电所或柱上降压变压器直接入户所构成。从电厂直接以发电机电压向用户供电的称为直配电网。

图3-9 变压器

配电网络的特征：

①常深入城市中心和居民密集点。

②功率和距离一般不太大。

③供电容量、用户性质、供电质量和可靠性要求等千差万别，各不相同。

④在工程设计、施工和运行管理方面都有特殊要求。

变配电的电压：

1 kV以上的电压称为高压配电，额定电压有35 kV、6～10 kV、3 kV等。不足1 kV的电压称为低压配电，通常额定电压有220 V和三相380 V。

变、配电的方式（见图3-10）：

①放射式：供电可靠性高，故障发生后，影响范围较小，切换操作方面，保护简单，便于自动化，但造价较高。

②树干式：投资少，但事故后影响范围较大，供电可靠性差。

③环式：有闭路环式和开路环式，为简化保护，一般采用开路环式。供电可靠性较高，运行比较灵活，但切换操作比较频繁。

放射式供电是经一条母线分别给大型用电设备或配电变压器供电。为了提高供电可靠性，可以像图3-10（a）中虚线那样，敷设一回备用线路。大型企业可采用二级放射。放射式供电的优点是一回线路上的故障不会影响其他回路，供电可靠性高；各回路继电保护整定方便，易于实现自动化。树干式供电是自一条干线引出若干条支线给用电负荷供电。为了提高供电可靠性，也可敷设一回备用线路（见图3-10（b）中虚线）。树干式供电能节省投资和简化线路结构，但一条线路上的故障会影响其他线路，供电可靠性较低。环式供电类似树干式供电（见图3-10（c）），正常时开环运行，与一般树干式供电不同的是每条干线都各自成环。

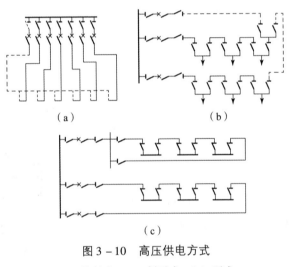

图3-10　高压供电方式

（a）放射式；（b）树干式；（c）环式

12.1　变压器安全

在供配电系统中，变压器起能量传递和电压变换的作用，是供配电系统中最关键的一种设备。变压器运行可靠与否，直接影响到供电的可靠性和连续性。

变压器是利用电磁感应的原理来改变交流电压的装置，主要构　视频：配电变压器安全
件是初级线圈、次级线圈和铁芯（磁芯）。在电器设备和无线电路中，变压器常用作升降电压、匹配阻抗、安全隔离等。在发电机中，不管是线圈运动通过磁场或磁场运动通过固定线圈，均能在线圈中感应电势。此两种情况，磁通的值均不变，但与线圈相交链

的磁通数量却有变动，这是互感应的原理。变压器就是一种利用电磁互感应变换电压、电流和阻抗的器件。

1. 变压器结构与分类

变压器结构部件包括器身（铁芯、绕组、绝缘、引线）、变压器油、油箱和冷却装置、调压装置、保护装置（吸湿器、安全气道、气体继电器、储油柜及测温装置等）和出线套管，具体组成及功能如图 3 – 11 所示：

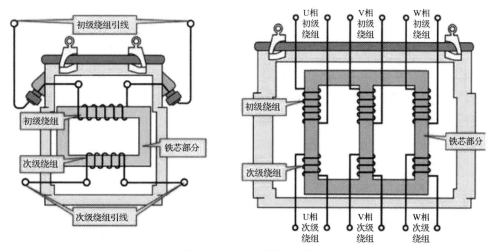

图 3 – 11　变压器的组成

①铁芯是变压器中主要的磁路部分，通常由含硅量较高，厚度分别为 0.35 mm、0.3 mm、0.27 mm，表面涂有绝缘漆的热轧或冷轧硅钢片叠装而成。铁芯分为铁芯柱和横片两部分，铁芯柱套有绕组；横片起闭合磁路之用。

②绕组是变压器的电路部分，是用双丝包绝缘扁线或漆包圆线绕成。

变压器的基本原理是电磁感应原理，现以单相双绕组变压器为例说明基本工作原理：当一次侧绕组加上电压 U_1 时，流过电流 I_1，在铁芯中就产生交变磁通 O_1，这些磁通称为主磁通，在主磁通的作用下，两侧绕组分别感应电势，最后带动变压器调控装置（见图 3 – 12）。

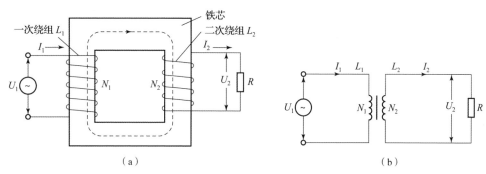

（a）　　　　　　　　　　　　　　（b）

图 3 – 12　变压器的基本原理

变压器的种类很多，按功能分，有升压变压器和降压变压器；按相数分，有单相变压器和三相变压器；按绕组材质分，有铜芯变压器和铝芯变压器；按电压调节方式分，有载调压变压器和无载调压变压器；按安装地点分，有室内变压器和室外变压器；按绕组的绝缘方式分，有油浸绝缘、干式和充气式变压器。干式变压器又有浇注式、开启式和封闭式。按冷却方式分，有油浸自冷式、油浸风冷式、油浸水冷式和强迫油循环冷却式变压器。根据变压器的用途不同，重点介绍以下几种在供配电系统中应用较多的变压器。

（1）电力变压器。

目前，已在系统运行的电力变压器代表性产品包括：1 150 kV、1 200 MV·A、735～765 kV、800 MV·A、400～500 kV、3 相 750 MV·A 或单相 550 MV·A，220 kV、3 相 1 300 MV·A；直流输电 ±500 kV、400 MV·A 换流变压器。电力变压器主要为油浸式，产品结构为芯式和壳式两类，芯式生产量占 95%，壳式只占 5%。芯式与壳式相互间并无压倒性的优点，只是芯式工艺相对简单，因而被大多数企业采用；而壳式结构与工艺都要更为复杂，只有传统性工厂采用。壳式适用于高电压、大容量，绝缘、机械及散热都有优点且适宜山区水电站的运输。

（2）配电变压器。

国外配电变压器容量能达到 2 500 KV·A，有圆形、椭圆形、铁心形式。圆形的配电变压器占绝大多数，椭圆形的由于 M0（铁心柱的间距）小，因而用料可以减少，对应线圈为椭圆形。低压线圈有线绕式与箔式，油箱有带散热管的（少数）与波纹式的（大多数）。

（3）干式变压器。

近年来，干式变压器在国内得到迅猛发展，在京、沪和深等大城市，干式变压器已经占到 50%，在其他大中城市也已经占到 20%。干式变压器有四种结构：环氧树脂浇注、加填料浇注、绕包和浸渍式。目前，欧美广泛采用开敞通风式 H 级干式变压器，这种变压器在浸渍式的基础上吸取了绕包式结构的特点，并采用 Nomex 纸后发展起来的新型 H 级干式变压器，由于售价高，在我国尚未推广。目前，国内通过短路试验容量最大的干式配电变压器是 2 500 kV·A、10/0.4 kV；通过短路试验容量最大的干式电力变压器是 16 000 kV·A、35/10 kV。

（4）卷铁芯变压器。

目前，卷铁芯变压器的生产主要集中在 10 kV 级，容量一般小于 800 kV·A，试制了 1 600 kV·A，但电力部门采购以容量 315 kV·A 以下的居多，适合用于农网。中国现有 200 多家卷铁芯变压器生产厂，有一定规模的占 20%。中国强卷铁芯变压器生产能力约为 1 600 万 kV·A，但实际产量较低。

因目前中低压供配电系统使用较多的电力变压器为油浸自冷式，因此以这类变压器为例介绍变压器的结构。变压器是利用电磁感应原理进行电能传输，同时利用一、二次侧电压比与原副绕组匝数比成正比的关系，来实现电压的升降。因此，变压器的核心部件是电磁铁芯和绕组，再加上其他辅助部件构成。

油浸自冷式电力变压器（见图 3－13），主要部件有：

①铁芯 12 和绕组 13 实现电能传递和电压变换。

②油箱 11 由箱体、箱盖、散热管等组成，作用是把变压器连成一个整体，同时通过散热管形成变压器油的循环流动，起到散热降温的作用。

③高低压导管 8 和 9 用于一、二次侧绕组与外部电源与输出导线的连接。

④储油柜（俗称油枕）4 与变压器箱体连通，内装一半左右的变压器油，作用一是用来补充变压器因渗漏产生的油量下降，二是当变压器因热胀冷缩时保持油箱与大气压力平衡。

⑤气体继电器 7 也叫瓦斯继电器，安装在油枕与油箱的连接管上。当变压器因发生过载或短路使温度升高，内部压力增大使油通过连通管流向油枕，带动继电器动作，给出报警或断电信号使变压器断电，起到保护变压器的作用。

⑥防暴管 6 是一端与油箱连通，一端用玻璃封闭的金属管，作用是当绕组发生短路产生高温，使油箱内的变压器油分解产生大量气体，油箱内部压力剧增，将出口处的玻璃冲破，使气体喷出而油箱内的压力得到释放而防止油箱爆裂。

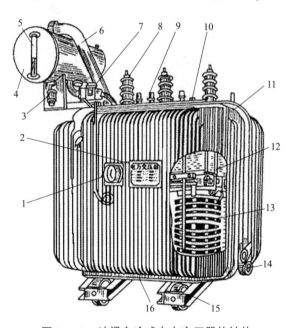

图 3－13 油浸自冷式电力变压器的结构

1—信号温度计；2—铭牌；3—吸湿器；4—油枕（储油柜）；5—油位指示器；6—防爆管；7—气体继电器；

8—高压套管；9—低压套管；10—分接开关；11—油箱及散热油管；12—铁芯；

13—绕组及绝缘；14—放油阀；15—小车；16—接地端子

⑦分接开关10用来改变变压器一次绕组的匝数以调整变压器的输出电压。

⑧吸湿器3通过管子与油枕相连，管子一端伸入油枕而高于油枕内的油面，用来吸出进入变压器的空气中的水分。

2. 变压器维护保养

变压器的维护保养是电工操作人员及电工操作兼修理人员为了保持变压器正常技术状态，延长使用寿命所必须进行的日常工作。变压器的维护保养是电气设备管理中的重要内容。如果维护保养工作做得到位，不但可以减少设备故障率，节约维修费用，降低成本，还可以给企业和员工带来良好的经济效益。

视频：变压器的常见故障及处理

需要注意的是，变压器的维护保养，必须在变压器处于断电与接地状态时进行。

（1）维护保养方法。

1）检查油温。

在测量变压器油温的时候需要用到专业的油面温度计（见图3-14），这种温度计是专门用来测量变压器油面温度的。通常油面温度计的报警值为85°左右，当达到约97°的时候就会致使设备跳闸，温度计会把油面的问题传输到主控室内的数显仪。

动画：变压器的维护

图3-14 油面温度计

在测量的时候，若变压器的类型为风冷的，那么要将油面温度计专门用来控制风机的启动和停止。通常，当风冷控制箱处于自动挡位的情况下，油温达到60°时，风机就会自动启动；反之，当油温下降到50°以下的时候，风机会自动停止。当我们在对变压器油温进行检测的时候，务必认真观察温度计的指示是否正常，并且做好记录。

2）检查吸湿器。

在变压器因周边环境的变化以及长期运行而导致设备本身油的体积出现膨胀，致使储油柜内的气体经过吸湿器（见图3-15）产生呼吸动作，以此将空气内的杂物清除，确保电力变压器油的绝缘性能不下降。

当我们发现变压器硅胶还是蓝色时，说明吸湿效能还很好。但是，当我们发现硅胶已经变成红色时，说明吸湿效能已经大大地下降了。这时，就需要我们换掉硅胶，或者对硅胶进行干燥处理。

3）检查油位。

在检查油位之前，我们了解变压器储油柜的作用是为了满足油箱内变压器油体积变化，从而设立的一个与变压器油箱相通的容器。我们可以通过查看油位指示计（见图 3 – 16）来检查储油柜或其他容器的油位。

图 3 – 15 吸湿器　　　　　　　　　　　图 3 – 16 油位指示计

除此之外，储油柜的油位一定要与油位曲线牌指示的温度相符合。若油位太低，一定要将导致油损耗的故障统统排除掉，再注入一些新的合格油。

4）检查气体继电器。

气体继电器是油浸式变压器及油浸式有载分接开关内部故障的一种主要保护装置。

气体继电器安装在变压器与储油柜的连接管路上。当变压器内部故障而使油分解产生气体或造成油流冲动时，气体继电器的接点动作，接通指定的控制回路，并及时发出信号或自动切除变压器。

5）压力释放阀。

当一些突发事故导致油式变压器油箱内部的压力短时间内快速上升时，油箱内的压力不能及时、有效地释放，会导致油箱出现变形或爆裂。由此，电力工程师设计了压力释放阀（见图 3 – 17），有效地解决这类问题。

当油箱内的压力上升到压力释放阀开启的值时，阀会在短时间内很快地开启，油箱内的压力就可以迅速地降低。反之，在变压器油箱内的压力降到关闭值时，压力释放阀可以安全可靠地关闭，有效地将外部杂质与水分隔绝开来。

这里我们需要留意的是，在压力释放阀工作的时候，阀上面的红色顶盖一定要记得拆除。

6）取油样（用于油分析）。

在对变压器运行状态与反应内部是否故障进行检测的时候，采油样是一个十分重要

图 3 – 17　压力释放阀

的方法。采油样是两年进行一次，一般可用于油色谱、微水、介损等化验项目。

直接接地系统的变压器在任何的工作运行状态下，一定要确保变压器中性点接地。同时，为了达到系统短路容量与限制开关遮断电流得以减少的目的，我们应该尽可能地减少接地点的数量。

（2）维护保养周期。

电力变压器有许多不同类型的维护检查。以下是一些必须执行的主要变压器维护操作及时间周期。

1）日常基础维护测试和检查。

每天在变压器上进行以下 3 个维护测试：

①主油箱和储油箱的 MOG（电磁油规）的油位。始终保持机油中的油充满至所需的水平。

②如果硅胶颜色变为粉红色，请及时更换。

③如果发现油液泄漏，则将变压器密封。

2）每月进行一次变压器维护检查。

必须每月检查一次油盖中的油位，以使油位不会降至固定的极限以下，从而避免由此而造成的损坏。保持硅胶呼吸器上的呼吸孔清洁，确保呼吸器始终保持适当的呼吸动作。如果变压器具有注油套管，请确保注满正确的油量。

3）半年一次的变压器维护。

变压器需要每半年检查一次 IFT、DDA、闪点、污泥含量、酸度、水含量和介电强度，以及对变压器油的耐受性。

4）年度变压器维护。

必须每年检查变压器风扇、油泵，以及用于冷却变压器和控制电路的其他物品。确保每年仅用柔软的棉布清洁变压器的所有套管。每年应仔细检查 OLTC 的机油状况，操作为从排放阀中取出油样并测试水分含量（PPM）和介电强度（BDV）。如果发现 BDV

值低而 PPM 值高，则需要更换机油。

　　确保每年清理所有编组箱的内部。检查空间和照明加热器的功能是否正常。控制和继电器接线的所有端子连接都需要每年至少紧固一次。

　　必须使用适当的清洁剂清洁所有控制开关，警报和继电器及其电路，分接开关控制面板以及继电器和控制面板。

　　检查所有口袋的绕组温度指示器和机油温度指示器是否油位正常，并确保在需要时加满油。

　　确保测量接地连接的电阻值，并且每年应使用接地电阻表上的钳子测量整流器。

　　（3）维护保养注意事项。

　　变压器在运行或维修时应注意以下事项，从而保证变压器安全、正常运行。

　　1）防止水及空气进入变压器。

　　①变压器在运行中应防止进水受潮，套管顶部将军帽、储油柜顶部、套管升高坐及其连管等处必须良好密封。必要时应进行检漏实验，若发现绝缘受潮，应及时采取相应措施。

　　②对大修后的变压器应按制定说明书进行真空处理和注油，真空度抽真空时间、进油速度等均应达到要求。

　　③从储油柜补油或带电滤油时，应先将储油柜的积水放尽，不得从变压器下部进油，防止水分。防止空气或油箱底部杂质进入变压器器身。

　　④当气体继电器发出轻瓦斯动作信号时，应立即检查气体继电器，及时取气样检验，明确气体成分，同时取油样进行色谱分析及时查明原因并排除。

　　⑤应定期检查呼吸器的硅胶是否正常，保证呼吸器畅通。

　　⑥变压器停运时间超过 6 个月，在重新投入运行前，应按预试规程要求进行有关试验。

　　2）防止异物进入变压器。

　　①变压器更换冷却器时，必须用合格绝缘油反复冲洗油管道、冷却器，直至冲洗后的油试验合格并无异物为止。若发现异物较多，应进一步检查处理。

　　②要防止净油器装置内的硅胶进入变压器，应定期检查滤网和更换吸附剂。

　　③加强定期检查油流继电器指示是否正常。检查油流继电器挡板是否损坏脱落。

　　3）防止变压器绝缘损伤。

　　①检修需要更换绝缘件时，应采用符合制造厂要求、检验合格的材料和部件，并经干燥处理。

　　②变压器运行检修时，严禁蹬踩引线和绝缘支架。

　　③变压器应定期检测其绝缘。

　　4）防止变压器线圈温度过高，绝缘劣化或烧损。

　　①当变压器有缺陷或绝缘出现异常时，不得超过规定电流运行，并加强运行监视。

②定期检查冷却器的风扇叶片平衡，定期维护保证正常运行，对振动大、磨损严重的风扇电机应进行更换。

③变压器过负荷运行应按照《油浸式电力变压器负载导则》和《电力变压器运行规程》执行。

④运行中变压器的热点温度不得超过《油浸式电力变压器负载导则》的限值和特定限值。

⑤变压器的风冷却器每1~2年用压缩空气或水进行一次外部冲洗，以保证冷却效果。

5）防止过电压击穿事故。

①在投切空载变压器时，中性点必须可靠接地。

②变压器中性点应装设两根与主接地网不同地点连接的接地引下线，且每根接地引下线均应符合热稳定要求。

6）预防变压器短路损坏事故。

①继电保护装置动作时间应与变压器短路承受能力试验的持续时间相匹配。

②采取有效措施，减少变压器的外部短路冲击次数，改善变压器运行条件。

③加强防污工作，防止相关变电设备外绝缘污闪。

④提高直流电源的可靠性，防止因失去直流电源而出现保护拒动。

7）防止变压器火灾事故。

①加强变压器的防火工作，重点防止变压器着火引起的事故扩大，变压器应配备完善消防设施，并加强管理。

②做好变压器火灾事故预想，加强对套管的质量检查和运行监视，防止套管运行中发生爆炸喷油引起变压器着火。

③现场进行变压器干燥时，应事先做好放火措施，防止因加热系统故障或线圈过热的烧损。

④在变压器引线焊接及器身周围进行明火作业时，必须事先做好防火措施。

12.2 高低压配电柜

高低压配电柜顾名思义是接高压配电柜、低压开关柜，以及连接线缆的配电设备。一般供电局、变电所使用高压配电柜，电压经变压器降压到低压开关柜，由低压开关柜再到各个用电场所的配电盘、控制箱、开关箱。

近年来在电气电力行业里，高低压配电柜主要用于3~35 kV系统中，因结构紧凑，占地面积小，安装工作量小，使用维修方便，接线方案多种多样等特点而使用相对广泛。从高低压配电柜内部结构来看，是把一些开关、断路器、熔断器、按钮、指示灯、仪表、电线等保护器件组装成一体的配电设备。根据配电柜（见图3-18）使用电压等级，可以分为高压配电柜和低压配电柜两大类。

图 3 – 18　配电柜

1. 高压配电柜

高压配电柜（见图 3 – 19、图 3 – 20）又称为高压开关柜，是指用于电力系统发电、输电、配电、电能转换和消耗中起通断、控制或保护等作用，电压等级在 3.6 ~ 550 kV 的电器产品，主要包括高压断路器、高压隔离开关与接地开关、高压负荷开关、高压自动重合与分段器、高压操作机构、高压防爆配电装置和高压开关柜等几大类。高压开关制造业是输变电设备制造业的重要组成部分，在整个电力工业中占有非常重要的地位。

图 3 – 19　高压配电柜　　　　　　　　　　图 3 – 20　开关柜

（1）高压配电柜功能及组成。

1）配电柜的功能。

配电柜具有架空进出线、电缆进出线、母线联络等功能。

2）配电柜的组成。

配电柜应满足 GB 3906—1991《3 – 35 kV 交流金属封闭开关设备》标准的有关要求，一般由柜体和断路器二部分组成，柜体由壳体、电器元件（包括绝缘件）、各种机构、二次端子及连线等组成。

3）柜内电器元件。

①柜内常用一次电器元件（主回路设备），常见的有如下设备：

电流互感器简称 CT，如 LZZBJ9 – 10。

电压互感器简称 PT，如 JDZJ - 10。

接地开关，如 JN15 - 12。

避雷器（阻容吸收器），如 HY5WS 单相型、TBP、JBP 组合型。

隔离开关，如 GN19 - 12、GN30 - 12、GN25 - 12。

高压断路器，如少油型（S）、真空型（Z）、SF6 型（L）。

高压接触器，如 JCZ3 - 10D/400A 型。

高压熔断器，如 RN2 - 12、XRNP - 12、RN1 - 12。

变压器，如 SC（L）系列干变、S 系列油变。

高压带电显示器，如 DXN - Q 型、DXN - T 型。

绝缘件，如穿墙套管、触头盒、绝缘子、绝缘热缩（冷缩）护套。

动画：220 kV 电压互感

主母线和分支母线有：

高压电抗器，如串联型有 CKSC，起动电机型有 QKSG。

负荷开关，如 FN26 - 12（L）、FN16 - 12（Z）。

高压单相并联电容器，如 BFF12 - 30 - 1 等。

②柜内常用的主要二次元件（又称二次设备或辅助设备，是指对一次设备进行监察、控制、测量、调整和保护的低压设备），常见的有如下设备：

继电器，电度表，电流表，电压表，功率表，功率因数表，频率表，熔断器，空气开关，转换开关，信号灯，电阻，按钮，微机综合保护装置等。

（2）高压开关柜分类。

1）按断路器安装方式。

按断路器安装方式分为移开式（手车式）和固定式。

①移开式或手车式（用 Y 表示）：表示柜内的主要电器元件（如断路器）是安装在可抽出的手车上的，由于手车柜有很好的互换性，因此可以大大提高供电的可靠性，常用的手车类型有隔离手车、计量手车、断路器手车、PT 手车、电容器手车和所用变手车等，如 KYN28A - 12。

②固定式（用 G 表示）：表示柜内所有的电器元件（如断路器或负荷开关等）均为固定式安装的，固定式开关柜较为简单经济，如 XGN2 - 10、GG - 1A 等。

2）按安装地点。

按安装地点分为户内和户外。

①用于户内（用 N 表示）：表示只能在户内安装使用，如 KYN28A - 12 等。

②用于户外（用 W 表示）：表示可以在户外安装使用，如 XLW 等。

3）按柜体结构。

按柜体结构可分为金属封闭铠装式开关柜、金属封闭间隔式开关柜、金属封闭箱式开关柜和敞开式开关柜 4 大类。

①金属封闭铠装式开关柜（用字母 K 来表示）：主要组成部件（如断路器、互感器、母线等）分别装在接地的、用金属隔板隔开的、隔室中的金属封闭开关设备，如 KYN28A－12 型高压开关柜。

②金属封闭间隔式开关柜（用字母 J 来表示）：与铠装式金属封闭开关设备相似，主要电器元件分别装于单独的隔室内，但具有一个或多个符合一定防护等级的非金属隔板，如 JYN2－12 型高压开关柜。

③金属封闭箱式开关柜（用字母 X 来表示）：开关柜外壳为金属封闭式的开关设备，如 XGN2－12 型高压开关柜。

④敞开式开关柜，无保护等级要求，外壳有部分是敞开的开关设备，如 GG－1A（F）型高压开关柜。

4）高压配电柜的"五防"如下：

①高压配电柜内的真空断路器小车在试验位置在合闸工作时，小车断路器无法进入工作位置（防止带负荷合闸）。

②高压配电柜内的接地刀在合闸工作时，小车断路器无法进合闸（防止带接地线合闸）。

③高压配电柜内的真空断路器在合闸工作时，盘柜后门用接地刀上的机械与柜门闭锁（防止误入带电间隔）。

④高压配电柜内的真空断路器在合闸工作时，接地刀无法投入（防止带电挂接地线）。

⑤高压配电柜内的真空断路器在合闸工作时，无法退出小车断路器的工作位置（防止带负荷拉刀闸）。

2. 低压开关柜

（1）低压开关柜定义及类型。

低压开关柜适用于发电厂、石油、化工、冶金、纺织、高层建筑 动画：认识低压开关等，作为输电、配电及电能转换之用，符合 IEC 439—1、GB 7251.1—1997《低压成套开关设备》的标准规定。低压开关柜通过了国家 3C 认证（见图 3－21、图 3－22），有以下类型：

图 3－21 MNS 低压开关柜

图 3－22 开关柜

①GCL 型低压抽出式开关柜。

②GCS 型低压抽出式开关柜。

③GCS 型低压开关柜。

④GCK 型抽出式开关柜。

⑤GGD 型低压固定式开关柜。

⑥组装式低压开关柜。

⑦MNSC 型低压抽出式开关柜。

⑧MS 型低压抽出式开关柜。

⑨GCS 型低压抽出式开关柜。

⑩MNSQH 型抽出式低压开关柜。

⑪GCS 型低压抽出式开关柜。

（2）从结构形式上分类。

1）固定式。

固定式开关柜能满足各电器元件可靠地固定于柜体中确定的位置。柜体外形一般为立方体，如屏式、箱式等，也有棱台体，如台式等。这种柜有单列，也有排列。

为了保证柜体形位尺寸，往往采取各构件分步组合方式，一般是先组成两片或左右两侧，然后组成柜体，或先满足外形要求，再顺次连接柜体内务支件。组成柜体各棱边的零件长度必须正确（公差取负值），保证各方面几何尺寸和整体外形要求。对于柜体两侧面，因考虑排列需要，中间不能有隆起现象。

从安装角度考虑，底面不能有下陷现象。在排列安装中，地基平整是先决条件，但干整度和柜体本身有一定误差，在排列中要尽量抵消横向差值，而不要造成差值积累，因为差值积累将造成柜体变形，影响母线联结及产生组件安装异位、应力集中，甚至影响电器寿命。故在排列时宜用地基最高点为安装参考点，然后逐步垫正扩排，在底面干整度较理想并可预测的条件下，也可采取由中间向两侧扩排的方式，使积累差值均布。

为了易于调整，抵消公差积累，柜体宽度公差都取负值。柜体的各个构件结合体完成后，视需要还应进行整形，以满足各部分形位尺寸要求。对定型或批量较大的柜体制造时应充分考虑用工装夹具，以保证结构的正确统一，夹具的基准面以取底面为妥，夹具中的各定位块布置以工作取出方便为准。对于柜体的外门等，因易受运输和安装等影响，一般在安装时进行统一调整。

2）抽出式。

抽出式开关柜是由固定的柜体和装有开关等主要电器元件的可移装置部分组成，可移部分移换时要轻便，移入后定位要可靠，并且相同类型和规格的抽屉能可靠互换，抽出式的柜体部分加工方法基本和固定式柜体相似。但由于互换要求，柜体的精度必须提高，结构的相关部分要有足够的调整量。可移装置部分，既要能移换，又要可靠地承装主要元件，所以要有较高的机械强度和较高的精度，其相关部分还要有足够的调整量。

制造抽屉式低压柜的工艺特点是：①固定和可移两部分要有统一的参考基准；②相关部分必须调整到最佳位置，调整时应用专用的标准工装，包括标准柜体和标准抽屉；③关键尺寸的误差不能超差；④相同类型和规格的抽屉互换性要可靠。

（3）从连接方式上分类。

1）焊接式连接。

焊接式开关柜的优点是加工方便、坚固可靠；缺点是误差大、易变形、难调整、欠美观，而且工件一般不能预镀。另外，对焊接夹具有一定的要求：

①刚性好、不会受工件变形影响。

②外形尺寸略大于工件名义尺寸，可抵消焊后收缩的影响。

③平整、简易、方便操作，尽量减少可转动机构，避免卡损。

④为防止焊蚀和易于检修调整，要选择好工件支持，支持还要加置防焊蚀垫件。

工件焊后变形现象是焊接时由于焊接处受热分子膨胀，挤压产生微观位移，冷却后不能复位而产生的应力所致。为了克服变形影响，必须考虑整形工艺。整形的方法一般有：

①通过试验预测工件变形范围，在焊接前强迫工件向反方向变形，以期焊后达到预定尺寸。

②焊后用过正方法矫正。

③击、压焊接后相对收缩部分，而得到应力子衡。

④加热焊接后相对松凸部分，达到与焊接处同样收缩的目的。

⑤必要时对构件进行整体热处理。

另外，焊接点选择、焊缝走向、焊接次序、点焊定位对焊后变形现象都有一定的影响，若处理得当可减少变形，但视具体情况而定。

2）紧固件连接。

紧固件连接的优点是适于工件预镀，易变化调节，易美化处理，零部件可标准化设计，并可预生产库存，构架外形尺寸误差小；缺点是不如焊接坚固，要求零部件的精度高，加工成本相对上升。紧固件一般为标准件，其种类主要有常规的螺钉、螺母和铆钉、拉铆钉，以及预紧而可微调的卡箍螺母和预紧的拉固螺母，还有自攻螺钉等，也有专用紧固螺钉（如国外引进的低压柜大多用专用紧固螺钉）。

工艺特点：以夹具定形，工装定位，并视需要配以压力垫圈；铆接一般要配钻，且预镀件要防止镀层被破坏；对于用精密加工中心或专用设备加工的构件，如各连接孔径与紧固件直径能保持微量间隙时，则可以不用夹具进行装合，一次成形；对导向及定位件的紧固，应以专用量具先定位再以标准工装检测。

3. 高低压配电柜维护保养

变（配）电所配电装置应根据设备污秽情况、负荷重要程度及负荷运行情况等条件安排设备的清扫检查工作。一般情况下，至少每年一次。低压配电装置应定期进行清扫维修，清扫维修一般一年不少于两次，并应安排在雷雨季节和高峰负荷期前进行。

（1）各机组的维修保养标准。

1）高压组柜。

高压配电系统的维护保养规程：

①对高压配电系统，应经常进行巡视，并作好巡视记录，每天两次。

②巡视检查时，通过人的感官应仔细分析，发现问题及时处理，做好记录。对重大异常现象及时报告。进出高压配电室应随手关门，以防小动物进入室内，门窗应完整并开关灵活。

③巡视检查内容如下：进户高压电缆、分支高压电缆是否有过流、过热现象，是否有异味；高压熔断器是否完好，高压隔离开关及负荷开关的固定触头与可动触头的接触是否良好接触；翻线柜、进线柜、计量柜、PT柜（电压互感器柜）、变压器输出柜三相电流是否正常；温湿度是否正常；变压器的温度是否超过允许值；变压器的运行声音是否正常，变压器接地是否良好；各个低压配电室的高压设备是否运行正常，三相电的输入和输出是否正常，温湿度是否正常；对高压配电室每周进行一次地面的清扫，每年两次对各个低压配电室的高压配电装置及环境进行停电清扫和检查（最好在每年的5月和10月）。

按照年度维保计划，对高压组柜内的真空负荷开关、隔离开关等机械操作部位，在停电、验电、放电、悬挂临时接地线后进行检查，包括有无磨损、卡死现象，销子、螺丝是否脱落或缺少，操作机构的拉、合闸是否灵活，并进行注油润滑。

对各分接触头进行检查，查看有无因放电、拉弧而烧坏或有氧化层，发现后进行磨砂修理或更换，引线接触部分应无过热现象。

检查高压断路器座卡口簧的弹力情况是否正常。检查导电部分各连接点的连接是否紧密，铜、铝接点有无腐蚀现象，若已腐蚀，应清除腐蚀层后涂导电膏。

检查各母线与绝缘子与柜板，有无放电打火现象，绝缘子有无裂痕。导线、母线金具及支持绝缘子法兰应完好、不变形，无裂纹、锈蚀现象，金具连接处销子应齐全、牢固。检查设备外壳（指不带电的外壳）和支架的接地线是否牢固可靠，有无断裂（断股）及腐蚀现象。

检查高压柜的仪表、指示灯及二次线路有无接头松动、标签字迹模糊、指示不精确等情况，否则应进行调校和修理。检查紧固电流、电压互感器的接线是否松动。

检查避雷器的连接螺丝有无松动，避雷器有无裂痕。

检查试验各种报警器、报警按钮的灵敏度情况，根据实情进行调校。

对所有设备进行除尘、卫生清洁。

直流屏：浮充运行的蓄电池应在自动稳压状态；充电装置内部无异常响动、气味；直流系统绝缘良好、正负对地接近于零；充电装置输入电压、电流应平衡；蓄电池外壳无变形、损伤及漏液、少液现象。

继电保护装置的限定值应由供电部门确定，试验和调整应由供电部门专业人员进行。一般 6～10 kV 系统的继电保护装置应每两年进行一次校验；对供电可靠性要求较高的 10 kV 重要用电单位以及 35 kV 及以上用电单位，每年进行一次校验。校验的同时考虑对变压器、高压电缆、避雷器、重要负荷开关等做绝缘耐压试验。

高压用具需经供电部门检测合格有效。

成套配电装置除本身具有的绝缘性能及工作性能外，还应具有"五防"功能完好，即防止带负荷分、合隔离开关；防止误分、合断路器；防止带电挂接地线（或合接地刀闸）；防止带地线合隔离开关；防止误入带电间隔。

装有驱潮电热器应长期投入并定期检查，功能完好正常。

标识牌是否清晰或掉落，否则补上新的标识牌。

配电柜进、出线口做好护口及防鼠措施，与柜体、支架等金属具有接触的导线、电缆要注意查看绝缘有无损伤。

2）低压组柜。

低压配电装置的维护保养规程：

①对低压配电装置每天进行两次巡视检查，并作好巡视记录。

②巡视检查内容如下：低压电缆及低压配电屏上的各部分连接点有无过热现象，有无异声、异味；三相负荷是否平衡；三相电压是否相同；低压绝缘子有无损伤和歪斜，母线固定卡子有无松动和脱落；接地线接地连接是否良好；低压电容补偿是否正常，有无异声异味。

③低压配电装置的停电清扫和检查每年至少两次，检查的内容包括母排和各个空开螺钉的紧固，一般在夏季和冬季高峰负荷之前进行，最好在每年的 5 月和 10 月；每周对各个低压配电室进行一次清扫。

停电、验电、放电、悬挂临时接地线后进行检查各种断路器的机械部位的磨损、润滑情况。各类线圈的外部是否烧糊、变型，内部是否变黑。交流接触器、中间继电器等内部无异声、异味。吸合线圈的绝缘和接头有无损伤或不牢的现象。

带负荷切合的低压刀闸，每半年应检查一次触头，并在刀闸口涂以导电膏。

频繁操作的交流接触器，每三个月至少检查一次触头和清扫灭弧栅。空气断路器及交流接触器的动、静触头是否对准，三相是否同时闭合；触头接触压力及断开后的距离是否符合厂家规定。磨损厚度超过 1 mm 时，应更换备件，被电弧烧伤严重处，应予磨平打光。

检查各处线头的接点是否松动，有无因跳火形成的烧伤、变形情况，各种转换开关接触是否良好。插接触头有无氧化、过热、变色现象。检查紧固电流、电压互感器的接线应无松动。

检查各绝缘子有无损伤和歪斜，母线固定卡子有无松脱。柜内避雷器有无裂痕、放

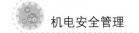

电痕迹，否则进行更换。

检查各种仪表的指示灵敏度，"0"刻度是否正常。

带电检测各线路有无过流、发热现象，有无放电现象。

对低压柜内、外设备卫生进行彻底清理，确保无灰尘，接地连接良好。

电容器维修保养：①清理冷却风道及外壳灰尘，使电容器散热良好；②检查电容有无膨胀、漏油或异常响声，若有则应更换；③检查接头处，接地线是否有松脱或锈蚀，若有则应除锈处理并拧紧；④检查熔断器外观有无破损变形现象，绝缘部分有无破损或出现放电现象，插座刀口应涂导电膏，熔断器的熔丝与实际负荷应匹配。⑤对装有电源联锁的低压电器，应做传动试验。⑥标识牌是否清晰或掉落，若不清晰或已掉落则补上新的标识牌。⑦配电柜进出、线口做好护口及防鼠措施，与柜体、支架等金属具有接触的导线、电缆要注意查看绝缘有无损伤。

机房、配电间等电气设备间做到无杂物、垃圾，无积水，适用于灭电气火灾的消防设施齐全。

各系统的维修保养以不影响大厦正常营运为原则，特殊情况须报告专业主管，及时由客服部通知受影响的业户。

维修保养结束后，操作人员需将有关工作情况记录在《配电柜/箱保养记录》上。

（2）操作步骤。

1）检查前操作步骤：断开电容器开关，逐个断开低压侧各出线开关，断开高压侧的断路器，经验电确认无电后，合上接地开关，并锁好高压开关柜，挂上"禁止合闸，有人工作！""已接地！"的警示牌。检查无误后，拉开高压进线隔离开关，对受电柜侧的母排用 10 mm² 以上导线短接并挂接地线，对变压器两侧设备进行充分放电后，开始维护作业。

2）维护操作完毕送电操作步骤：拆除所有接地线、短接线，检查是否留有工具在柜内，确定无误后，合上高压进线隔离开关，合上运行变压器的高压断路器，取下警示牌，向变压器送电；听变压器运行有无异常声音，闻有无异常气味，看三相电压是否正常，然后合上低压侧各出线开关，合上电容器开关，注意观察负荷变化。

3）恢复送电后的检查：对停电受影响的区域进行重点巡视检查，排除因停电造成的故障、隐患；在《值班记录》上做好相关停送电的记录。

（3）安全注意事项。

在进行维护工作前操作人员必须认真填写操作票和工作票并严格执行，且开关状态需与模拟屏相对应。

在电气设备上工作要穿好绝缘鞋（靴），做好停电、验电、放电、装设接地线、悬挂警示牌和装设遮拦的工作；有条件的情况下可以装设锁具，将配电箱/柜门锁好。检修的设备停电后，必须使用电压等级合适、在安全检验有效期内的验电器，且事先应在确认有电部分试验完好的验电器检验有无电压。

在地下室、潮湿场地或两层地库进行低压电器设备维护工作时，都要切断电源，不能停电时，至少应有两人在场一起工作。

清扫配电箱时，所使用漆刷等工具的金属部分需用胶布包裹。

上梯工作时，应放稳靠妥，高空作业时系好安全带。

正确使用合格有效的安全用具（高低压验电器、绝缘手套、绝缘靴、绝缘拉杆等），及劳动保护用品（护目镜、安全帽等）。

检查维护电容柜、变压器两侧设备、电缆时，应先断开总开关，经验电压确认无电后，用 10 mm² 以上导线逐个地对残余电荷进行充分放电。

断电时先断负荷侧开关，再断电源侧开关；送电时先合电源侧开关，再合负荷侧开关；严禁带负荷分、合隔离开关。

12.3　配电箱

配电箱是按电气接线要求将开关设备、测量仪表、保护电器和辅助设备组装在封闭或半封闭金属柜中或屏幅上，构成低压配电装置（见图 3 - 23）。配电箱具有体积小、安装简便，技术性能特殊、位置固定，配置功能独特、不受场地限制，应用比较普遍，操作稳定可靠，空间利用率高，占地少且具有环保效应的特点。

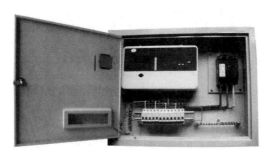

图 3 - 23　配电箱

1. 用途

配电箱是指挥供电线路中各种元器件合理分配电能的控制中心，是可靠接纳上端电源，正确馈出荷载电能的控制环节，也是获取用户对供电质量满意与否的关键。提高动力配电箱的操作可靠性，是创优质工程的目标。

配电箱的用途：合理的分配电能，方便对电路的开合操作，有较高的安全防护等级，能直观地显示电路的导通状态。

2. 分类

常用的配电箱有木制和金属制两种，因为金属配电箱防护等级要高一些，所以还是金属制用得比较多。

按结构特征和用途分类：

（1）固定面板式开关柜，常称开关板或配电屏，是一种有面板遮拦的开启式开关柜，正面有防护作用，背面和侧面仍能触及带电部分，防护等级低，只能用于对供电连续性和可靠性要求较低的工矿企业，作变电室集中供电用。

（2）防护式（即封闭式）开关柜，指除安装面外，其他所有侧面被封闭起来的一种低压开关柜。防护式开关柜的开关、保护和监测控制等电气元件，均安装在一个用钢或绝缘材料制成的封闭外壳内，可靠墙或离墙安装。柜内每条回路之间可以不加隔离措施，也可以采用接地的金属板或绝缘板进行隔离。通常门与主开关操作有机械联锁。另外有防护式台型开关柜（即控制台），面板上装有控制、测量、信号等电器。防护式开关柜主要用作工艺现场的配电装置。

（3）抽屉式开关柜采用钢板制成封闭外壳，进出线回路的电器元件都安装在可抽出的抽屉中，构成能完成某一类供电任务的功能单元。功能单元与母线或电缆之间，用接地的金属板或塑料制成的功能板隔开，形成母线、功能单元和电缆 3 个区域。每个功能单元之间也有隔离措施。抽屉式开关柜有较高的可靠性、安全性和互换性，是比较先进的开关柜，开关柜多数是指抽屉式开关柜，适用于要求供电可靠性较高的工矿企业、高层建筑，作为集中控制的配电中心。

（4）动力、照明配电控制箱，多为封闭式垂直安装。因使用场合不同，控制箱外壳防护等级也不同，主要作为工矿企业生产现场的配电装置。

3. 结构

配电箱结构分以下两种。

①焊接结构：简单地把钣金件经过裁剪、折弯、开孔，然后焊接起来。

②拼装结构：把钣金件分开加工，每个部件加工好以后再组装，用螺丝和三通加固锁死，外观漂亮，操作简单，可以节约大量的运输成本。

配电箱和配电柜、配电盘、配电屏、电器柜等，是集中安装开关、仪表等设备的成套装置。

4. 原理

正常运行时，配电箱可借助手动或自动开关接通或分断电路。故障或不正常运行时，配电箱借助保护电器切断电路或报警。借测量仪表可显示运行中的各种参数，还可对某些电气参数进行调整，对偏离正常工作状态进行提示或发出信号。

5. 常见故障原因分析及解决办法

（1）环境温度对低压电器影响引起的故障。

配电箱中的低压电器，由熔断器、交流接触器、剩余电流动作保护器、电容器及计量表等组成。要求周围空气温度不超过 40 ℃；周围空气温度 24 h 的平均值不超过 35 ℃；

周围空气温度不低于 – 5 ℃ 或 – 25 ℃。

农网改造的配电箱在室外运行，不但受到阳光的直接照射产生高温，同时运行中自身会产生热量，所以在盛夏高温季节，箱体内的温度将会达到 60 ℃ 以上，这时的温度大大超过了这些电器规定的环境温度。

（2）产品质量引起的故障。

在农网改造中由于需求的配电箱数量大、施工期短，配电箱厂需要有关低压电器的供货时间急且数量多，因而产生对产品质量的要求不严格的现象，造成一些产品投入运行后不久就发生故障，如有些型号交流接触器在配电箱投运后不久，因接触器合闸线圈烧坏，而无法运行。

（3）配电箱内电器选择不当引起的故障。

由于在制造时对交流接触器容量选择不恰当，对不同出线回路安装同容量的交流接触器，且未考虑到三相负荷的不平衡情况，而未能将部分出线接触器电流等级在正常选择型号基础上，提高一个电流等级。

（4）改进办法。

1）对于配电变压器容量在 100 kV·A 及以上的配电箱体，在箱内散热窗靠侧壁处，应考虑到安装温控继电器（JU – 3 型或 JU – 4 超小型温度继电器）和轴流风机，安装在控制电器板上方左侧面的箱体上，以便当箱内温度达到一定值时（如 40 ℃）能自动启动排气扇，强行排出热量使箱体散热。

2）采用保护电路防止配电箱供电的外部电路发生故障。选择体积较小的智能缺相保护器，如可选用 DA88CM – Ⅱ 型电机缺相保护模块（上海产品）安装于配电箱内以防止因低压缺相运行而烧坏电动机。

3）改进原配电箱的低压电容器组的接线方式，将安装位置由交流接触器上桩头，改成接在配电箱低压进线与计量表计之间。防止因运行中电容器电路发生缺相故障或电容器损坏时，造成计量装置计量不准确。此外，电容器选择型号应为 BSMJ 系列产品，以保证元件质量可靠、安全运行。

4）若新增柱上配电台架，在制作配电箱外壳时，可选 2 mm 厚度的不锈钢板材，并适当按比例放大配电箱尺寸（在农改工程使用的 JP4 – 100/3W 型基础上，在原箱体宽度方向尺寸上增大约 100 mm，即由原 680 mm 改为 780 mm。改进后的配电箱体外形尺寸为 1 300 mm×780 mm×500 mm），以便增加各分路出线之间、出线与箱体外壳的电气安全距离，这样有利于农电工的操作维护和更换熔件，同时可散热。

5）选用节能型交流接触器（类似 CJ20SI 型）产品，交流接触器线圈电压与所选剩余电流动作保护器的相对应接线端子相连，注意进行正确的负载匹配。选择交流接触器时，应选用绝缘等级为 A 级及以上产品，必须保证主回路触点的额定电流大于或等于被控制线路的负荷电流。接触器的电磁线圈额定电压为 380 V 或 220 V。

6）剩余电流动作保护器的选用。必须选用符合 GB 6829《剩余电流动作保护器的一般要求》标准，并经中国电工产品认证委员会认证合格的产品，可选用类似 LJM（J）系列节电型、且低灵敏度的延时型保护器。保护器装置的方式要符合国家 GB 13955—2005《剩余电流动作保护装置的安装和运行》标准。漏电保护器的分断时间为，当漏电电流为额定漏电电流时，其动作时间不应大于 0 s。

7）配电箱的进出线选用低压电缆，电缆的选择应符合技术要求，例如 30 kV·A、50 kV·A 变压器的配电箱的进线使用 VV22 − 35 × 4 电缆，分路出线使用同规格的 VLV22 − 35 × 4 电缆；80 kV·A、100 kV·A 变压器的配电箱的进线分别使用 VV22 − 50 × 4、VV22 − 70 × 4 电缆，分路出线分别使用 VLV22 − 50 × 4、VLV22 − 70 × 4 电缆，电缆与铜铝接线鼻压接后再用螺栓与配电箱内接线桩头连接。

8）熔断器（RT、NT 型）的选用。配电变压器的低压侧总过流保护熔断器的额定电流，应大于配电变压器的低压侧额定电流，一般取额定电流的 1.5 倍，熔体的额定电流应按变压器允许的过负荷倍数和熔断器特性确定。出线回路过流保护熔断器的熔体额定电流，不应大于总过流保护熔断器的额定电流，熔体的额定电流按回路正常最大负荷电流选择，并应躲过正常的尖峰电流。

9）为了对农村低压电网无功功率进行分析，在箱内安装一只 DTS（X）系列有功、无功二合一多功能电能表（安装在计量表计板侧），用于更换原安装的三只单相电能表（DD862 系列表计），以便对负荷的在线运行监测。

6. 安装施工注意事项

①施工用电配电系统应设置总配电箱、分配电箱、开关箱，并按照"总 − 分 − 开"顺序作分级设置，形成"三级配电"模式。

②施工用配电系统各配电箱、开关箱的安装位置要合理。总配电箱要尽量靠近变压器或外电源处，以便电源的引入。分配电箱应尽量安装在用电设备或负荷相对集中的中心地带，确保三相负荷保持平衡。开关箱安装的位置应视现场情况和工况尽量靠近控制的用电设备。

③保证临时用电配电系统三相负荷平衡，施工现场的动力用电和照明用电应形成两个用电回路，动力配电箱与照明配电箱应该分别设置。

④施工现场所有用电设备必须有各自的专用开关箱。

⑤各级配电箱的箱体和内部设置必须符合安全规定，开关电器应标明用途，箱体应统一编号。停止使用的配电箱应切断电源，锁上箱门。固定式配电箱应设置围栏，并有防雨防砸措施。

⑥配电箱与配电柜的区别。根据 GB/T 20641—2006《低压成套开关设备和控制设备空壳体的一般要求》，配电箱一般是家庭用的，而配电柜多用在集中供电中，比如说工业用电和建筑用电等，配电箱和配电柜属于成套设备，配电箱属于低压成套设备，配电柜有高压、低压。

学习单元 **13**　低压保护电器

13.1　电器的基本知识

（1）电器的分类。

电器是接通和断开电路或调节、控制和保护电路及电气设备用的电工器具。完成由控制电器组成的自动控制系统，称为继电器－接触器控制系统，简称电器控制系统。

视频：低压电气安全

电器的用途广泛，功能多样，种类繁多，结构各异。下面是几种常用的电器分类。

1）按工作电压等级分类。

①高压电器：用于交流电压 1 200 V、直流电压 1 500 V 及以上电路中的电器，例如高压断路器、高压隔离开关、高压熔断器等。

②低压电器：用于交流 50 Hz（或 60 Hz），额定电压为 1 200 V 以下；直流额定电压 1 500 V 及以下的电路中的电器，例如接触器、继电器等。

2）按动作原理分类。

①手动电器：用手或依靠机械力进行操作的电器，如手动开关、控制按钮、行程开关等主令电器。

②自动电器：借助电磁力或某个物理量的变化自动进行操作的电器，如接触器、各种类型的继电器、电磁阀等。

3）按用途分类。

①控制电器：用于各种控制电路和控制系统的电器，例如接触器、继电器、电动机启动器等。

②主令电器：用于自动控制系统中发送动作指令的电器，例如按钮、行程开关、万能转换开关等。

③保护电器：用于保护电路及用电设备的电器，如熔断器、热继电器、各种保护继电器、避雷器等。

④执行电器：用于完成某种动作或传动功能的电器，如电磁铁、电磁离合器等。

⑤配电电器：用于电能的输送和分配的电器，例如高压断路器、隔离开关、刀开关、自动空气开关等。

4）按工作原理分类。

①电磁式电器：依据电磁感应原理工作，如接触器、各种类型的电磁式继电器等。

②非电量控制电器：依靠外力或某种非电物理量的变化而动作的电器，如刀开关、行程开关、按钮、速度继电器、温度继电器等。

（2）电器的作用。

低压电器能够依据操作信号或外界现场信号的要求，自动或手动地改变电路的状态、参数，实现对电路或被控对象的控制、保护、测量、指示、调节。低压电器的作用有：

①控整理用：如电梯的上下移动、快慢速自动切换与自动停层等。

②保护作用：能根据设备的特点，对设备、环境、以及人身实行自动保护，如电机的过热保护、电网的短路保护、漏电保护等。

③测量作用：利用仪表及与之相适应的电器，对设备、电网或其他非电参数进行测量，如电流、电压、功率、转速、温度、湿度等。

④调节作用：低压电器可对一些电量和非电量进行调整，以满足用户的要求，如柴油机油门的调整、房间温湿度的调节、照度的自动调节等。

⑤指示作用：利用低压电器的控制、保护等功能，检测设备运行状况与电气电路工作情况，如绝缘监测、保护指示牌等。

⑥转换作用：在用电设备之间转换或对低压电器、控制电路分时投入运行，以实现功能切换，如励磁装置手动与自动的转换，供电的市电与自备电的切换等。

当然，低压电器作用远不止这些，随着科学技术的发展，新功能、新设备会不断出现，常用的低压电器的主要种类和用途如表3-2所示。

表3-2 常见的低压电器的主要种类及用途

序号	类别	主要品种	用途
1	断路器	塑料外壳式断路器	主要用于电路的过负荷保护、短路、欠电压、漏电压保护，也可用于不频繁接通和断开的电路
		框架式断路器	
		限流式断路器	
		漏电保护式断路器	
		直流快速断路器	
2	刀开关	开关板用刀开关	主要用于电路的隔离，有时也能分断负荷
		负荷开关	
		熔断器式刀开关	
3	转换开关	组合开关	主要用于电源切换，也可用于负荷通断或电路的切换
		换向开关	
4	主令电器	按钮	主要用于发布命令或程序控制
		限位开关	
		微动开关	
		接近开关	
		万能转换开关	

续表

序号	类别	主要品种	用途
5	接触器	交流接触器	主要用于远距离频繁控制负荷，切断带负荷电路
		直流接触器	
6	启动器	磁力启动器	主要用于电动机的启动
		星三角启动器	
		自耦减压启动器	
7	控制器	凸轮控制器	主要用于控制回路的切换
		平面控制器	
8	继电器	电流继电器	主要用于控制电路中，将被控量转换成控制电路所需电量或开关信号
		电压继电器	
		时间继电器	
		中间继电器	
		温度继电器	
		热继电器	
9	熔断器	有填料熔断器	主要用于电路短路保护，也用于电路的过载保护
		无填料熔断器	
		半封闭插入式熔断器	
		快速熔断器	
		自复熔断器	
10	电磁铁	制动电磁铁	主要用于起重、牵引、制动等地方
		起重电磁铁	
		牵引电磁铁	

对低压配电电器的要求是灭弧能力强、分断能力好、热稳定性能好、限流准确等。对低压控制电器，则要求动作可靠、操作频率高、寿命长，并具有一定的负载能力。

13.2　低压保护电器

低压保护电器主要用于对控制线路和电气设备进行保护，例如电路中发生过载、短路等故障，若不及时切断电源，会烧毁线路和电气设备，甚至引起火灾，造成人员伤亡，因此，在电气控制线路中，必须安装低压保护电器。常用的低压保护电器主要是熔断器、低压断路器（自动空气开关）和热继电器等。

1. 熔断器

熔断器俗称保险丝。在低压配电网络和电力拖动系统中用来作短路保护。使用时，熔断器应串联在所保护的电路中。

（1）熔断器的结构与原理。

低压熔断器由熔断体（简称熔体）、熔断器底座和熔断器支持件组成（见图3-24）。熔体是核心部件，做成丝状（熔丝）或片状（熔片）。低熔点熔体由锑铅合金、锡铅合金、锌等材料制成；高熔点熔体由铜、银、铝制成。根据结构形式，熔断器分为管式熔断器、螺塞式熔断器、插式熔断器、盒式熔断器等。

图3-24　低压快速熔断器

常用的插入式熔断器有RC1A系列，由软铝丝或铜丝制成熔体，这种熔断器一般用在低压照明线路末端或分支电路中，作短路保护及高倍过流保护之用。插入式熔断器的特点是结构简单，尺寸小，更换方便，价格低廉。无填料密封管式熔断器有RM10系列。

负载电流通过熔体，由于电流的热效应而使熔体的温度上升。当电路发生过载或短路故障时，电流大于熔体允许的正常发热电流，使熔体温度急剧上升，达到熔点温度，熔体自行熔断，分断电路，从而保护电气设备。

（2）熔断器的特性。

保护特性和分断能力是熔断器的主要技术参数。

1）分断能力是指熔断器在额定电压及一定的功率因数下，切断短路电流的极限能力，因此，通常用极限分断电流表示分断能力。填料管式熔断器的分断能力较强。

2）保护特性是指流过熔体的电流与熔断时间的关系曲线，如图3-25所示。保护特性是反时限曲线，而且有一个临界电流 I_o。

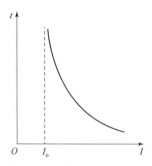

图3-25　流过熔体的电流与熔断时间的关系曲线

（3）熔断器的应用。

1）用于变压器的过载和短路保护。

2）用于配电线路的局部短路保护。

3）与低压断路器串接，辅助断流容量不足的低压断路器切断短路电流。

4）用于电动机的短路保护。

5）用于照明系统、家用电器的过流保护。

6）临时敷设线路的过流保护。

（4）熔断器的选用原则。

1）熔断器的保护特性必须与被保护对象的过载特性配合良好。

2）熔断器的额定分断能力应大于被保护电路可能出现的短路冲击电流的有效值。

3）在分级保护中，一般要求前一级熔体比后一级熔体的额定电流大 2~3 倍。

4）在易发生故障的场所，应考虑选用可拆除式熔断器。

5）在易燃易爆场所，应选用封闭式熔断器。

（5）熔体更换的安全要求。

熔体熔断后，应及时更换，以保证负载正常运行，更换时应注意：

①更换熔体时应断电，不许带电工作，以防发生触电事故。

②更换熔体必须弄清熔体熔断原因，并排除故障。

③更换熔体前应清除熔器壳体和触点之间的碳化导电薄层。

④更换熔体时，不应随意改变熔体的额定电流，更不允许用金属导线代替熔体使用。

⑤安装时，既要保证压紧接牢，又要避免过紧而使熔断电流值改变，导致发生误熔断故障。

⑥熔丝不得使用两股或多股绞合使用。

2. 断路器

断路器是指能够关合、承载和开断正常回路条件下的电流，并能在规定的时间内关合、承载和开断异常回路条件下的电流的开关装置。断路器按使用范围分为高压断路器与低压断路器，高低压界线划分比较模糊，一般将 3 kV 电流以上的断路器称为高压电器。

断路器可用来分配电能，不频繁地启动异步电动机，对电源线路及电动机等实行保护。当发生严重的过载或者短路及欠压等故障时能自动切断电路，功能相当于熔断器式开关与过欠热继电器等的组合。因在分断故障电流后断路器一般不需要变更零部件，已获得了广泛的应用。常用的低压断路器为塑壳式，其外形及结构如图 3 - 26 所示。

（1）工作原理。

断路器一般由触头系统、灭弧系统、操作机构、脱扣器、外壳等构成（见图 3 - 27）。

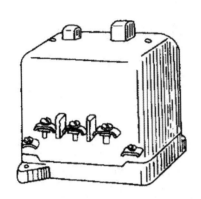

图 3 - 26　塑壳式低压断路器

当短路时，大电流（一般 10～12 倍）产生磁场克服反力弹簧，脱扣器拉动操作机构动作，开关瞬时跳闸。当过载时，电流变大，发热量加剧，双金属片变形到一定程度推动机构动作（电流越大，动作时间越短）。

电子型的断路器使用互感器采集各相电流大小，与设定值比较，当电流异常时微处理器发出信号，使电子脱扣器带动操作机构动作。

断路器的作用是切断和接通负荷电路，以及切断故障电路，防止事故扩大，保证安全运行。而高压断路器要开断 1 500 V，电流为 1 500～2 000 A 的电弧，这些电弧可拉长至 2 m 仍然继续燃烧不熄灭。故灭弧是高压断路器必须解决的问题。

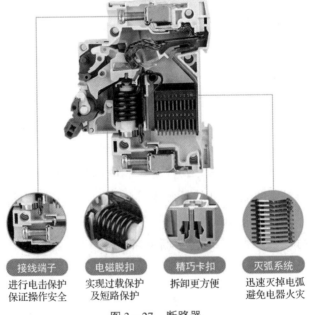

接线端子	电磁脱扣	精巧卡扣	灭弧系统
进行电击保护 保证操作安全	实现过载保护 及短路保护	拆卸更方便	迅速灭掉电弧 避免电器火灾

图 3 - 27　断路器

吹弧熄弧的原理一方面是冷却电弧减弱热游离，另一方面通过吹弧拉长电弧加强带电粒子的复合和扩散，同时把弧隙中的带电粒子吹散，迅速恢复介质的绝缘强度。

低压断路器也称为自动空气开关，可用来接通和分断负载电路，也可用来控制不频繁启动的电动机。它的功能相当于闸刀开关、过电流继电器、失压继电器、热继电器及漏电保护器等电器部分或全部的功能总和，是低压配电网中一种重要的保护电器。

低压断路器具有多种保护功能（过载、短路、欠电压保护等）、动作值可调、分断能力高、操作方便、安全等优点，所以被广泛应用。根据结构和工作原理低压断路器由操作机构、触点、保护装置（各种脱扣器）、灭弧系统等组成。

低压断路器的主触点是靠手动操作或电动合闸的。主触点闭合后，自由脱扣机构将主触点锁在合闸位置上。过电流脱扣器的线圈和热脱扣器的热元件与主电路串联，欠电压脱扣器的线圈和电源并联。当电路发生短路或严重过载时，过电流脱扣器的衔铁吸合，使自由脱扣机构动作，主触点断开主电路。当电路过载时，热脱扣器的热元件发热使双金属片上弯曲，推动自由脱扣机构动作。当电路欠电压时，欠电压脱扣器的衔铁释放，也使自由脱扣机构动作。分励脱扣器作为远距离控制用，在正常工作时，其线圈是断电的，在需要距离控制时，按下启动按钮，使线圈通电。

（2）主要特性。

断路器的特性主要有额定电压 I_e；额定电流 I_n；过载保护（I_r 或 I_{rth}）和短路保护（I_m）的脱扣电流整定范围；额定极限短路分断电流（工业用断路器 I_{cu}；家用断路器 I_{cn}）等。

额定工作电压是断路器在正常（不间断的）的情况下工作的电压。

额定电流是配有专门的过电流脱扣继电器的断路器，在制造厂家规定的环境温度下所能无限承受的最大电流值，不会超过电流承受部件规定的温度限值。

当短路脱扣继电器（瞬时或短延时）用于高故障电流值出现时，使断路器快速跳闸，其跳闸极限为短路继电器脱扣电流整定值。

断路器的额定短路分断电流是断路器能够分断而不被损害的最高（预期的）电流值。标准中提供的电流值为故障电流交流分量的均方根值，计算标准值时假定直流暂态分量（总在最坏的情况短路下出现）为零。工业用断路器额定值和家用断路器额定值通常以 kA 均方根值的形式给出。

断路器的额定分断能力分为额定极限短路分断能力和额定运行短路分断能力两种。国标 GB 14048.2—94《低压开关设备和控制设备低压断路器》对断路器额定极限短路分断能力和额定运行短路分断能力作了如下的解释：

①断路器的额定极限短路分断能力：按实验程序所规定的条件，不包括断路器继续承载其额定电流能力的分断能力。

②断路器的额定运行短路分断能力：按实验程序所规定的条件，包括断路器继续承

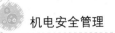

载其额定电流能力的分断能力。

③额定极限短路分断能力的试验程序为 $O-t-CO$，具体试验是：把线路的电流调整到预期的短路电流值（例如 380 V，50 kA），而试验按钮未合，被试断路器处于合闸位置，按下试验按钮，断路器通过 50 kA 短路电流，断路器立即开断（open，简称 O），断路器应完好，且能再合闸。t 为间歇时间，一般为 3 min，此时线路仍处于热备状态，断路器再进行一次接通（close，简称 C）和紧接着的开断（接通试验是考核断路器在峰值电流下的电动和热稳定性）。本试验程序即为 CO，断路器能完全分断，则其极限短路分断能力合格。

④断路器的额定运行短路分断能力的试验程序为 $O-t-CO-t-CO$，比 I_{cn} 的试验程序多了一次 CO，经过试验，断路器能完全分断、熄灭电弧，就认定它的额定运行短路分断能力合格。

可以看出，额定极限短路分断能力指的是低压断路器在分断了断路器出线端最大三相短路电流后，还可正常运行并再分断短路电流一次，至于以后是否正常接通及分断，断路器不予以保证；而额定运行短路分断能力指的是断路器在其出线端最大三相短路电流发生时可多次正常分断。

IEC 947—2《低压开关设备和控制设备低压断路器》标准规定：A 类断路器（指仅有过载长延时、短路瞬动的断路器）的 I_{cs} 可以是 25%、50%、75% 和 100%。B 类断路器（有过载长延时、短路短延时、短路瞬动的三段保护的断路器）的 I_{cs} 可以是 I_{cu} 的 50%、75% 和 100%。因此，额定运行短路分断能力是一种比额定极限短路分断电流小的分断电流值。

一般来说，具有过载长延时、短路短延时和短路瞬动三段保护功能的断路器，能实现选择性保护，大多数主干线（包括变压器的出线端）采用它作主保护开关。不具备短路短延时功能的断路器（仅有过载长延时和短路瞬动二段保护），不能作选择性保护，只能使用于支路。IEC 92《船舶电气》指出：具有三段保护的断路器，偏重运行短路分断能力值，而使用于分支线路的断路器，应确保有足够的极限短路分断能力值。

无论是哪种断路器，虽然都具备 I_{cu} 和 I_{cs} 这两个重要的技术指标。但是，作为支线上使用的断路器，可以仅满足额定极限短路分断能力即可。宁取大，不取正合适，较普遍的偏颇是认为取大保险。但取得过大，会造成不必要的浪费（同类型断路器，H 型——高分断型，比 S 型——普通型的价格要贵 1.3～1.8 倍），因此支线上的断路器没有必要一味追求运行短路分断能力指标。而对于干线上使用的断路器，不仅要满足额定极限短路分断能力的要求，也应该满足额定运行短路分断能力的要求，如果仅以额定极限短路分断能力来衡量分断能力合格与否，将会给用户带来不安全的隐患。

断路器是一种基本的低压电器，具有过载、短路和欠电压保护功能，有保护线路和电源的能力，主要技术指标是额定电压、额定电流。断路器根据不同的应用具有不同的功能，品种、规格很多，具体的技术指标也很多。

在合闸过程中的任何时刻，若是保护动作接通跳闸回路，断路器完全能可靠地断开，这就叫断路器自由脱扣。带有自由脱扣的断路器，可以保证断路器合闸短路故障时，能迅速断开，可以避免扩大事故的范围。

（3）主要分类。

断路器按极数分有单极、二极、三极和四极等；按安装方式分有插入式、固定式和抽屉式等。

1）A9LE/EPNLE 漏电断路器：在接地系统中，实现短路过载及漏电保护。断路器的正常操作故障保护使断路器处于分断位置时相线，中性线都处在断开状态，避免中性线故障时带电。在进行接通和分断操作时，中性线接通优先，分断滞后。具有短路限流功能，额定短路分断能力高；具有过载保护短路漏电及电压保护装置，保护功能齐全，接线方便可靠。

2）过欠压脱扣器：全自动过欠压延时保护器是根据市场需要研发的新一代产品。保护器设计合理，并采用进口元器件和国内名牌元器件组装，能在高压冲击和欠压情况下迅速可靠地切换电源，保护家用电器。当电压恢复正常值，经延时后保护器能自动接通电路、恢复供电，能有效保护电器在电源瞬间通电的冲击。保护器所有功能全部自动化，无须专人操作，选用双色发光二极管指示，安全快捷。

3）EC100 小型断路器：在工业配电系统中，实现短路及过载保护。断路器额定电流63～125 A，额定短路分断能力高，具有短路限流结构，保护功能齐全，具有过载及短路保护装置，接线安全可靠，采用"框式"接线结构，功能扩展简便，安全可靠。断路器可配多种附件，包括漏电脱扣器、辅助触头、报警触头、分励脱扣器、欠压脱扣器、汇流排。

4）EPD 电涌保护器：EPD 插拔式采用与固定式电涌保护相同的工作原理和选择准则，对间接雷电和直接雷电影响或其他瞬时过电压的电涌进行保护。

5）EIC1 交流接触器：接触器主要用于交流 50 Hz 或 60 Hz 额定电压至 660 V 及以下，远距离接通和分断电路，并可与相应规格的热继电器或电子保护器组合成电磁式或机电一体化的电动机启动器。

6）ENS 塑壳断路器：塑料外壳式断路器是综合采用国际先进技术设计开发的新型断路器之一，用来分配断路器额定绝缘电压 800 V，适用于交流 50 Hz 或 60 Hz，额定工作电压至 690 V。在额定工作电流从 6～1 250 A 的配电网络电路中，断路器用来分配电能和保护线路及电源设备免受过载、短路、欠电压等故障的损坏，同时能作为电动机的不频繁启动及过载短路欠电压保护。本断路器具有体积小、分断高、飞弧短（或无飞弧）等特点，是用户使用的理想产品。断路器垂直安装（竖装），也可水平安装（横装）。

7）ENSLE 塑壳漏电断路器：对用户提供间接接触保护，可以防止因设备绝缘损坏，产生接地故障电流而引起的火灾危险，并可用在分配电能和保护线及电源设备的过载的短路，还可以作为线路的不频繁转换和电动机不频繁启动之用。常规的带剩余电流保护断路器的漏电保护模块工作电源取样为二相，本系列断路器为三相，若缺任意相，断路器漏电保护模块仍能正常工作，额定剩余动作电流及最大断开时间根据实际情况现场可调。

8）EGL-125 隔离开关：隔离开关是高压开关电器中使用最多的一种电器，是在电路中起隔离作用的，工作原理及结构比较简单，但是由于使用量大，工作可靠性要求高，对变电所、电厂的设计、建立和安全运行的影响均较大。开关的主要特点是无灭弧能力，只能在没有负荷电流的情况下分、合电路。EGL-125-4 000 A 适用于两条低压电路切换或者两个负载设备的转换或安全隔离等。

9）EATS3 双电源转换开关：用两路电源来保证供电的可靠性，一种产品在两路电源之间进行可靠切换。本开关具有自投自复和自投不自复两种切换功能，配有手动转换开关，设计新颖，安全可靠、自动化程度高、使用范围广。

10）EW45 万能式智能断路器：主要用来分配电能和保护线路及电源设备免受过载、短路、欠电压、单相接地等故障的危害，本断路器具有多种智能保护功能，可做选择性保护，且动作精确，避免不必要的停电，提高供电可靠性和安全性。

（4）结构组成。

1）内部附件。

①辅助触头：与断路器主电路分、合机构机械上连动的触头，主要用于断路器分、合状态的显示。辅助触头接在断路器的控制电路中通过断路器的分合，对相关电器实施控制或联锁，例如向信号灯、继电器等输出信号。塑壳断路器壳架等级额定电流 100 A 为单断点转换触头结构，225 A 及以上为桥式触头结构，约定发热电流为 3 A；壳架等级额定电流 400 A 及以上可装两常开、两常闭，约定发热电流为 6 A。操作性能次数与断路器的操作性能总次数相同。

②报警触头：用于断路器事故的报警触头，且只有当断路器脱扣分断后才动作，主要用于断路器的负载出现过载短路或欠电压等故障时而自由脱扣，报警触头从原来的常开位置转换成闭合位置，接通辅助线路中的指示灯或电铃、蜂鸣器等，显示或提醒断路器的故障脱扣状态。由于断路器发生因负载故障而自由脱扣的概率不太多，因而报警触头的寿命是断路器寿命的 1/10。报警触头的工作电流一般不会超过 1 A。

③分励脱扣器：分励脱扣器是一种用电压源激励的脱扣器，它的电压与主电路电压无关。分励脱扣器是一种远距离操纵分闸的附件。当电源电压等于额定控制电源电压的 70%~110% 的任意电压时，脱扣器就能可靠性的分断断路器。分励脱扣器是短时工作制，线圈通电时间一般不能超过 1 s，否则线会被烧毁。塑壳断路器为防止线圈烧毁，在分励脱扣线圈串联一个微动开关，当分励脱扣器通过衔铁吸合，微动开关从常闭状态转换为常开，由于分励脱扣器电源的控制线路被切断，即使人为地按住按钮，分励线圈始

终不会通电就避免了线圈烧损情况的产生。当断路器再扣合闸后，微动开关重新处于常闭位置。

④欠电压脱扣器：欠电压脱扣器是在端电压降至某一规定范围时，使断路器有延时或无延时断开的一种脱扣器。当电源电压下降（甚至缓慢下降）到额定工作电压的35%~70%，欠电压脱扣器应运作。在电源电压等于脱扣器额定工作电压的35%时，欠电压脱扣器应能防止断路器闭合；电源电压等于或大于85%欠电压脱扣器的额定工作电压时，在热态条件下，应能保证断路器可靠闭合。因此，当受保护电路中电源电压发生一定的电压降时，欠电压脱扣器能自动断开断路器切断电源，使断路器以下的负载电器或电气设备免受欠电压的损坏。使用时，欠电压脱扣器线圈接在断路器电源侧，欠电压脱扣器通电后，断路器才能合闸。

2）外部附件。

①电动操作机构：这是一种用于远距离自动分、合闸断路器的附件，电动操作机构有电动机操作机构和电磁铁操作机构两种，电动机操作机构为塑壳式断路器壳架等级额定电流400 A及以上断路器，电磁铁操作机构适用于塑壳式断路器壳架等级额定电流225 A及以下断路器。无论是电磁铁或电动机，它们的吸合和转动方向都是相同，仅由电动操作机构内部的凸轮的位置来达到合、分。在用电动机构操作，额定控制电压的85%~110%的任意电压下，应保证断路器可靠闭合。

②转动操作手柄：适用于塑壳式断路器，在断路器的盖上装转动操作手柄的机构，手柄的转轴装在机构配合孔内，转轴的另一头穿过抽屉柜的门孔，旋转手柄的把手装在成套装置的门上露出的转轴头，把手的圆形或方形座用螺钉固定的门上，这样的安装能使操作者在门外通过手柄的把手顺时针或逆时针转动，来确保断路器的合闸或分闸。当转动手柄保证断路器处于合闸时，柜门不能开启；再次转动手柄处于分闸或再扣，开关板的门才能打开。在紧急情况下，断路器处于合闸而需要打开门板时，可按动转动手柄座边上的红色释放按钮。

③加长手柄：一种外部加长手柄，直接装于断路器的手柄上，一般用于600 A及以上的大容量断路器上，进行手动分合闸操作。

④手柄闭锁装置：在手柄框上装设卡件，手柄上打孔然后用挂锁锁起来，主要用于断路器处于合闸。

工作状态时，不容许其他人分闸而引起停电事故；断路器负载侧电路需要维修或不允许通电时，以防被人误将断路器合闸。

（5）接线方式。

断路器的接线方式有板前、板后、插入式、抽屉式，用户若无特殊要求，均按板前供货，板前接线是常见的接线方式。

1）板后接线方式：板后接线的最大特点是可以在更换或维修断路器时，不必重新接线，只需将前级电源断开。由于结构特殊，产品出厂时已按设计要求配置了专用安装板和安装螺钉及接线螺钉，需要特别注意的是由于大容量断路器接触的可靠性将直接影响断路器的正常使用，因此安装时必须引起重视，严格按制造厂要求进行安装。

2）插入式接线：在成套装置的安装板上，安装一个断路器的安装座及 6 个插头，断路器的连接板上有 6 个插座。安装座的面上有连接板或安装座后有螺栓，安装座预先接上电源线和负载线。使用时，将断路器直接插进安装座。如果断路器坏了，只要拔出坏的，换上一只好的即可，更换时间比板前、板后接线要短，且方便。由于插、拔需要一定的人力，国内插入式产品壳架最大限制电流为 400 A，从而节省了维修和更换时间。插入式断路器在安装时应检查断路器的插头是否压紧，并应将断路器安全紧固，以减少接触电阻，提高可靠性。

3）抽屉式接线：断路器的进出抽屉是由摇杆顺时针或逆时针转动的，在主回路和二次回路中均采用了插入式结构，省略了固定式所必需的隔离器，做到一机二用，提高了经济性，同时给操作与维护带来了很大的方便，增加了安全性、可靠性，特别是抽屉座的主回路触刀座，可与 NT 型熔断路器触刀座通用。

（6）工作条件。

1）周围空气温度：周围空气温度上限为 40 ℃；周围空气温度下限为 –5 ℃；周围空气温度 24 h 的平均值不超过 35 ℃。

2）海拔：安装地点的海拔不超过 2 000 m。

3）大气条件：大气相对湿度在周围空气温度为 40 ℃ 时不超过 50%；在较低温度下可以有较高的相对湿度；平均最大相对湿度为 90%，平均最低温度 25 ℃，并考虑到因温度变化发生在产品表面上的凝露。

4）污染等级：污染等级为 3 级。

5）控制回路。

①应能监视控制回路保护装置及其跳、合闸回路的完好性，以保证断路器的正常工作。

②应能指示断路器正常合闸和分闸的位置状态，并在自动合闸和自动跳闸时有明显的指示信号。

③合闸和跳闸完成后，应能使命令脉冲解除，即能切断合闸或跳闸的电源。

④在无机械防跳装置中，应加装电气防跳装置。

⑤断路器的事故跳闸信号回路，应按"不对应原理"接线。

⑥对有可能出现不正常工作状态或故障的设备，应装设预告信号。

⑦弹簧操作机构、手动操作机构的电源可为直流或交流，电磁操作机构的电源要求用直流。

3. 热继电器

热继电器的工作原理是流入热元件的电流产生热量，使有不同膨胀系数的双金属片发生形变，当形变达到一定距离时，推动连杆动作控制电路断开，使接触器失电，主电路断开，实现电动机的过载保护。

热继电器作为电动机的过载保护元件，以其体积小、结构简单、成本低等优点在生产中得到了广泛应用（见图 3 - 28）。

（1）工作原理。

热继电器是用于电动机或其他电气设备、电气线路的过载保护的保护电器。

电动机在实际运行中，如拖动生产机械进行工作过程中，若机械出现不正常的情况或电路异常使电动机遇到过载，电动机将转速下降、绕组中的电流增大，

图 3 - 28　热继电器

使电动机的绕组温度升高。若过载电流不大且过载的时间较短，电动机绕组不超过允许温升，这种过载是允许的。但若过载时间长、电流大，电动机绕组的温升将会超过允许值，使电动机绕组老化，并缩短电动机的使用寿命，严重时甚至会使电动机绕组烧毁，这种过载是电动机不能承受的。热继电器是利用电流的热效应原理，在出现电动机不能承受的过载时切断电动机电路，为电动机提供过载保护的保护电器。

使用热继电器对电动机进行过载保护时，将热元件与电动机的定子绕组串联，热继电器的常闭触头串联在交流接触器的电磁线圈的控制电路中，调节整定电流调节旋钮，使人字形拨杆与推杆相距适当距离。当电动机正常工作时，通过热元件的电流即为电动机的额定电流，热元件发热，双金属片受热后弯曲，使推杆刚好与人字形拨杆接触，而又不能推动人字形拨杆。继电器的常闭触头处于闭合状态，交流接触器保持吸合，电动机正常运行。

若电动机出现过载情况，即绕组中电流增大，通过热继电器元件中的电流增大使双金属片温度升得更高，弯曲程度加大，推动人字形拨杆，人字形拨杆推动常闭触头，触头断开交流接触器线圈电路，使接触器释放、切断电动机的电源，电动机停车而得到保护。

热继电器其他部分的作用如下：人字形拨杆的左臂用双金属片制成。当环境温度发生变化时，主电路中的双金属片会产生一定的变形弯曲，这时人字形拨杆的左臂会发生同方向的变形弯曲，使人字形拨杆与推杆之间的距离基本保持不变，保证热继电器动作的准确性，这种作用称温度补偿作用。

螺钉是常闭触头复位方式调节螺钉。当螺钉位置靠左时，电动机过载后，常闭触头断开，电动机停车后，热继电器双金属片冷却复位。常闭触头的动触头在弹簧的作用下会自动复位，此时热继电器为自动复位状态。将螺钉逆时针旋转向右调到一定位置时，

若这时电动机过载，热继电器的常闭触头断开，常闭触头动触头将摆到右侧一新的平衡位置。电动机断电停车后，动触头不能复位，必须按动复位按钮后动触头方能复位，此时热继电器为手动复位状态。若电动机过载是故障性的，为了避免再次轻易地启动电动机，热继电器宜采用手动复位方式。若要将热继电器由手动复位方式调至自动复位方式，只需将复位调节螺钉顺时针旋进至适当位置。

（2）技术参数。

1）额定电压：热继电器能够正常工作的最高电压值，一般为交流220 V、380 V、600 V。

2）额定电流：热继电器的额定电流主要是指通过热继电器的电流。

3）额定频率：一般而言，热继电器的额定频率按照45～62 Hz设计。

4）整定电流范围：整定电流的范围由本身的特性来决定，描述的是在一定的电流条件下热继电器的动作时间和电流的平方成反比。

5）组成结构。

热继电器由发热元件、双金属片、触点及一套传动和调整机构组成。发热元件是一段阻值不大的电阻丝，串接在被保护电动机的主电路中。双金属片由两种不同热膨胀系数的金属片辗压而成。图3-30中所示的双金属片，下层一片的热膨胀系数大，上层的系数小。当电动机过载时，通过发热元件的电流超过整定电流，双金属片受热向上弯曲脱离扣板，使常闭触点断开。由于常闭触点是接在电动机的控制电路中的，断开会使与其相接的接触器线圈断电，从而使接触器主触点断开，电动机的主电路断电，实现过载保护。热继电器动作后，双金属片经过一段时间冷却，按下复位按钮即可复位。

（3）作用。

热继电器主要用来对异步电动机进行过载保护，工作原理是过载电流通过热元件后，使双金属片加热弯曲去推动动作机构来带动触点动作，从而将电动机控制电路断开实现电动机断电停车，起到过载保护的作用。鉴于双金属片受热弯曲的过程中，热量的传递需要较长的时间，因此，热继电器不能用作短路保护，而只能用作过载保护热继电器的过载保护。热继电器的符号为FR，电路符号如图3-29所示。

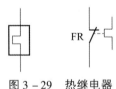

图3-29　热继电器

（4）选择方法。

热继电器主要用于保护电动机的过载，断相保护及三相电源不平衡的保护，对电动机有着很重要的保护作用。因此选用时必须了解电动机的情况，如工作环境、启动电流、负载性质、工作制、允许过载能力等。

1）原则上应使热继电器的安秒特性尽可能接近甚至重合电动机的过载特性，或者在电动机的过载特性之下，同时在电动机短时过载和启动的瞬间，热继电器应不受影响（不动作）。

2）当热继电器用于保护长期工作制或间断长期工作制的电动机时，一般按电动机的额定电流来选用，例如热继电器的整定值可等于 0.95～1.05 倍的电动机的额定电流，或者取热继电器整定电流的中间值等于电动机的额定电流，然后进行调整。

3）当热继电器用于保护反复短时工作制的电动机时，热继电器仅有一定范围的适应性。如果短时间内操作次数很多，就要选用带速饱和电流互感器的热继电器。

4）对于正反转和通断频繁的特殊工作制电动机，不宜采用热继电器作为过载保护装置，而应使用埋入电动机绕组的温度继电器或热敏电阻来保护。

（5）保护功能。

有些型号的热继电器具有断相保护功能。热继电器的断相保护功能是由内、外推杆组成的差动放大机构提供的。当电动机正常工作时，通过热继电器热元件的电流正常，内外两推杆均向前移至适当位置。当出现电源一相断线而造成缺相时，相电流为零，相的双金属片冷却复位，内推杆向右移动，另两相的双金属片因电流增大而弯曲程度增大，使外推杆更向左移动，由于差动放大作用，在出现断相故障后很短的时间内推动常闭触头断开，使交流接触器释放，电动机断电停车而得到保护。

✓ 情境小结

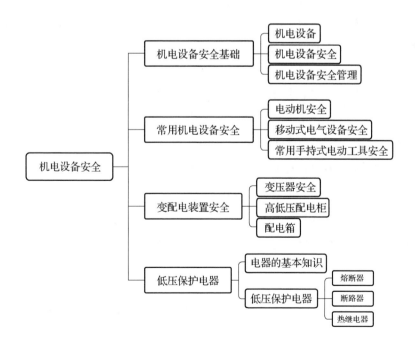

✓ 思考与习题

1. 单项选择题

（1）高压配电系统宜优先考虑的接线方式（　　）。

A. 树干式　　　　　B. 放射式　　　　　C. 普通环式　　　　　D. 拉手环式

（2）正常环境的车间或建筑物内，当大部分用电设备为中小容量，且无特殊要求时，宜采用（　　）配电。

A. 树干式　　　　　B. 放射式　　　　　C. 环式　　　　　D. 链式

2. 多项选择题

（1）一条电力线路配置一组开关电器，一般应具备的功能（　　）。

A. 短路保护　　　　　B. 分合线路　　　　　C. 防雷保护　　　　　D. 隔离电源

（2）在下列关于电源及供配电系统的描述中正确的说法（　　）。

A. 高压配电线路应深入负荷中心

B. 主要城区内的高压供电线路应主要考虑经济性，线路可远离负荷中心

C. 根据负荷容量和分布，宜使变电所和配电所靠近高压负荷中心

D. 根据供电区域的负荷容量，可将总变电所和配电所按照平均负荷密度均匀布置

（3）关于开关电器的配置，正确的说法有（　　）。

A. 继电保护、自动装置有要求时，应采用断路器

B. 以放射式供电时，且变压器在本配电所内，变压器一次侧可不装设开关

C. 以树干式供电时，变压器一次侧开关应装设带保护的开关设备或跌落式熔断器

D. 一般装设隔离开关作为母线分段开关

3. 判断题

（1）电气主接线图中所有设备均用单线代表三相。　　　　　　　（　　）

（2）桥形接线与单母线不分段接线相比节省了一台断路器。　　　（　　）

（3）内桥接线适用变压器需要经常切换的供电系统。　　　　　　（　　）

（4）对高压供电的用户，应在变压器低压侧装表计量。　　　　　（　　）

（5）配电装置室的门应为向外开启的防火门，严禁用门闩。　　　（　　）

（6）配电装置室内的各种通道应畅通无阻，不得设立门槛。　　　（　　）

（7）变压器是易燃易爆设备，必须安装在一个专门的变压器室内。（　　）

4. 简答题

（1）什么是电气主接线？对它有哪些基本要求？

（2）电气主接线有哪几种基本形式？试阐述它们的特点和应用范围。

✓ 学习评价

					学习效果				结论及建议
序号	内容	采取形式	自评得分 （50分， 每项10分）	测试得分 （50分， 每项10分）	好	一般	较好	较差	
1	学习目标 达成情况		（　　）分						
			（　　）分						
			（　　）分						
2	重难点 突破情况		（　　）分						
			（　　）分						
3	知识技能 的理解应用			（　　）分					
4	知识技能点 回顾反思			（　　）分					
5	课堂知识 巩固练习			（　　）分					
6	思维导图 笔记制作			（　　）分					
7	思考与习题			（　　）分					

学习情况测评量表

　备注："学习效果"一栏请用"√"在相应表格内记录。采取形式：可以根据实际情况填写，如笔记、扩展阅读、案例收集分析、课后习题测试、课后作业、线上学习等。

学习情境四
电气线路安全

情境导入

国家重点输变电项目——云贵互联通道工程直流线路全线贯通

在 2020 年 4 月，《人民日报》有这样一则消息：

4 月 20 日，国家重点输变电项目——云贵互联通道工程直流线路全线贯通。按计划，云贵互联通道工程于 2020 年 6 月底前投运，将新增 300 万千瓦送电能力，每年可输送云南水电约 60 亿千瓦时，减少标煤消耗约 180 万吨。

与以前我们学习的电力传输多采用交流电形式相比，本则消息中提到的云贵互联通道工程采用的是直流输电技术。直流输电技术具有长距离、大容量、低损耗的优势，可以通过架空输电线路来实现。目前，我国已经掌握世界上最先进的直流输电技术，世界首个 ±1 100 千伏特高压直流输电工程是由我国自主设计建设的昌吉 – 古泉 ±1 100 千伏特高压工程（见图 4 – 1）。

图 4 – 1　高压工程

直流输电除了采用架空输电线路来实现，还通过高压直流电缆来实现，目前采用直流电缆输电的形式已经广泛应用于岛屿供电、独立电网互联和海上风电场进网。

输电或配电的线路有哪些种类？直流输电线路与交流输电线路有什么不同的地方？在电气线路安装、检修、维护时，我们应该注意哪些重点呢？本情境内容，我们一起来寻求答案。

🎯 学习目标

技能目标 ☞

安全操作技能：学生能够正确地操作电气线路设备，包括开关、保护装置、断路器等，熟悉设备的启停控制流程，掌握安全操作的要点，避免电气事故的发生。

线路检修和维护技能：学生能够进行电气线路的定期检查和维护工作，包括检查接线状态、紧固连接件、清洁设备等，发现并及时排除潜在的安全隐患。

事件处理和故障排除技能：学生能够快速识别电气线路故障，采用正确的方法和工具进行故障排查和处理，恢复线路的正常工作。

知识目标 ☞

电气线路种类、组成和机械性能：学生能够了解电气线路的安全条件、种类等，了解线路的连接性能、强度等基本性能。

安全规范和标准：学生能够了解与电气线路安全相关的国家和行业规范，包括用电安全规范、线路设计和维护标准等，掌握线路安全操作的基本要求。

预防电气事故的知识：学生能够了解常见的电气线路事故类型，包括电弧、电击、过载、短路等，了解事故的成因和预防措施，掌握应急处理的基本知识。

素质目标 ☞

安全意识培养：学生能够培养对电气线路安全的敏感性和意识，自觉遵守安全操作规程，重视线路安全问题，并能正确应对突发情况。

解决问题能力：学生能够在实际操作中发现线路安全问题，运用所学知识和技能，提出解决方案，有效预防和解决电气线路安全隐患。

团队合作和沟通能力：学生能够与他人合作，共同维护电气线路安全，善于沟通和协调，建立良好的团队合作关系，提升工作效率。

学习单元 14　电气线路种类及常见故障

14.1　电气线路

电气设备之间连接、传输电能的导线都可以叫电气线路，大到高压传输线路、小到弱电控制。

按照功能应用的不同，电气线路可以划分为电力线路和控制线路。

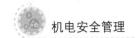

电力线路是将变、配电所与各电能用户或用电设备连接起来，由电源端（变、配电所）向负荷端（电能用户或用电设备）输送和分配电能的导体回路。

电力线路按电压高低分，有高压线路和低压线路。高压线路指 1 kV 及以上电压的电力线路，低压线路指 1 kV 以下的电力线路。有将 1~10 kV（或 35 kV）的电力线路称为中压线路，35~110 kV（或 220 kV）的电力线路称为高压线路，而将 220 kV 或 330 kV 以上的电力线路称为超高压线路。

控制线路是供保护和测量的连接之用。

14.2 电气线路种类

电力线路按结构形式分为架空线路、电缆线路和室内线路等。

1. 架空线路

定义：凡是挡距超过 25 m，利用杆塔敷设的高、低压电力线路都属于架空线路。

作用：用以输送电流，多采用钢芯铝绞线、硬铜绞线、硬铝绞线和铝合金绞线。

架空线路与电缆线路相比有许多显著的特点，如通常采用多股绞合的裸导线来架设，导线的散热条件好，所以导线的载流量要比同截面积的绝缘导线高出 30%~40%，降低了线路成本；结构简单，安装和维修方便；露天架设，检查、维修容易、方便；但易受自然灾害影响。

（1）架空线路分类。

1）输电线路。

从电源向电力负载中心输送电能的线路称为输电线路。为减少电能在输送过程中的损耗，根据输送距离和输送容量的大小，输电线路采用不同的电压等级。目前我国采用的各种不同电压等级有 35 kV、60 kV、110 kV、220 kV、330 kV、500 kV 等。在我国，通常称 35~220 kV 的线路为高压输电线路，330~500 kV 的线路为超高压输电线路。

2）配电线路。

担负分配电能任务的线路称为配电线路。我国配电线路的电压等级有 380 V/220 V、6 kV、10 kV，其中把 1 kV 及以下的线路称为低压配电线路，1~10 kV 线路称为高压配电线路。

3）直配线路。

从发电厂发电机母线，经开关用电缆或架空线路，送至用户的线路称为直配线路

（2）架空线路常用术语。

1）挡距（跨距）。

同一线路上相邻两电杆中心线间的距离称为挡距，如图 4-2 所示。

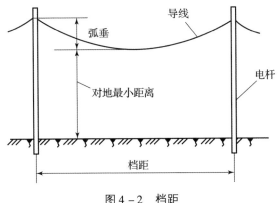

图 4-2 档距

10 kV 及以下城区线路的档距一般为 40~50 m。高、低压配电线路的档距可采用表 4-1 所列数值。

表 4-1 高、低压配电线路的档距

电压等级/kV	档距/m 导线间距	40 级以下	50	60	70	80	90	100	110	120
水平排列	10	0.6	0.65	0.7	0.75	0.85	0.9	1	1.05	1.15
	0.38	0.3	0.4	0.45	0.5					
垂直排列	配电线路导线排列方式	直线杆				分支杆或转角杆				
	高压与高压	0.8				0.45~0.6				
	高压与低压	1.2				1				
	低压与低压	0.6				0.3				
合杆排列	导线与上层的 1~10 kV 高压线垂直距离					导线与下层的通信广播线垂直距离				
	1.2					1.5				

注：转角或分支线如为单回线，则分支线横担距主干线横担为 0.6 m；若为双回线，则分支线横担距上排主干线横担为 0.45 m，距下排主干线横担为 0.6 m。

2）线间距离。

同杆导线的线间距与线路电压等级、档距大小等因素有关。对上述档距，10 kV 及以下高压线路，最小线间距离为 0.6~0.65 m；低压线路的最小线间距离为 0.3~0.4 m。但靠近电杆的两导线间的水平距离，不应小于 0.5 m。

高、低压线路同杆或仅高压线路的电杆，可在最下面架设通信电缆，通信电缆与高压线路间的垂直距离不得小于 2.5 m；仅低压线路的电杆，可在最下面架设广播明线和通信电缆，垂直距离不得小于 1.5 m。

向一级负荷供电的双电源线路，不应架设在同一个电杆上。

3）弧垂（弛度）。

对平地，架空导线最低点与两端电杆上导线悬挂点间的垂直距离称为弧垂。弧垂的大小根据档距、导线型号与截面积、导线所受拉力及气温等条件决定。弧垂过大可能造成导线对地或对其他物体的安全距离不够，导线摆动时容易引起碰线；弧垂过小，导致导线内应力过大，可能造成断线或倒杆事故。

对于坡地，用最大弧垂和最小弧垂表示弧垂情况，如图 4 – 3 所示。

4）导线与地面距离。

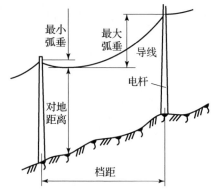

图 4 – 3　最大弧垂和最小弧垂

在居民区，导线与地面或水面的最小距离，10 kV 及以下高压线路为 6.5 m，低压线路为 6 m。高、低压线路宜沿道路平行架设，电杆距路边一般为 0.5 ~ 1.0 m。

此外，架空线路导线与拉线、电杆或构架间的净空距离，防雷引下线与低压线距离，以及交叉跨越距离等均应符合电气线路设计技术规程要求。

5）电杆的埋设深度。

电杆的埋设深度应根据地质条件进行计算确定。单回路的配电线路，电杆埋深不应小于表 4 – 2 所列数值。

表 4 – 2　电杆的埋设深度

电杆类别	杆长/m	洞深/m			
		普通土	硬土	水田、湿地	石质
水泥电杆	9	1.6	1.5	1.7	1.4
	10	1.7	1.6	1.8	1.6
	11	1.8	1.8	1.9	1.8
	12	2.1	2	2.2	2
木质电杆	9	1.6	1.4	1.7	1.1
	10	1.7	1.5	1.8	1.1
	11	1.7	1.6	1.8	1.2
	12	1.8	1.6	2	1.2

（3）架空线路主要结构组成。

架空线路由导线、杆塔、绝缘子、横担、金具、拉线和基础等组成。

1）导线。

架空线路导线的作用是输送电能，应具有良好的导电能力、机械强度及耐腐蚀等环境适应能力，要求有足够的截面积，以满足发热及电压损耗等相关规定。

架空线路导线多采用钢芯铝导线、硬铜导线、硬铝导线和铝合金绞线。

钢芯铝导线具有较高的机械强度，在高压输电线路中广泛使用。铝绞线适用在气候条件较好、线路档距较小的线路上，主要在工矿企业厂区或矿区使用。因为铝导线易受碱性和酸性物质的侵蚀，所以腐蚀性强烈的场所应采用铜导线。厂区内（特别是有火灾危险的环境）的低压架空线路宜采用绝缘导线。

2）杆塔。

架空线路的杆塔用以支承导线及其附件，应具有足够的机械强度和抗腐蚀能力，同时使用寿命要长，造价要低。

杆塔按材质分，有木电杆、钢筋混凝土电杆和金属杆3种。木电杆施工方便，但容易腐烂而且木材供应紧张，一般很少用。金属杆俗称铁塔，耗用金属多，机械强度高，造价较贵，一般用在线路的特殊位置。目前，架空配电线路杆塔用得最广的是钢筋混凝土电杆。钢筋混凝土电杆坚固耐用，使用寿命长，不受气候影响，不易腐蚀，维护工作量少，节省木材和钢材，但钢筋混凝土杆塔较笨重，运输和施工不方便。钢筋混凝土杆塔在施工前必须进行检查，不能将水泥脱落、露筋或有裂纹的杆塔安装到线路上去。

在线路中所处的位置不同，杆塔的作用和受力情况不同，杆塔的结构情况也不同。根据杆塔在线路中的作用不同，杆塔分为直线杆、耐张杆、跨越杆、转角杆、终端杆、分支杆等。

①直线杆（塔）。直线杆（塔）位于线路的直线段上，仅仅用来支持导线、绝缘子和金具等。在正常情况下，直线杆（塔）应能够承受导线的垂直荷重和风吹导线的水平荷重及冬天覆冰荷重，而不能承受顺线路方向的导线拉力。当发生一侧导线断线时，直线杆就可能向另一侧倾倒。在架空线路中直线杆数量最多，约占全部杆塔数的80%以上。

②耐张杆（塔）。耐张杆（塔）位于线路直线段上的几个直线杆之间。这种杆塔在断线事故或架线时紧线的情况下，能承受一侧导线的拉力，可以防止线路发生断线引起成批杆塔倒杆。耐张杆是加强型杆塔，具有较强的机械强度。

③跨越杆（塔）。跨越杆（塔）位于线路跨越铁路、公路、河流等处，是高大、加强的耐张型杆。

④转角杆（塔）。转角杆（塔）位于线路改变方向的地方，能承受两侧导线的合力。

这种杆塔可能是耐张型的，也可能是直线型的，视转角的大小而定。

⑤终端杆（塔）。终端杆（塔）位于导线的首端和终端，在正常情况下能承受线路方向全部导线的拉力。

⑥分支杆（塔）。分支杆（塔）位于线路的分支处。这种杆塔在主线路方向上有直线型与耐张型两种，在分路方向上则须采用耐张杆（塔）。

3）横担。

横担装在电杆的上部，用来固定绝缘子或固定开关设备及避雷器等装置，具有一定的长度和机械强度，如图 4 - 4 所示。

横担按材质分为木横担、铁横担和瓷横担 3 种。木横担具有良好的防雷性能，但易腐朽，使用寿命短，需做防腐处理，一般很少采用。铁横担是采用镀锌角钢制成的，坚固耐用，但防雷性能不好，并应作防锈处理，目前使用最广泛。

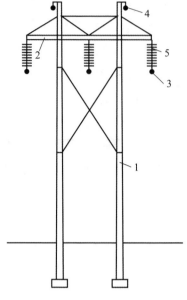

图 4 - 4 架空线路结构
1—电杆；2—横担；3—导线；
4—避雷线；5—绝缘子

瓷横担是绝缘子与普通横担的组合体，优点是结构简单，安装方便，电气绝缘性能比较好，而且在发生断线故障时，能自动转动，使电杆不会倾倒，节约木材、钢材，使线路造价降低；缺点是瓷质较脆，机械强度较差，使用时需要特别注意防止冲击碰撞。

4）绝缘子。

绝缘子俗称瓷瓶，用以悬挂、固定导线并使之与杆塔绝缘，同时承受导线的垂直荷重和水平荷重。因此要求绝缘子必须具有良好的绝缘性能和足够的机械强度。

绝缘子按工作电压，分为低压绝缘子和高压绝缘子；按外形，分为针式绝缘子、蝶式绝缘子、悬式绝缘子和拉紧绝缘子等。

为确保线路安全运行，不应采用有裂纹、破损或表面有斑痕的绝缘子。常用的绝缘子外形如图 4 - 5 所示。

5）金具

架空线路中用于固定横担、绝缘子、拉线和导线的各种金属连接件通称为金具，如线夹、横担支撑、抱箍、垫铁、穿心螺丝等。金具应镀锌防腐，质量需符合要求，安装时必须固定牢靠。

（4）拉线及基础。

架空线路的拉线及基础是在架空线路发生受力不平衡时，平衡杆塔各方向受力，使杆塔稳固。另外，拉线可增强电杆的强度。拉线及基础如图 4 - 6 所示。

悬式陶瓷XWP-70	XP-4.5-70	悬式玻璃LXWP-70	LXP-70
针式P-20、25、35T	PS-15/2.5、3、5	ZPB、ZPA、ZPD-6、10 kV	P-6、10、15T
计量箱瓷瓶 M14、M16 M20、M22	电动车瓷瓶 WX-01 WX-02	电动车瓷瓶 WX-01	螺式瓷瓶 ED-1、2、3、4
环氧树脂绝缘子 25×25、30×30 35×35	40×40、50×50	50×50	60×60

图 4-5　常用的绝缘子外形

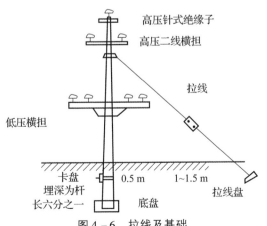

图 4-6　拉线及基础

杆塔基础是指杆塔地下部分，包括底盘、卡盘和拉线盘等。杆塔基础的作用是防止杆塔因承受垂直荷重和水平荷重及事故荷重而发生上拔、下陷或者倾倒。底盘、卡盘和拉线盘一般是钢筋混凝土预制件，常见的形状如图4-7所示。

图4-7 杆塔基础常见的形状

（5）架空线路的特点。

①架空线路是用电杆将导线悬空架设，直接向用户传送电能的电力线路。

②具有成本低，投资少；安装容易，维护和检修方便；易于发现和排除故障等优点。但需架设电杆，占地面，影响市容；受环境影响大。架空线路现主要用于输电网及城郊和农村配电网。

2. 电力电缆

（1）定义。

电力电缆是在电力系统的主干线路中用以传输和分配大功率电能的电缆产品，常用于城市地下网、发电站引出线路、工矿企业内部供电及江海水下输电线。

（2）电缆线路结构。

电缆线路主要由电缆和电缆接头两部分组成。

1）电缆。

电缆的基本结构由导电线芯、绝缘层、外导电层和外护套等部分组成，如图4-8所示。

导电线芯多为铜材料制成，形状有圆形、半圆形、扇形和椭圆形等，线芯数量有单芯、双芯、三芯、四芯和五芯等。

绝缘层包括分相绝缘和统包绝缘两种，绝缘层所用材料有油浸纸、橡胶、聚氯乙烯、聚乙烯和交联聚乙烯等。

密封护套（或称内护层）主要用来保护统包绝缘不受潮湿和防止电缆浸渍剂外流，以及轻度机械损伤。

保护覆盖层（或称外护层）主要用来保护内护层免受机械损伤和化学腐蚀。保护覆盖层包括铠装层和外被层。一般情况，铠装层为钢带或钢丝，外被层为纤维绕包、聚氯乙烯护套和聚乙烯护套。

电缆的类型很多，可以按以下方法进行分类：

①按电压等级划分，有高压电缆和低压电缆。

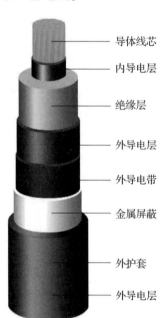

图4-8 电缆的基本结构

右侧标注（从上到下）：
- 导体线芯
- 内导电层
- 绝缘层
- 外导电层
- 外导电带
- 金属屏蔽
- 外护套
- 外导电层

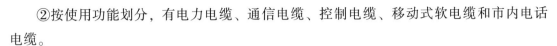

②按使用功能划分，有电力电缆、通信电缆、控制电缆、移动式软电缆和市内电话电缆。

③按绝缘和保护层划分，有油浸纸绝缘铅包钢带铠装电缆、聚氯乙烯绝缘电缆和橡胶绝缘聚氯乙烯护套电缆等。

为了满足电缆头的技术要求，在制作时，应考虑材料的选择，即应选择介质损失系数小、电气稳定性好、吸湿性和透气性小的材料。

2）电缆接头。

电缆接头是电缆线路与电气设备或线路连接的专用部件。对电缆接头的技术要求如下：

①电缆芯线的接头接触良好，接触电阻应低于同长度电缆电阻的1.2倍。

②电缆接头应密封良好，使电缆在运行中，不会被湿气侵入而降低绝缘性能。特别是油浸纸绝缘电缆，若电缆接头制作时密封不好，会造成漏油使油浸纸干枯。湿气侵入使绝缘性能下降是造成电缆事故的重要原因之一。

③电缆接头的绝缘强度应不低于电缆本身的绝缘强度。

④电缆接头的机械强度应不低于电缆本身的机械强度，应能够抵御电缆发生短路时的电动力和外部机械力的损伤。

电缆接头分为电缆终端头和电缆中间接头。

①电缆终端头。电缆终端头用于电缆线路与电气设备或其他线路的连接。电缆终端头可分为干包式电缆终端头、室内环氧树脂终端头、塑料电缆终端头和纸绝缘电力电缆热缩型终端头等。

干包式电缆终端头。干包式电缆头包括芯线内包层、聚氯乙烯带、接线端子、外包层和接地线等部件。这种电缆终端头适用于3 kV以下室内电缆，是用聚氯乙烯带干包而成，不必使用任何绝缘浇注剂。干包式电缆终端头具有体积小、重量轻、制作简单和成本低等优点而被较多地采用。

室内环氧树脂终端头。室内环氧树脂电缆终端头的结构包括接线端子、芯线绝缘涂包层、环氧树脂浇注料、统包绝缘涂包层、壳体和壳盖以及接地线等。这种电缆终端头，一般常用于1.6~10 kV且电缆芯线截面为10~240 mm^{2}的室内电缆。

电缆终端头的主要材料是环氧树脂浇注剂。浇注剂由环氧树脂、固化剂、增韧剂按一定填料比例混合而成，成型工艺简单，与电缆金属护套有较强的结合力，有较好的绝缘性能和密封性能，应用较广泛。

10 kV塑料电缆终端头。塑料电缆终端头的结构包括芯线绝缘、塑料带内护层、电缆护套、接地软铜线和接线端子等，适用于0.5 kV、6 kV及10 kV的塑料电缆。

10 kV纸绝缘电力电缆热缩型终端头。热缩型电缆终端头所用材料为辐射交联热收缩型，以橡塑共混的高分子材料加工成型，然后在α射线或β射线的作用下，使原来的线性分子结构交联成网状结构。生产时将网状结构的高分子材料加热成为橡胶态，然后定形和冷却，最后成为产品。热缩型电缆终端头制作工艺较简便，性能也好，应用越来越多。

②电缆中间接头。电缆中间接头用于电缆线路与电缆线路的连接。常见的电缆中间接头有环氧树脂浇注型、热塑型、塑料盒型和铅包型等，重点介绍前两种。

环氧树脂浇注型中间接头。环氧树脂浇注型中间接头是在施工现场利用金属模具浇注而成。环氧树脂中间接头的结构包括芯线绝缘及涂包层、压接管及涂包层、三叉口涂包层、统包涂包层，以及铅包及涂包层。环氧树脂中间接头多用于 1 kV、3 kV、6 kV 及 10 kV 两根电缆之间的连接。

热缩型中间接头。热缩型中间接头主要用于 10 kV 交联聚乙烯电缆的连接，如图 4 – 9 所示。

图 4 – 9　热缩型中间接头

电缆终端头和中间接头是整个电缆线路的薄弱环节，约有 70% 的电缆线路故障发生在终端头和中间接头上，可见接头安全运行对减少和防止事故有着十分重要的意义。

（3）电缆选择原则。

1）电力电缆型号的选择应根据环境条件、敷设方式、用电设备的要求和产品技术数据等因素来确定，一般按下列原则考虑：

①埋地敷设的电缆，宜采用有外护层的铠装电缆。在无机械损伤可能的场所也采用塑料护套电缆或带外护层的铅（铝）包电缆。

②在可能发生位移的土壤中（如沼泽地、流砂、大型建筑物附近）埋地敷设电缆时，应采用钢丝铠装电缆。

③在化学腐蚀或杂散电流腐蚀的土壤中，不宜采用埋地敷设的电缆。如果必须埋地时，应采用防腐型电缆。

④敷设在管内的电缆可采用塑料护套电缆，也可采用裸铠装电缆。

⑤在电缆沟或电缆隧道内敷设的电缆，宜采用裸铠装电缆、裸铅（铝）包电缆或阻燃塑料护套电缆。

⑥架空电缆宜采用有外护层的电缆或全塑电缆。

⑦在有较大高低差的场所，宜采用塑料绝缘电缆、不滴流电缆或干绝缘电缆。

⑧三相四线制线路中应选用四芯电力电缆。

（4）电缆的优点。

①占地小。

②可靠性高。

③具有对超高压、大容量发展更有利的条件，如低温、超导电力电缆等。

④分布电容较大。

⑤维护工作量少。

⑥电击可能性小。

（5）电线与电缆的区别。

电线一般是用于承载电流的导电金属线材，有实心的、绞合的或箔片编织的等各种形式，按绝缘状况分为裸电线和绝缘电线两大类。

电缆是由一根或多根相互绝缘的导电线芯置于密封护套中构成的绝缘导线，外可加保护覆盖层。电力电缆在电力系统主干线中用以传输和分配电能或传送电信号，控制电缆从电力系统的配电点把电能直接传输到各种用电设备器具的电源连接线路。电力电缆与普通电线的差别主要是电缆尺寸较大、结构较复杂等，电线的尺寸一般较小、结构较为简单，但有时也将电缆归入广义的电线之列。

3. 室内线路

室内配电线路是指建筑物内部（包括与建筑物相关联的外部）的电气线路，包括低压开关柜至车间动力配电箱、车间总动力配电箱至备份动力配电箱、动力配电箱至各用电设备之间的线路等。

视频：室内配线的原则与要求

室内线路通常由导线、导线支持物和用电器具等组成。线路布置有多种方式，应根据安装现场的具体情况来选择，主要考虑有无可能受机械损伤，有无热力影响，是否特别潮湿和对美观的如何要求等因素。

根据敷设方式的不同，通常可将室内配线分为明敷设和暗敷设两种：

①明敷设指的是将绝缘导线直接敷设于墙壁、顶棚的表面及桁架、支架等处，或将绝缘导线穿于导管内敷设于墙壁、顶棚的表面及桁架、支架等处。

②暗敷设指的是将绝缘导线穿于导管内，在墙壁、顶棚、地坪及楼板等内部敷设或在混凝土板孔内敷设。

（1）室内配线方式。

室内配线方式通常有瓷、塑料夹板配线、瓷瓶配线、槽板配线、塑料护套配线及线管配线等。

照明线路中常用的是瓷夹板配线、槽板配线和护套配线，而护套配线应用日益广泛；动力线路中常用的是瓷瓶配线、护套配线和线管配线。

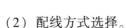

（2）配线方式选择。

1）绝缘导线线路。

芯线外包以绝缘材料的导线称为绝缘导线。按绝缘材料分，有橡胶绝缘和塑料绝缘导线；按芯线导电材料分，有铜芯和铝芯绝缘导线；按芯线结构分，有单股和多股绞线；按芯线外保护层分，有无护套和有护套绝缘导线。

①直敷布线。

在美观要求不高、不易触及的干燥场所，导线截面不大于 6 mm² 时可以采用护套绝缘导线直接敷设。布线的固定点间距不应大于 300 mm；垂直敷设时，低于 1.8 m 以下部分应穿管保护。

②瓷（塑料）夹、鼓形绝缘子和针式绝缘子布线。

这种方式是沿墙壁、析架（梁）或天花板明敷。瓷（塑料）夹布线适用于用电量较小、不易触及和干燥的场所，导线截面在 10 mm² 以下；鼓形绝缘子布线适用于用电量略大的干燥或潮湿的场所，导线截面在 25 mm² 以下；针式绝缘子布线适用于用电量较大，且线路较长或潮湿的场所。

③槽板布线。

槽板布线适用于用电量小，有一定美观要求的干燥场所或易触及的场所，导线截面一般在 6 mm² 以下。

④穿管布线。

穿管布线有明敷和暗敷之分，穿线用管有钢管和塑料管两种。钢管适用于具有火灾爆炸危险、易受机械损伤的场所，但不宜用于存在严重腐蚀性的场所；塑料管除不能用于高温、火灾爆炸危险和对塑料有腐蚀的场所外，其他场所均可采用。

配线线路中应尽量避免接头，因为在实际使用中，很多事故是由于导线连接不良、接头质量不好而引起。若必须接头，则应保证接头牢靠，接触良好。穿在管内敷设的导线不准有接头。导线穿越楼板时，应将导线穿入钢管或硬塑料管内保护，保护管上端口距地面不应小于 1.8 m，下端口到楼板下为止。导线穿墙时，应加装瓷管、塑料管、钢管等保护管，保护管的两端出线口伸出墙面的距离不应小于 10mm。

⑤钢索配线。

钢索配线是以横跨在车间墙壁或构架之间的钢索为依托，直接吊装护套绝缘导线或用绝缘子吊装绝缘导线的明敷布线方式，可用于无特殊要求的一般场所。

2）裸导线线路。

室内裸导线线路主要是母线或干线，通常采用硬母线，截面形状有圆形、矩形和管形等。实际应用中，相线一般采用 LMY 型硬铝母线，滑触线采用铜母线，接地（接零）保护干线采用扁钢带。在现代化的生产车间中，相线大多数采用封闭式母线，优点是安全、灵活、美观；缺点是结构复杂、耗用金属较多、投资较大。

14.3　电气线路常见故障及处理

受环境气候及使用条件的影响，电气线路往往由于短路、过载运行、接触电阻过大等原因，产生电火花、电弧或引起电线、电缆过热，极易造成火灾。

1. 架空线路的常见故障及处理方法

（1）架空线路常见故障。

架空线路敞露在户外，会受到气候和环境条件的影响。雷击、大雾、大风、雨雪、高温、严寒、洪水、烟尘、纤维和异物等会从不同的方面对架空线路造成威胁。常见的架空线路故障主要有断线、倒杆、污闪、短路等。

视频：架空线路常见
故障与处理方法

1）气候影响。

当风力超过线路杆塔的稳定度或机械强度时，会使杆塔歪倒或损坏，一般是在出现超出设计所考虑的风速条件时才会发生。

如果杆塔因锈蚀或腐朽而使机械强度降低，即使在正常风力下也可能发生这种事故。大风可能导致混线及接地事故，也可能发生倒杆事故。此外，风力可能引起导线、避雷线的混线事故。

动画：架空线路
常见的故障处理

雨水对架空线路的重要影响是造成停电事故和倒杆。毛毛细雨能使脏污的绝缘子发生闪络，从而引起停电事故；倾盆大雨可能造成山洪暴发而冲倒线路杆塔。

雷电击中线路时有可能使绝缘子发生闪络或击穿。

当导线、避雷线覆冰时，不仅加重了导线和杆塔的机械负载，而且使导线弧垂增大，造成对地安全距离不足。当覆冰脱落时，会使导线、避雷线发生跳动，引起混线。

高温季节，导线会因气温升高、弧垂加大而发生对地放电；严冬季节，导线因气温下降收缩而使弧垂减小，承担不了过大的张力而拉断。

2）环境影响。

周围环境对架空线路安全运行的影响视环境的不同而不同，例如化工厂或沿海区域的线路容易发生污闪，河道附近的线路易遭受冲刷，路边和采石厂附近的线路易受外力的破坏等。

季节和环境是密切相关的，例如化工区的线路常在大雾季节或雨雪季节发生故障，河道附近的线路在雨汛季节才会受到洪水的损害。

生产排出来的烟尘和其他有害气体会使厂矿架空线路绝缘子的绝缘水平显著降低，以致在空气湿度较大的天气里发生闪络事故。在木杆线路上，因绝缘子表面污秽，泄漏电流增大，会引起木杆、木横担燃烧事故。有些氧化作用很强的气体会腐蚀金属杆塔、导线、避雷线和金具。

此外，鸟类在横担上筑巢，人们在线路附近开山采石、放风筝，向空中抛物以及线路附近有高大树木等，都可能造成线路短路或接地。

3）绝缘子的污闪。

运行在户外的绝缘子会受到灰尘、烟尘和工业排放物等的污染，在瓷表面上形成污秽层。被污染的绝缘子在电压作用下发生沿面闪络，称为污秽闪络，简称污闪，闪络电压称为污闪电压。在干燥状态下，绝缘子的闪络电压受表面污染的影响并不大，但是在雾、露、雪、毛毛雨等气候条件下，绝缘子表面的污秽层受潮，闪络电压大大降低，导致污闪事故的发生，甚至在工作电压下就会发生污闪事故。污闪事故的特点是时间长，一般不能用自动重合闸消除，而且事故容易扩大，造成大面积停电，检修恢复时间长，严重影响电力系统的安全运行。

绝缘子表面的污秽受潮湿润后，污秽层中的盐分等高电导率溶质溶解，绝缘子的表面电阻大大降低。在电压作用下，流经绝缘子表面受潮污秽层的泄漏电流显著增加，泄漏电流产生热量加热污秽层。污秽层沿绝缘子表面的分布是不均匀的，使绝缘子表面各部分的电流密度不一样，所以污秽层的受热也是不均匀的。在电流密度大且污秽层较薄的地方，水分迅速蒸发，形成电阻较大的干燥区，并与电阻较小的湿润区域串联，承担的电压将大大增加。当电场场强达到空气击穿场强时，干燥区就会发生局部火花放电。

由于局部火花通道的电阻较低，故通道中的泄漏电流较大，局部放电通道端部附近的表面也迅速受热烘干，进一步的发展有两种可能性：一种是当污秽较轻或绝缘子的泄漏距离（简称爬距）较长时，其余串联湿润部分的电阻比较大，干燥区域扩大将使泄漏电流减小。当局部放电通道的长度增加到一定程度时，其承担的电压已不足以维持这样长的局部火花放电，放电熄灭；另一种是当污秽严重或绝缘子泄漏距离较小时，其余湿润部分的电阻小一些，局部放电通道中的电流较大，通道中会产生热游离，则局部电弧将继续伸长，发展到沿整个绝缘表面的污闪。

因为局部电弧的产生及其参数与污秽层的性质、分布以及润湿程度等因素有关，并有一定的随机性，所以污闪是一种随机事件。如果电压增高，则泄漏电流增大，有利于局部电弧的发展，可使发生闪络的概率增加。如果绝缘子的沿面泄漏距离增加，则泄漏电流减小，从而使发生闪络的概率降低。

污闪是绝缘子表面受潮的污秽层受热烘干引起局部电弧及其发展的过程，需要一定的时间。在短时电压作用下，上述过程来不及发展，闪络电压要比长时电压作用下要高。因此在雷电冲击电压作用下，绝缘子表面潮湿和污染实际上不会对闪络电压产生影响，和表面干燥时的闪络电压是一致的。

（2）架空线路常见故障处理方法。

1）线损伤、断股。

由于导线的损伤、断股等现象会降低机械强度和安全载流量，所以发生损伤、断股后应及时进行处理。

导线损伤有下列情况之一者，应锯断重接：

①在同一断面内，导线损伤或断股面积超过导线导电部分面积的15%。

②导线出现"灯笼"状，直径超过导线直径的1.5倍而无法修复时。

③由于导线背花调直后，已形成无法修复的永久变形。

④导线连续磨损，应进行修补，但修补长度需超过一个补修管长度。

⑤钢芯铝导线的钢芯断股。

导线截面损伤、断股不超过15%时，输电线路可采用补修管进行补修，补修管的长度应超出损伤部分两端各30 mm。

配电线路可用敷线补修，敷线长度应超出损伤部分，两端缠绕长度分别不应小于100 mm。

导线磨损截面积不超过导线导电部分截面积的15%，或单股导线损伤深度不超过单股直径的1/3时，可用同规格的导线在损伤部位缠统，缠绕长度应超出损伤部分两端各30 mm。

2）接头发热。

在运行过程中，导线接头常因氧化、腐蚀等原因而产生接触不良，使接头处的电阻远远大于其他部位的电阻。因此当电流通过时，由于电流的热效应会使接头处导线的温度升高，造成接头处过热。

发现导线接头过热时，应首先设法减少线路的负荷或把一部分负荷电流倒至其他线路，还需继续观察，并增加夜间巡视，观察导线接头处有无发红的现象。若发现导线接头过热严重，应通知变、配电站的运行人员，将线路停电进行处理。导线接头重接后需经测试合格，方可再次投入运行。

3）一相断线。

目前，我国10 kV配电线路是中性点不直接接地系统。当发生一相断线时，可能导致单相接地故障，无论线路的导线断线处悬在空中或落于地面，都不会使断路器跳闸，这样将对人身安全造成严重威胁。

《电业安全工作规程》中明确规定：巡线人员发现导线断落地面或悬吊空中，应设法防止行人进入断线地点8 m以内，并迅速报告有关部门，等候处理。

4）单相接地。

由于一相断线引起导线触碰树枝，或导线跳线而对杆塔放电形成单相接地，尤其是似接非接的断续接地，可能会造成线路过电压，危害很大，巡线人员发现后应及时报告、处理。

5）两相短路。

线路的两相之间直接放电，通过导线的电流较正常值大许多倍，并在放电点形成强烈电弧甚至烧毁导线，使供电中断。两相短路包括两相接地短路，较之单相接地情况严重得多，形成原因有混线、雷击、外力破坏等。一旦发现两相短路就会发生保护动作，断路器跳闸。另外，由于架空线路是露天架设，直接受气候变化及环境条件影响，易出现各类事故。为保证线路的安全运行，防止事故的发生，除定期对线路进行巡视检查外，还要采取下述反事故措施：

①防雷。

每年雷雨季节前，要更换已损坏的绝缘子及零值绝缘子；将防雷装置检查、试验并安装好；对接地装置进行检查、维修，并测试其接地电阻值。

②防暑。

高温季节前，做好弧垂、交叉跨越距离的检查和调整，防止弧垂过大导致事故；对大负荷线路和设备要加强温度监视，并注意各连接点的温度情况。

③防寒。

严冬前，应检查弧垂，防止弧垂过小而导致断线；应注意覆冰情况。

④防风。

多风季节到来前，剪除线路两侧过近的树枝，清除线路附近杂物，检查杆基，在必要时应加固。

⑤防汛。

雨季前，对易受河水冲刷或因挖地动土造成杆基不稳的电杆应采取加固措施。

⑥防污。

在容易发生污闪事故的季节到来前，对绝缘子进行测试、清扫。在空气污染地区，选用防污绝缘子取代普通绝缘子。

2. 电缆线路的常见故障及分析处理

（1）电缆线路故障分类。

1）故障现象。

电缆线路故障包括机械损伤、铅皮龟裂及胀裂、终端头污闪、终端头或中间接头爆炸、绝缘击穿、金属护套腐蚀穿孔等。

视频：电缆线路的常见
故障分析与防范措施

2）事故原因。

电缆线路故障包括外力破坏、化学腐蚀或电解腐蚀、雷击、水淹、虫害等自然灾害，施工不妥、维护不当等人员过失几类。

这些因素往往是互相联系、互相影响的，例如由于电缆长时间过负载运行或散热不良，造成铅皮龟裂，并由此引起绝缘浸水，以致发生绝缘击穿或中间接头爆炸等事故。

（2）电缆线路故障原因分析。

电缆线路故障最直接的原因是绝缘降低而被击穿，主要有：

①超负荷运行：长期超负荷运行，将使电缆温度升高，绝缘老化，以致击穿绝缘，

降低施工质量。

②电气方面：电缆头施工工艺达不到要求，电缆头密封性差潮气侵入电缆内部，电缆绝缘性能下降；敷设电缆时未能采取保护措施，保护层遭破坏，绝缘降低。

③土建方面：工井管沟排水不畅，电缆长期被水浸泡，损害绝缘强度；工井太小，电缆弯曲半径不够，长期受挤压外力破坏，主要是市政施工中机械野蛮施工，挖伤挖断电缆。

④腐蚀：保护层长期受化学腐蚀或电缆腐蚀，致使保护层失效，绝缘降低。

⑤电缆本身或电缆头附件质量差，电缆头密封性差，绝缘胶溶解、开裂，导致出现谐振现象。断线谐振现象为线路断线故障使线路相间电容及对地电容，与电变压器励磁电感构成谐振回路，从而激发铁磁谐振。

（3）电缆线路故障防范措施。

1）由于外力破坏的事故占电缆事故的50%，为了防止这类事故，应加强对横穿河流、道路和塔架上的电缆线路的巡视和检查。在电缆线路附近开挖地面时，应采取有效的安全措施；对于施工中已挖开的电缆，应加以保护。

2）由于管理不善或施工不良，电缆在运输、敷设过程中可能受到机械损伤。运行中的电缆，特别是直埋电缆，可能由地面施工或小动物啮咬受到机械损伤。对此，应加强管理，保证敷设质量，做好标记，保存好施工资料，严格执行破土动工制度等。

3）电缆虫害。最多见的虫害是白蚁。白蚁可造成铅、铝皮穿孔，从而导致绝缘受潮而击穿。为此，在电缆四周喷洒防蚁、灭蚁的化学药剂。老鼠等小动物啮咬也会造成电缆损伤，对此应采取适当的防护措施。

4）由于施工、制作质量差或弯曲、扭转等机械力的作用，可能导致电缆终端头漏油。对此，应严格施工，保证质量，并加强巡视。

5）由于质量不高、检查不严、安装不良（如过分弯曲、过分密集等）、环境条件太差（如环境温度太高等）、运行不当（如过负载、过电压等），导致运行中的电缆可能发生绝缘击穿，铅包发生疲劳、龟裂、胀裂等损伤。对此，除针对以上原因采取措施外，还应加强巡视，发现问题及时处理。

6）为了防止电缆终端头污闪事故，对运行中的电缆，应当用专用绝缘工具予以清扫，也可在终端头套管上涂以防污涂料。在污秽区域，可以采用电压高一级的终端头。

7）由于地下杂散电流和非中性物质的作用，电缆的金属铠装或铅、铝包皮可能受到电化学腐蚀或化学腐蚀。化学腐蚀是由于土壤中酸、碱、氯化物、有机体腐烂物、炼铁炉灰渣等杂物造成的；电化学腐蚀则是由于直流机车及其他直流装置经大地流通的电流造成的。为了防止化学腐蚀，可将电缆穿在防腐的管道中敷设。

8）对于运行中的电缆，除了应定期挖开泥土查看外，还应对土壤做化学分析。为了防止电化学腐蚀，应提高直流电机车轨道与大地之间的绝缘，以限制泄漏直流电流。当电缆与直流机车轨道平行时，间距不得小于 2 m，或者电缆穿绝缘管敷设；电缆与地下大金属物件接近时，也应采取绝缘措施。为了防止电化学腐蚀，电缆铠装的电位不得超过 1 V。

9）由于浸水、导体连接不好、制作不良、超负荷运行，以及污闪等原因均可能导致电缆终端头和中间接头爆炸。对此，应针对不同原因采取适当措施，并加强检查和维修。

此外，电气线路过热时的常见故障，可能是多种原因造成的，例如线路过载、接触不良、线路散热条件被破坏、运行环境温度过高、短路（包括金属性短路和非金属性短路）、严重漏电、过于频繁地启动等不安全状态等。对此，应加强运行监视，严格控制电缆的负荷电流和温度。

（4）断线故障引起谐振的危害及防范。

断线谐振在严重情况下，高频与基频谐振叠加，能使过压幅值到达相电压的 2.5 倍，可能导致系统中性点位移，绕组及导线出现过压，严重时可使绝缘闪络，避雷器爆炸。在某些情况下电气设备损坏，负载变压器相序可能反转，还可能将过电压传递到变压器的低压侧，造成危害。

防止断线谐振过压的主要措施有：
①不采用熔断器防止非全相运行。
②加强线路的巡视和检修，预防断线的发生。
③不将空载变压器长期挂在线路上。
④采用环网或双电源供电。
⑤在配变侧附加相间电容。

3. 室内配电线路常见故障及检修技巧

（1）短路。

当室内线路发生短路时，由于短路电流很大，若熔丝不能及时熔断就可能烧坏电线或其他用电设备，甚至引起火灾。造成短路的原因大致有以下几种：
①接线错误而引起相线与中性线直接相碰。
②因接线不良而导致接头之间直接短路，或接头处接线松动而引起碰线。
③在应该使用插头处不用插头，直接将线头插入插座孔内造成混线短路。
④电器用具内部绝缘损坏，导致导线碰触金属外壳而引起电源线短路。
⑤房屋失修漏水，造成灯头或开关过潮，甚至进水而导致内部相间短路。
⑥导线绝缘受外力损伤，在破损处发生电源线碰接或者同时接地。线路发生短路故障后，应迅速拉开总开关，逐段检查，找出故障点并及时处理。同时检查熔断器熔丝是否合适，熔丝不可选得太粗，更不能用铜丝、铝丝、铁丝等代替。

（2）断路。

断路是指线路不通，电源电压不能加到用电设备上，用电设备不能正常工作。造成断路的原因主要是导线断落、线头松脱、开关损坏、熔丝熔断，以及导线受损伤而折断或铝导线接头受严重腐蚀而造成的断开现象等。

线路发生断路故障后，首先应检查熔断器熔丝是否熔断，如果熔丝已经熔断，应继续检查电路中有无短路或过负荷等情况。如果熔丝没有熔断且电源侧相线也没有电，则应检查上一级熔断器熔丝是否熔断。如果上一级的熔丝也没有熔断，进一步检查配电盘（板）上的刀开关和线路。这样逐段检查，缩小故障点范围，找到故障点后应进行可靠的处理。

（3）漏电。

漏电是一种常见的故障。人接触到有漏电的地方，会感到发麻，危害人身安全。同时电路中若有漏电现象，会造成电能浪费，即使不用电，电能表仍然走字，给用户增加经济负担。

引起漏电的原因主要是由于导线或用电设备的绝缘因外力而损伤；经长期使用绝缘发生老化现象，又受到潮气侵袭或者被污染而造成绝缘不良。室内照明和动力线路漏电时可按如下方法查找。

①首先判断是否确实发生了漏电，方法是用兆欧表摇测，看绝缘电阻的大小，或在被检查线路的总刀开关上接一只电流表，取下所有灯泡，接通全部电灯开关，仔细观察电流表。若电流表指针摆动，则说明有漏电。指针偏转越大，说明漏电越大。

②判断漏电性质。仍以接入电流表检查漏电为例，方法是切断零线观察电流的变化。若电流表指示不变，说明是相线和大地之间有漏电；若电流表指示为零，说明是相线与零线之间有漏电；若电流表指示变小但不为零，则表明相线与零线、相线与大地之间均有漏电。

③确定漏电范围。方法是取下分路熔断器或拉开分路刀开关，若电流表指示不变，表明是总线漏电；电流表指示为零，表明是分路漏电；电流表指示变小但不为零，表明是总线和分路均有漏电。

④找出漏电点。按照上述方法确定漏电范围后，依次断开线路的灯具开关。当拉断某一开关时，若电流表指示回零，确认是这一分支线漏电；若电流表的指示变小，说明除这一分支线漏电外，还有其他漏电处。若所有灯具开关都断开后，电流表指示不变，则说明是本段干线漏电。

依照上述查找方法依次把故障范围缩小到一个较短的线段内，便可进一步检查段线路的接头，以及电线穿墙转弯、交叉、综合、容易腐蚀和易受潮的地方等处有无漏电情况。当找到漏电点后，及时妥善处理。

学习单元 15 电气线路安全

15.1 电气线路安全条件

电气线路不仅应满足供电可靠性、经济指标、维护管理方便的要求，还必须满足各项安全要求。电气线路安全要求包括导电能力、线路绝缘、机械强度、线路间距、线路防护、导线连接、线路管理等方面。当然，安全要求对保证电气线路运行的可靠性及其他要求在不同程度上也是有效的。

1. 导电能力

电气线路的导电能力应符合发热、电压损失和短路电流 3 方面的要求。

视频：电气线路的安全要求

（1）发热。

各种导线都有限制最高运行温度，见表 4-3。对于裸线，为防止接头氧化，最高运行温度为 70 ℃；对于橡皮绝缘导线和塑料绝缘导线，为防止绝缘老化，最高运行温度分别为 65 ℃ 和 70 ℃；对于电缆，为防止绝缘老化，防止热胀冷缩形成气泡，1 kV 及其以下的铅包或铝包电缆最高运行温度为 80 ℃，聚氯乙烯电缆最高运行温度为 65 ℃。

表 4-3 常用电力电缆导体的最高允许温度

电缆			最高允许温度/℃	
绝缘类别	型式特征	电压/kV	持续工作	短路暂态
聚氯乙烯	普通	≤1	70	160（140）
交联聚乙烯	普通	≤500	90	250
自容式充油	普通牛皮纸	≤500	80	160
	半合成纸	≤500	85	160

（2）电压损失。

电压损失是指由于电能通过电气线路输送到负荷端点时，电能损耗造成的实际电压与额定电压的差值。

电压损失是线路首末两端电压的代数差。电压降是线路首末两端电压的几何差（相量差）。

电压损失太大，不但用电设备不能正常工作，而且可能导致电气设备和电气线路发热。我国有关标准规定，为了保证用电设备正常工作，10 kV 及以下动力线路的电压损失一般不超过额定电压的 ±5%，低压照明线路和农业用户线路不得超过 ±10%（见表 4-4）。

表 4 – 4　电压损失标准

额定电压/kV	线路种类	极限容量/kV	输送距离/km
6	架空	2 000	3 ~ 10
	电缆	2 000	8
10	架空	3 000	5 ~ 15
	电缆	5 000	10
35	架空	2 000 ~ 10 000	20 ~ 50
110	架空	10 000 ~ 50 000	50 ~ 150
220	架空	50 000 ~ 200 000	150 ~ 300

（3）热稳定性。

导线的界面应能承受电流的热效应而不致破坏，即保持足够的热稳定性。

2. 机械强度

电气线路的机械强度应当足以承受自重、温度变化的热应力、短路时的电磁作用力以及风雪、覆冰产生的应力。按照机械强度的要求，低压架空线路导线的最小截面积见表 4 – 5。低压配线最小截面积见表 4 – 6。

表 4 – 5　低压架空线路导线的最小截面积

类别	最小截面积/mm²		
	铜	铝及铝合金	铁
单股	6	10	6
多股	6	16	10

表 4 – 6　低压配线最小截面积

类别		最小截面积/mm²		
		铜芯软线	铜线	铝线
移动式设备电源线	生活用	0.2	—	—
	生产用	1.0	—	—
吊灯引线	民用建筑，户内	0.4	0.5	1.5
	工业建筑，户内	0.5	0.8	2.5
	户外	1.0	1.0	2.5

类别		最小截面积/mm²		
		铜芯软线	铜线	铝线
支点间距离为 d 的支持件上的绝缘导线	$d \leq 1$ m，户内	—	1.0	1.5
	$d \leq 1$ m，户外	—	1.5	2.5
	$d \leq 2$ m，户内	—	1.0	2.5
	$d \leq 2$ m，户外	—	1.5	2.5
	$d \leq 6$ m，户内	—	2.5	4
	$d \leq 6$ m，户外	—	2.5	6
接户线	≤ 10 m	—	2.5	6
	≤ 25 m	—	4	10
穿管线		1.0	1.0	2.5
塑料护套线		—	1.0	1.5

3. 导线连接

在安装电气时，经常需要把一根导线与另一根导线连接起来，导线与导线的连接处一般被称为接头。导线的接头常常会发生故障，是电气线路的薄弱环节。接头接触不良或松脱会增大接触电阻，使接头过热而烧毁绝缘，可能产生火花，严重的会酿成火灾和触电事故。

（1）导线连接方法。

接头处往往是事故的发生点。为了尽量避免事故发生，对导线接头的技术要求应为：

①导线接触紧密，不得增加电阻，接头部位的电阻不得大于原线段电阻。

②接头处的绝缘强度，不应低于导线原有绝缘强度的 1.2 倍。

③接头处的机械强度，不应小于导线原有机械强度的 80%。

工作中，应当尽可能减少导线的接头，接头过多的导线不宜使用。对于可移动线路的接头，更应当特别注意。

绝缘导线的连接，一般情况按剥切绝缘层、芯线连接和恢复绝缘层的步骤进行。导线连接时，导线绝缘层的剥切方法如图 4-10 所示。

目前，绝缘导线的连接方法，常见的有以下几种：

1）绞接法。

单股铜线 6 mm² 以下采用绞接法，如图 4-11 所示。

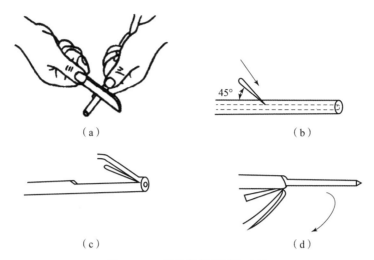

图 4 – 10　导线绝缘层剥切方法

（a）握刀姿势；（b）刀以 45°切入；（c）刀以 25°倾斜推削；（d）扳翻塑料层并在根部切去

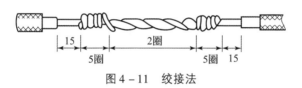

图 4 – 11　绞接法

2）多股铜线直线连接法。

如图 4 – 12 所示，当直线连接时，把多股导线线芯顺次解开，并剪去中心一股，再将各张开的线端相互插嵌，插到每股线的中心完全接触，如图 4 – 12（a）所示；把张开的各线端合拢，取任意两股同时缠绕 5~6 圈后，另换两股缠绕，把原有两股压在里挡或把余线割掉，再缠至 5~6 圈后，采用同样方法，调换两股缠绕，如图 4 – 12（b）所示，以此类推，缠到边线的解开点为止，选择二股缠线互相扭绞 3~4 转，余线割掉，余留部分用钳子敲平，使其各线紧密，再用同样方法连接另一端，如图 4 – 12（c）所示。

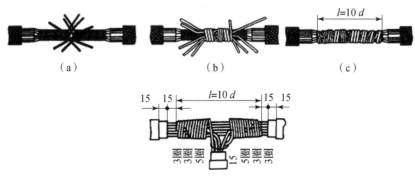

图 4 – 12　多股铜线直线连接

3）多股导线分支连接法。

如图 4-13 所示，先将分支线端解开，拉直擦净分为两股，各曲折 90 度，附在干线上，然后一边用另备的短线作临时绑扎，另一边在各单线线端中任意取出一股，用钳子在干线上紧密缠绕 5 圈，余线压在里挡或割去，再调换一根，用同样方法缠绕 3 圈，依此类推，缠至距离干线绝缘层 15 mm 处为止，再用同样方法缠另一端。

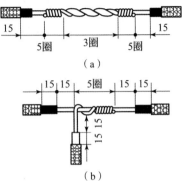

图 4-13　多股导线分支连接

4）绝缘导线与电气设备接线端连接。

①单股铜线截面 10 mm² 及以下，可直接与电气设备接线端子连接。

②多股铜线截面 25 mm² 及以下，为防止线端松散，可在铜线端部搪上一层焊锡，像单股导线一样，弯成圈连接到接线端子上。

③多股铜线截面 25 mm² 以上，应采用线鼻子与接线端子连接。铜线鼻子装接时可采用锡焊法或压接法。

④当铝导线与电气设备的铜接线端子或铜母线连接时，为防止铜铝产生电化腐蚀而采用铜铝过渡措施，如铜铝线鼻子。

5）软线与单股导线的连接方法。

如图 4-14 所示，先将软线和单股导线的绝缘层剥去，把疏散的铜丝拧在一起，再将软线的芯线在单股导线芯线上缠绕 7~8 圈，然后把单股导线的芯线向后弯曲，最后用钢丝钳压实。

图 4-14　软线与单股导线的连接

（2）铜导体与铝导体的连接。

铜导体与铝导体的连接时应使用铜铝过渡段，否则经过一段时间使用之后，很容易松动。松动的原因如下：

1）铝导体在空气中数秒内即能形成厚 3~6 μm 的高电阻氧化膜。氧化膜将大幅度提高接触电阻，使连接部位发热，产生危险温度。接触电阻过大会造成回路阻抗增加，减小短路电流，延长短路保护装置的工作时间，甚至阻碍短路保护装置动作。

2）铜和铝的线胀系数不同，铜的线胀系数为 16.8×10^{-6} ℃$^{-1}$，而铝的线胀系数为 23.2×10^{-6} ℃$^{-1}$，即铝的线胀系数比铜的大 36%。发热时使铝端子增大而本身受到挤压，冷却后不能完全复原。经多次反复后，连接处逐渐松弛，接触电阻增加。如果连接处出现微小缝隙，空气进入，将导致铝导体表面氧化，接触电阻大大增加。如果连接处的缝隙进入水分，将导致铝导体电化学腐蚀，接触状态将急剧恶化。

3）由于铜和铝的化学活性不同，因此，当有水分进入铜、铝之间的缝隙时，将发生电解，使铝导体腐蚀，必然导致接触状态迅速恶化。

4）当温度超过75 ℃，且待续时间较长时，聚氯乙烯绝缘将分解出氯化氢气体。这种气体对铝导体有腐蚀作用，从而增大接触电阻。因此，在潮湿场所、户外及安全要求高的场所，铝导体与铜导体不能直接连接，必须采用铜铝过渡段。对运行中的铜、铝接头，应注意检查和紧固。

4. 线路敷设

选择电气线路的敷设方式，应综合考虑酸、碱、盐、温度、湿度、灰尘、火灾和爆炸等因素。不同环境条件下电气线路的敷设方式见表4-7。

表4-7　电气线路的敷设方式

环境特征	线路敷设方式	常用电线、电缆型号
正常干燥环境	绝缘线瓷珠、瓷夹板或铝皮卡子明配线	BBLX、BLV、BLVV
	绝缘线、裸线瓷瓶明配线	BBLX、BLV、LJ、LMJ
	绝缘线穿管明敷或暗敷	BBLX、BLX
	电缆明敷或沿电缆沟敷设	ZLL、ZLL11、VLV、YJV、XLV、ZLQ
潮湿和特别潮湿环境	绝缘线瓷瓶明配线（高度>3.5 m）	BBLX、BLV
	绝缘线穿塑料管、钢管明敷或暗敷	BBLX、BLV
	电缆明敷	ZLL11、VLV、YJV、XLV
多尘环境（不包括火灾及爆炸危险粉尘）	塑料线瓷珠、瓷瓶配线	BBLX、BLV、BLVV
	绝缘线穿钢管明敷或暗敷	BBLX、BLV
	电缆明敷或沿电缆沟敷设	ZLL、ZLL11、VLV、YJV、XLV、ZLQ
有腐蚀性的环境	塑料线瓷珠、瓷瓶配线	BLV、BLVV
	绝缘线穿塑料管明敷或暗敷	BBLV、BLV、BV
	电缆明敷	VLV、YJV、ZLL11、XLV

5. 线路管理

电气线路应备有必要的资料和文件，如施工图、实验记录等，还应建立巡视、检查、清扫、维修等制度。电气线路应建立临时线管理制度，例如安装临时线应有申请、审批手续，临时线应有专人负责管理，应有明确的使用地点和使用期限等。装设临时线首先必须考虑安全问题，应满足基本安全要求，例如移动式三相临时线必须采用四芯橡胶套软线，单相临时线必须采用三芯橡胶套软线，长度一般不超过 10 m。临时架空线离地面高度不得低于 4~5 m，离建筑物和树木的距离不得小于 2 m，长度一般不超过 500 m，必要的部位应采取屏护措施等。

15.2　架空线路安全预防及维护措施

架空线路的事故虽然大部分是由自然灾害造成的，但这些事故并非是不可避免的。对于正确设计和施工的线路，只要电气工作人员严格贯彻执行有关运行、检修规程，切实做好日常的巡视、维护和检修工作，架空线路的安全运行就会有可靠的保证。为保证架空线路正常运行，应针对各种可能发生的事故采取相应的预防性措施。

视频：电力线路的
运行与维护

1. 污闪事故预防

污闪事故是由于绝缘子表面脏污引起的。绝缘子表面污秽物的性质不同，对线路绝缘水平的影响也不同。一般的灰尘容易被雨水冲洗掉，对绝缘性能的影响不大。

但是，化工、水泥、冶炼等厂矿排放出来的烟尘对绝缘子危害极大。煤尘的主要成分是氧化硅和氧化硫；水泥厂排放的飞尘，主要成分是氧化硅和氧化钙；沿海地区绝缘子表面的污物，主要是氯化钠。这些物质都会降低绝缘子的绝缘水平。空气越潮湿，危害越严重。加强绝缘子清扫，增加绝缘子片数以加大爬电距离，采用地蜡、石蜡、有机硅等防尘性涂料，以及工作人员加强巡视、测试和维修，都有利于防止污闪事故。

2. 雷击事故的预防

雷电会给架空线路的安全运行带来很大的威胁。为了提高线路的防雷水平，可以装设避雷线或避雷针以防止导线直接遭受雷击；可以安装管型避雷器，防止雷电侵入波的危害。

3. 风雪事故预防

架空线路会遇到洪水、大风、冰雪等原因造成的事故。汛期应加强巡视检查，必要时，在杆塔周围打防洪桩，提高杆塔的稳定性。为了防止风害，应加固杆塔，加强巡视检查和测试，还应调整导线的弧垂，修剪线路附近的树木，清除周围的杂物等。为了防止覆冰事故，应加强观察气候的变化，如已经覆冰，可采用通电加热或机械的办法除冰。

4. 架空线路的运行与维护

（1）一般要求。

对厂区架空线路，一般要求每月进行一次巡视检查，如遇大风、大雨及发生故障等特殊情况时，应临时增加巡视次数。

（2）巡视项目。

①电杆有无倾斜、变形、腐朽、损坏及基础下沉等现象，如有，应设法修理。

②沿线路的地面是否堆放有易燃、易爆和强腐蚀性物体，如有，应立即设法挪开。

③沿线路周围有无危险建筑物，应尽可能保证在雷雨季节和大风季节里，这些建筑物不致对线路造成损坏。

④线路上有无树枝、风筝等杂物悬挂，如有，应设法清除。

⑤拉线和扳桩是否完好，绑扎线是否紧固可靠，如有缺陷，应设法修理或更换。

⑥导线的接头是否接触良好，有无过热发红、严重氧化、腐蚀或断脱现象，绝缘子有无破损和放电现象，如有，应设法修理或更换。

⑦避雷装置的接地是否良好，接地线有无锈断情况，在雷雨季节到来之前，应重点检查，以确保防雷安全。

⑧其他危及线路安全运行的异常情况。

在巡视中发现的异常情况，应记入专用记录本内，重要情况应及时向上级汇报，请示处理。

15.3　电缆线路安全措施

1. 电力电缆线路敷设的安全技术要求

（1）电缆直接敷设在地下的安全技术要求。

1）电缆的埋设深度不应小于 0.7 m，通过农田时埋设深度不小于 1.2 m。电缆周围应铺以 100 mm 的细土，在电缆上方 100 mm 处盖上水泥保护板，保护板宽度应超出电缆直径两侧各 50 mm。

2）电缆敷设在建筑物附近时，电缆外皮与建筑物基础的距离不应小于 0.6 m（原则是考虑电缆施工时不受建筑物的阻碍，也不影响建筑物的结构）。

3）多条电缆同沟敷设或相互交叉时，电缆外皮间的距离应符合以下要求：

①电力电缆相互间或与控制电缆间最小净距 10 kV 及以下的为 0.1 m，10 kV 以上的为 0.25 m；不同部门使用的电缆（包括通信电缆）相互间为 0.5 m，如用电缆隔板隔开时，可降为 0.1 m，穿入管中不作规定。

②电缆相互交叉时的最小净距为 0.5 m。电缆在交叉点前后 1 m 范围内，如用隔板隔开时，上述距离可降为 0.25 m，穿入管中不作规定。

③电缆平行或交叉时要保持一定距离应考虑以下几个原因：检修电缆时，若邻近电缆距离太近容易造成机械外伤，为了防止电缆在运行时发生故障而将临近电缆烧坏，电缆间应保持适当的距离；电缆间距离太近不容易散热，因而影响电缆的载流量；若电缆相互靠近或交叉不能保持一定距离而相互接触时，则容易产生"交流电蚀"。

4）电缆与地下管道接近和交叉时，电缆与管道间的净距不应小于以下规定：

①电缆与热力管道接近时的最小净距为 2 m，如用隔板隔开时为 1 m。

②电缆与可燃气体和易燃液体管道接近时的最小净距为 1 m。

③电缆与其他管道接近时的最小净距为 0.5 m。

④电缆与各种管道交叉时的最小净距为 0.5 m。

⑤禁止将电缆平行敷设在管道的上方或下方。

5）电缆与城市街道、公路或铁路交叉时应敷设于管中。管的内径不应小于电缆外径的 1.5 倍，且不得小于 100 mm；管顶距路轨底或公路路面的深度不应小于 1 m；距排水沟不应小于 0.5 m；距城市街道路面的深度不应小于 0.7 m；管长除跨越公路或轨道宽度外，一般应在两端各伸出 2 m；在城市街道，管长应伸出车道路面。

6）电缆与铁道平行敷设时，电缆与铁轨的最小净距为 3 m。一方面是为了减少火车通过时引起的振动对电缆铅包产生的损害；另一方面考虑到便于维修。当电缆与电气化铁道平行敷设时，为了防止自轨道漏至地下的杂散电流引起电缆保护层发生电化学腐蚀，电缆与轨道的净距不应小于 10 m。

7）当直埋电缆引进隧道、人井及建筑物时，应穿在管中，并在管口加以堵塞，以防渗水。管口的堵塞方法：可以在管内填以油麻，然后在管口内浇注沥青，或用水泥、白灰等将管口堵严。

8）电缆从地下或电缆沟引出地面时，为了防止机械损伤，可在地面以上 2 m 一段应用金属管或罩加以保护，其根部应伸入地面下 0.1 m。

9）地下并列敷设的电缆，其中间接头盒位置应相互错开，净距不应小于 0.5 m，以便于接头施工，有利于缩小电缆线路的走廊。中间接头盒外应有防止机械损伤的保护盒。

10）敷设在郊区及空旷地带的电缆线路，由于无建筑物等固定标志，给电缆图样的绘制和日后的运行维护工作带来很多困难。因此需要在线路转弯处、接头处和直线部分每隔 50~100 m 处埋设一个电缆标桩，标明电缆具体位置，并在电缆平面图上标明标桩位置和编号，以便运行维护。

11）直接埋在地下的电缆一般应用铠装电缆，以防止在敷设时或运行中遭受机械损伤。

（2）电缆敷设在沟内和隧道内的安全技术要求。

1）电缆沟一般由砖砌而成，少数由混凝土浇筑而成。沟的大小视沟内电缆的多少而定，沟内各部位允许的最小距离应符合规定。

电缆沟要保持干燥，不应潮湿，更不应成为"水沟"。应当防止雨水或地下水流入电缆沟内，并应在沟内设置适当数量的蓄水坑（一般每隔 50 m 左右设一个蓄水坑），及时将水排出。

2）电缆隧道一般由钢筋混凝土筑成，也可用砖砌成。隧道一般高度为1.9～2.0 m，宽度为1.8～2.0 m，以便在内部安装电缆支架和工作人员通行。

电缆隧道应有两个以上的入孔，长距离隧道一般每隔100～200 m应装设一个。不仅是为了便于进行维护、检修，还考虑到隧道内电缆发生故障或火灾时，工作人员能迅速、顺利地进入或撤出隧道。

为了便于巡视检查和检修，隧道内应有良好的电气照明，且应能在两端或出入口进行控制，以便节约用电和避免走回头路。

3）电缆固定于电缆沟和隧道的墙上，当水平装置，电缆外径等于或大于50 mm时，应每隔1 m加一支撑；外径小于500 mm的电缆和控制电缆，应每隔0.6 mm加一支撑；排成正三角形的单芯电缆，每隔1 m应用绑带扎牢。

4）电缆沟和隧道中的电缆，因通过电流而产生的热量，只有极少部分热量（约10%）是靠墙壁散发出去，主要还是靠空气流动将热量带走。因此每隔一定距离要留有进气和排气口，使进气口较低，排气口较高，产生压力差驱使空气流通。

5）电缆隧道和沟的全长应装设有连续的接地线，接地线应和所有电缆支架相接。

2. 电缆线路的运行与维护

在电力电缆的使用过程中，由于自身原因和周围环境的影响，经常会出现各种不同的故障，其中常见的故障有接地故障、短路故障、断线故障、闪络性故障。由于电力电缆在运行的过程中都处于一个管道中，是不容易看到故障的，在发生故障的时候很难直接地判定故障出现的地点和所出现的主要问题。因此在维护中首先注重对各个线路段的监测问题，一般须采用仪器进行测量才能确定故障点和判断故障的性质，决定抢修方案。可以看出，如何寻找故障、有效排除故障，以致尽快地恢复运行，都需要投入大量人力、物力，以及较长的时间，这些会直接影响安全生产，为了避免和减少此类故障的发生，必须加强电缆线路的日常维护，提高安全运行水平。

（1）电缆线路日常维护一般要求。

电缆线路大多是敷设在地下的，要做好电缆线路的运行维护工作，就要全面了解电缆的敷设方式、结构布置、线路走向及电缆头的位置等。

对电缆线路，一般要求每季度进行一次巡视检查，并应经常监视其负荷大小和发热情况。若遇大雨、洪水及地震等特殊情况及发生故障时，应临时增加巡视次数。

（2）日常巡视项目。

①电缆头及瓷套管有无破损和放电痕迹，对填充有电缆胶（油）的电缆头，还应检查有无漏油溢胶现象。

②对明敷电缆，须检查电缆外皮有无锈蚀、损伤，沿线支架或挂钩有无脱落，线路上及附近有无堆放易燃、易爆及强腐蚀性物体。

③对暗敷及埋地电缆，应检查沿线的盖板和其他保护物是否完好，有无挖掘痕迹，

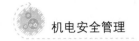

路线标注是否完整无损。

④电缆沟内有无积水或渗水现象，是否堆有杂物及易燃易爆危险品。

⑤线路上的各种接地是否良好，有无松脱、断股和腐蚀现象。

⑥其他危及电缆安全运行的异常情况。

在巡视中发现的异常情况，应记入专用记录本内，重要情况应及时向上级汇报，请示处理。

（3）具体工作内容。

1）负荷监视。

对电缆负荷的监视，可以掌握电缆线路负荷变化情况，控制电缆线路原则上不过负荷，分析电缆线路运行状况。由于过负荷对电缆的危害很大，应经常测量和监视电缆的负荷。电缆线路负荷的测量可用钳型电流表测定，保持电缆线路在规定的允许持续载流量下运行。

为了防止电缆绝缘过早老化，线路电压不得过高，一般不应超过电缆额定电压的15%。

2）温度监视。

电缆线路运行时将受到环境条件和散热条件的影响，在电缆线路故障前期局部会伴随有温度升高现象，因此有必要对电缆线路进行温度监测。

利用各种仪器测量电缆线路外皮、电缆接头以及其他部位的温度，目的是防止电缆绝缘超过允许超高温度而缩短电缆寿命，提前预防电缆事故的发生。

测量电缆温度应在夏季或电缆负荷很大时进行，应选择电缆排列较密处或散热条件很差处及有外界热源影响的线段。当测量直埋电缆温度时，应测量土壤温度。测量土壤温度热电偶温度计的装置点与电缆间的距离不小于3 m。

新投运的电缆冷头要用红外线温度测试仪进行跟踪检查，在停电检修期间安排人员对其导电连接部分进行紧固；由于电缆冷头的连接靠双头螺丝等机械力压接导电接触面，工作负荷电流、故障短路电流全靠压接面来进行能量传递，热胀冷缩和电磁振动等都可能造成接触不佳。

3）腐蚀监视。

电缆腐蚀一般指电缆金属铅包或铝包皮的腐蚀，可分为化学腐蚀和电解腐蚀。

化学腐蚀的原因一般是电缆线路附近的土壤中含有酸碱的溶液、氯化物、有机物腐殖质及炼铁炉灰渣等。产生电解腐蚀的主要根源是直流电车轨道或电气铁道流入大地的杂散电流引起的。

防止化学腐蚀的方法：

①收集土壤资料，进行化学分析，以判断土壤和地下水的侵蚀程度。采取措施，如更改路径，更换部分不佳土壤，或将电缆穿在耐腐蚀的管道中等。

②发现电缆有腐蚀，或发现电缆线路上有化学物品渗漏时，掘开泥土检查电缆，并

对附近土壤作化学分析，确定电缆损坏的程度。

③对室外架空敷设的电缆，定期涂刷防腐漆。

防止电解腐蚀的方法：

①加强电缆包皮与附近巨大金属物体间的绝缘。

②装置排流或强制排流、极性排流设备，设置阴极站等。

③加装遮蔽管。

4）在线监测。

随着交联聚乙烯电力电缆的广泛应用，其运行状况在线监测技术也得到了发展，在国外（如日本）已有较多的应用。对交联聚乙烯电力电缆运行状况进行在线监测，主要是从电压、电流、局放量或运行温度、含水量等参数入手，对 XLPE 电力电缆的主绝缘及外护套运行状况进行监测。

目前使用的主要方法有：

①接地线电流法。

②直流分量法。

③直流叠加法。

④低频叠加法。

⑤局部放电在线监测法。

⑥电缆温度在线监测法。

⑦水分在线监测法。

5）电缆及沟道防火。

电缆火灾事故无论是受外界火源引起或自身故障造成，都具有火势猛、蔓延快、抢救难、损失严重等特点。电缆着火原因多种多样，难以从根本上避免。因此，为避免电缆火灾事故的严重损失，一方面要积极设法排查电缆着火的隐患；另一方面，必须高度重视有效防止电缆着火延燃的对策。

目前，较为普遍的电缆防火方法是用防火材料来阻燃，防止延燃。现有的防火材料有防火涂料、防火堵、填料。

6）外力损伤的防止。

外力破坏事故主要发生在电缆线路本体。在电缆受到外力损坏后，由于密封破坏，有时需要一定时间的运行才会因进潮而使绝缘电阻下降引发运行故障。外力隐患的存在对电缆的安全运行构成了潜在的威胁，具有较大的危害性，并且具有不可预测性、突发性，给电缆的运行工作带来了一定的不利因素。

电缆线路外力故障原因分析：

①外部原因。

施工环境比较复杂。机械化施工越来越普遍，对电力电缆构成了更大的威胁，往往

是尚未开工，仅是先期清理场地，就铲坏电缆造成外力事故，这是造成电力电缆外力事故的一个重要原因。

②内部原因。

对电缆运行管理没有给予足够的重视，很多工程善后工作不细，图纸资料严重欠缺，线路隐患较多，影响了电缆的安全运行，这也是造成外力事故的一个相当重要的因素。

运行管理不得力，导致对运行人员制约考核不够，没有明确的制约考核措施，使得运行管理工作显得比较混乱。施工现场电缆改迁不够及时，协调不得力，由于各部门之间的配合不够密切，工作重点各不相同，不能很好地协调，达成一致，错过了很多改迁、保护电缆的良机。

③其他原因。

致使外力破坏难以控制的重要原因还有缺乏严厉而有效的保护措施和管理手段。

7）防范措施。

防止电缆的外力损伤，应做好以下方面的工作：

①建立制度，加强宣传。

②加强线路的巡查工作。

③加强电缆的防护和施工监护工作。

④对电力电缆的运行，探索行之有效的管理方法。

8）防止白蚁损害电缆。

近年来，蚁啃咬电缆造成事故案例较多，这类情况在敷设电缆时可能被忽视。在得到当地居民反映或相关部门汇报后，应对电缆加强巡视，尤其是地埋电缆，必要时开挖检查，发现白蚁较多时，应及时向上级反映并采取处理措施。

15.4 室内配电线路的原则和安全技术

室内配电线路种类繁多，应根据环境条件、负载特征、建筑要求等因素确定。

室内配电线路如果导线截面选择不当、导线质量差或者安装不符合规定要求，就很容易发生导线过热引发火灾和触电事故，造成生命财产损失。据资料统计，配电线路故障是电气火灾事故的重要原因，因此保证室内配电线路安全可靠至关重要。

1. 室内配电线路的原则

由于室内配电线路方法的不同，技术要求也有所不同，无论何种配线方法，首先应该符合电气装置安装的基本原则：

（1）安全。

室内配电线路及电器、设备必须保证安全运行。因此施工时选用的电器设备和材料应该符合图纸要求，必须是合格产品。施工中对导线的连接、接地线的安装以及导线的方式等均应符合质量要求，确保安全运行。

（2）可靠。

室内配电线路是为了给用电设备供电而设置的。有的室内配电线路由于不合理的设计与施工，造成很多隐患，给室内用电设备运行的可靠性造成很大的影响。因此，必须合理布局，安装牢固。

（3）经济。

在保证安全可靠运行和发展的前提下，应考虑室内配电线路的经济性，选用最合理施工方法，尽量节约材料。

（4）方便。

室内配电线路应该保证操作运行可靠，使用和维修的方便。

（5）美观。

在室内配电线路施工时，配线位置及电器安装位置的选定，应该注意不要损坏建筑物的美观，且有助于建筑物的美化。

2. 室内配电线路的一般要求

（1）所用导线的额定电压应大于线路的工作电压；导线的绝缘应符合线路的安装方式和敷设环境的条件；导线的截面应满足供电质量和机械强度的要求。

（2）导线敷设时应尽量避免接头。

常常由于导线接头质量不好而造成事故，若必须接头时，应采用压接或焊接。

（3）在导线连接和分支处，不应受机械力的作用，导线与电器端子连接时要牢靠压实。

（4）穿在管内的导线，在任何情况下都不能有接头，必须接头时，接头放在接线盒或灯头盒、开关盒内。

（5）各种明配线路在建筑物内应垂直或水平敷设，要求横平竖直，导线水平高度距地面一般不应小于2.5 m，垂直敷设的导线距地面不小于1.8 m，否则应加管、槽保护，以防机械损伤。

（6）导线穿墙时应装过墙管保护，过墙管两端伸出墙面不小于10 mm，并保持一定的倾斜度。

（7）当导线沿墙壁或天花板敷设时，导线与建筑物之间的最小距离：瓷夹板配线不应小于5 mm；瓷瓶配线不小于10 mm。在通过伸缩缝的地方，导线敷设应有松弛。对于线管配线应设补偿盒，以适应建筑物的伸缩性。

当导线相互交叉时，为避免碰线，应在每根导线上套以塑料管，并将套管固定，避免窜动。

（8）为确保用电安全，室内电气管线与其他管道间应保持一定距离，见表4－8。

表4-8 管道配线距离表

管道名称		配线方式		
		穿管配线	绝缘导线明配线	裸导线配线
		最小距离/mm		
蒸气管	平行	1 000/500	1 000/500	1 500
	交叉	300	300	1 500
暖、热水管	平行	300	300	1 500
	交叉	200	200	1 500
通风、上下水、压缩空气管	平行	100	200	1 500
	交叉	50	100	1 500

（9）施工中，若不能满足表中的距离时，则应采取如下措施。

①电气管线与蒸气管不能保持表4-8中规定的距离，可在蒸气管外包隔热层，这样平行净距可减少到200 mm，交叉距离须考虑施工维修方便，但管线周围温度应经常在35 ℃以下。

②电气管线与暖水管不能保持表4-8中规定的距离时，可在暖水管外包隔热层。

③裸导线应敷设在管道上面，当不能保持表4-8中规定的距离时，可在裸导线外加装保护网或保护罩。

3. 室内布线工序

（1）定位划线。根据施工图纸确定电器安装位置、线路敷设途径、线路支持件及导线穿过墙壁和楼板的位置等。

（2）预埋支持件。在土建抹灰前，对线路所有固定点处应打好孔洞，并预埋好支持件。

（3）装设绝缘支持物、线夹、导管。

（4）敷设导线。

（5）安装灯具、开关及电器设备等。

（6）测试导线绝缘、连接导线。

（7）校验、自检、试通电。

✅ **情境小结**

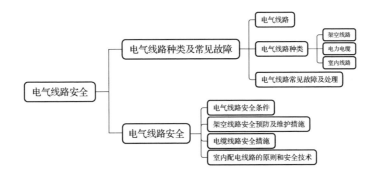

✅ **思考与习题**

1. 单项选择题

（1）以下不属于电气线路的按结构形式的分类为（　　　）。

A. 架空线路　　　　　B. 电缆线路　　　　　C. 室内线路　　　　　D. 控制线路

（2）在建筑物密集，人口流动大的城市商圈，宜采用（　　）供电。

A. 架空线路　　　　　B. 电缆线路　　　　　C. 室内线路　　　　　D. 控制线路

（3）架空线路与电缆线路相比有许多显著的优点，通常采用多股绞合的裸导线来架设，以下金属材料不属架空线路导线材料的是（　　　）。

A. 钢　　　　　　　　B. 铜　　　　　　　　C. 铝　　　　　　　　D. 铁

2. 多项选择题

（1）电缆的基本结构由等（　　　）分组成。

A. 导电线芯　　　　　B. 绝缘层　　　　　C. 密封护套　　　　　D. 和保护覆盖层

（2）在下列关于电气线路安全条件的描述中正确的说法（　　　）。

A. 电气线路的导电能力应符合发热、电压损失和短路电流三方面的要求。

B. 电气线路的机械强度应当足以承受自重、温度变化的热应力、短路时的电磁作用力以及风雪、覆冰产生的应力。

C. 导线连接时，接头处的绝缘强度，不应低于导线原有绝缘强度的 1.5 倍。

D. 污闪事故是由于绝缘子表面脏污引起的。绝缘子表面污秽物的性质不同，对线路绝缘水平的影响相同。

3. 简答题

（1）试比较架空线路和电缆线路的优缺点。

（2）架空线路由哪几部分组成？各部分的作用是什么？

（3）电力电缆常用哪几种敷设方式？

学习评价

学习情况测评量表									
序号	内容	采取形式	自评得分（50分，每项10分）	测试得分（50分，每项10分）	学习效果				结论及建议
					好	一般	较好	较差	
1	学习目标达成情况		（　）分						
			（　）分						
			（　）分						
2	重难点突破情况		（　）分						
			（　）分						
3	知识技能的理解应用			（　）分					
4	知识技能点回顾反思			（　）分					
5	课堂知识巩固练习			（　）分					
6	思维导图笔记制作			（　）分					
7	思考与习题			（　）分					

备注："学习效果"一栏请用"√"在相应表格内记录。采取形式：可以根据实际情况填写，如笔记、扩展阅读、案例收集分析、课后习题测试、课后作业、线上学习等。

防雷与接地系统

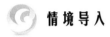 **情境导入**

陕钢汉钢：亮出雨季"杀手锏"——防雷接地保安全

2022年5月，群众新闻网发布以下消息：

"近期，气温逐渐升高，在做好防暑降温的同时，随之而来的雷雨季节不可小觑，设备科牵头，必须在雨季来临前，确保分厂主题厂房露天设备中九十多处防雷接地点'体检合格'、平稳运行……"陕钢汉钢公司炼钢厂设备厂长在会上安排部署工作。

防雷与接地是关系建筑物电器设备以及人身安全的头等大事，当雷电击中物体时，会遇强大的电流通过产生巨大热效应以及机械力，破坏建筑物和电器设备并威胁人身安全造成火灾或人体触电伤亡事故。

为确保防雷接地任务顺利进行，该厂一方面在夏季雷雨高发期前，邀请勉县气象局对主题厂房露天设备中九十多处防雷接地点进行了检测，并在2021年年底新修建了几处露天设备，在建设设计中，要求施工方铺设多处防雷接地下引线；另一方面对职工进行防雷防静电知识培训，并广泛开展雨季防雷减灾知识宣传教育活动，同时相关技术人员对所属厂区的防雷接地设施进行全方位"体检"，做好记录，发现隐患抓紧消缺。

与此同时，该厂对外加强和规范安全管理，严格审核承包商资质，仔细验收开工条件；对内严格落实安全生产责任制，将安全生产责任落实到岗、落实到人。要求各车间严格落实属地管理责任，密切对作业现场重点部位进行监督，对施工人员的现场操作进行监管，强化作业现场过程管控，保证防雷接地施工保质保量顺利完成。

"经过两天的监测，厂区范围内九十多处防雷接地点检测数值均符合标准。目前，我们已提前做好防范措施，通过防雷防接地检测发现隐患，并及时制定方案及时整治到位，确保安全生产不出纰漏"，该厂电气技术员说，"后期在各单位配合下，严把日常巡检关，多关注防雷接地点的维保工作；另外，把不在主体厂房内的露天配电室的较高的构建筑物（如安全水塔、煤气放散塔）一并列为重点检测对象。为雷雨期间电器设备的正常运行精心做足准备。"

雷电是从何而来？又会带来怎样的危害？我们将采取什么措施来进行防雷呢？本情境内容，我们一起来寻求答案。

学习目标

技能目标 ☞

防雷系统设计与安装技能：学生能够根据建筑物类型和需求，设计适当的防雷系统，包括闪电保护装置、避雷针等，同时能够正确安装和调试系统。

接地系统设计与施工技能：学生能够根据建筑物要求，设计合适的接地系统，包括选型、布置和施工，同时能够进行接地测试和验证。

防雷与接地系统维护与检修技能：学生能够定期检查和维护防雷与接地系统，包括设备检查、替换和修理，确保系统的可靠性和效能。

知识目标 ☞

雷电特性和防护原理：学生能够了解雷电的形成与特点，理解防雷系统的工作原理，包括闪电保护装置的作用和接地系统的功能。

防雷与接地系统组成要素：学生能够了解防雷系统中的主要组成部分，包括避雷针、避雷器、接闪器等，了解接地系统的构成和设计原则。

防雷与接地系统标准与规范：学生能够熟悉有关防雷与接地系统的国家标准和规范，了解相关设计、施工与维护的要求。

素质目标 ☞

安全意识与责任感：培养学生对防雷与接地系统安全的敏感性和责任感，自觉遵守相关安全规范，重视系统的日常维护和检修工作，确保人员和设备的安全。

创新与解决问题能力：培养学生在实际工作中发现问题、解决问题的能力，通过创新思维和技术手段不断提高防雷与接地系统的效能和可靠性。

团队合作与沟通能力：培养学生与他人合作、协调工作的能力，提高团队合作和沟通的技巧，共同维护防雷与接地系统的安全运行。

学习单元 16 雷电与防雷保护

16.1 雷电产生原因

雷电是带电云层（雷云）与建筑物、其他物体、大地或防雷装置之间发生的迅猛放电现象。

地面湿气受热上升，或空气中不同冷、热气团相遇，凝成水滴或冰晶，形成积云。积云在运动中摩擦使电荷发生分离，形成积聚

视频：雷电形成与危害

大量电荷的雷云。当雷云的电场强度达到足够大时将引起雷云中的内部放电，或雷云间的强烈放电，或雷云对大地、其他物体间放电，即雷电（见图5－1）。

图5－1　雷电

16.2　雷电危害

在电力系统中，雷电是主要的自然灾害之一，可能造成建筑物和设备损坏、停电、火灾、爆炸，也可能危及人身安全。

（1）火灾和爆炸。

直击雷放电的高温电弧、二次放电、巨大的雷电流、球雷侵入可直接引起火灾和爆炸；冲击电压击穿电气设备的绝缘等可间接引起火灾和爆炸（见图5－2）。

图5－2　雷电导致爆炸

（2）触电。

雷电对人体放电、二次放电、球雷打击、雷电流产生的接触电压和跨步电压可直接使人触电；电气设备绝缘因雷击而损坏也可使人遭到电击。

（3）设备和设施毁坏。

雷击产生的高电压、大电流可对电气装置和建筑物及其他设施造成毁坏；电力设备或电力线路遭破坏可能导致大规模停电。

16.3 防雷保护措施

视频：建筑物防雷
等级与措施

（1）室内防雷。

通常雷电侵入室内有3条主要途径：一是从电源线入侵；二是从信号线（如通信线路、电视天线、计算机网络）入侵；三是雷击大地形成的反击。建筑物上的避雷针只能解决建筑物本身的防雷问题，而无法使接通电源的各种电器，尤其具有信号接收功能的电视机、电话机、电脑等免受雷击。因此，在雷雨天，人们应特别重视电器设备的防雷，否则，极有可能给家庭造成不必要的损失。具体地说，夏季室内防雷应注意做好以下几点：

①雷电交加时，勿打手机或有线电话，应在雷电过后再拨打，以防雷电电波沿通信信号入侵，造成人员伤亡。在室内时，切断暂时可以不用的电器设备，不要靠近炉子等带金属的部位，也不要赤脚站在泥地或水泥地上。

②发生雷电时，应关闭电视机、电脑（见图5-3），不能使用电视机的室外天线，若雷电击中电视天线，就会沿电缆线传入室内，威胁电器和人身安全。

图5-3　雷电时关闭电脑

③打雷时，不要开窗户，不要把头或手伸出户外，更不要用手触摸窗户的金属架，以防受到雷击。

④尽可能地关闭各类家用电器，并拔掉电源插头，以防雷电从电源线入侵，造成火灾或人员触电伤亡。

（2）室外防雷。

天空突然阴暗，并伴有闪电时，应尽快躲到有遮蔽的安全地方，装有避雷针的建筑物，或有金属顶的各种车辆，都可以作为避雷场所。如果衣服淋湿，不要靠近潮湿的墙壁。如果在野外遇到雷雨，千万别站在孤立的高楼、电杆、烟囱、房角房檐、大树、高塔、广告牌下躲雨，不要在小型无防雷设施的建筑物、车库、车棚、铁栅栏、金属晒衣绳、架空金属体以及铁路轨道附近停留。不要在河里游泳或划船。

雷雨时，不要骑自行车、摩托车或开拖拉机，不要把带金属的东西扛在肩上。遇到雷电时，不要几个人拥挤成堆，人与人不要相互接触，以防电流互相传导。不要在户外打手机。

（3）电气工作人员防雷。

由于雷电可能对人造成致命的电击，根据雷电触电事故分析，《电业安全工作规程》规定：电气运行人员必须注意雷电触电的防护问题，以保护人身安全。

①雷暴时，发电厂变电所的工作人员应尽量避免接近容易遭到雷击的户外配电装置。在进行巡回检查时，工作人员应按规定的线路进行。在巡视高压屋外配电装置时，工作人员应穿绝缘鞋，并不得靠近接闪杆和防雷器。

②雷电时，工作人员禁止在室外和室内的架空引入线上进行检修和试验工作，若正在做此类工作，应立即停止，并撤离现场。

③雷电时，工作人员应禁止屋外高空检修、试验工作，禁止户外高空带电作业及等电位工作。

④对输配电线路的运行和维护人员，雷电时，禁止进行倒闸操作和更换熔断器的工作。

⑤雷暴时，非工作人员应尽量减少外出。如果外出工作遇到雷暴时，工作人员应停止高压线路上的工作。

学习单元 17　建筑物防雷装置的组成

17.1　建筑物防雷装置的组成

建筑物的防雷保护分为室外防雷保护和室内防雷保护两类。室外防雷保护的目的是为了防止建筑物着火和击坏建筑结构。室内防雷保护的目的，则是注意保护人员和室内设施的安全，特别是电气装置和电子设备等。

1. 室外防雷装置

室外防雷保护装置，如避雷针、避雷带和避雷网等，可以直接安装在被保护的建筑物上，也可以在被保护的建筑物上面或近旁设置一个独立的屏蔽系统。前一种情况下，必须同时采用内部保护措施，而在后一种情况下，内部保护措施可以简化或完全不考虑，尤其是不用考虑相邻部件的保护。

视频：建筑物防雷系统

（1）接闪装置。

装在建筑物最高处的接闪装置，必须露在建筑物外面，可以是避雷针、避雷线、避雷带或避雷网，也有将几种形式结合起来使用的。

1）避雷针。

1750 年，美国富兰克林发明避雷针，是至今仍广泛应用的接闪装置（见图 5-4）。

避雷针用镀锌圆钢或镀锌钢管制成的尖形金属杆，竖立在建筑物的最高点，保护的范围是以针顶点向下作与针成45°夹角的正圆锥体的空间。若需扩大保护的范围，可以用两支或更多支的避雷针联合起来使用。

图 5 - 4　富兰克林避雷针

2）避雷线。

避雷线用悬挂在空中的接地导线作接闪装置，主要用来保护线路，保护范围可用模拟实验或根据经验确定。

3）避雷带和避雷网。

避雷带和避雷网是用覆盖在建筑物高耸部分、屋顶或其边缘的金属带或金属网格作为接闪装置。高度超过 20～30 m 的建筑物容易受到雷电的侧击和斜击，采用避雷带或避雷网效果较好。

（2）引下线。

防雷装置的引下线应满足机械强度、耐腐蚀和热稳定的要求，一般采用圆钢或扁钢，尺寸和腐蚀要求与避雷带相同。若用钢绞线，引下线截面不应小于 25 mm^2；若用铜导线，其截面不小于 16 mm^2。

引下线应沿建筑物外墙敷设，并经最短途径接地。引下线建筑物有特殊要求时，可以暗设引下线，但截面应加大一级。建筑物的金属构件（如消防梯等）可用做引下线，但所有金属构件之间均应连成电气通路。采用多根引下线时，为了便于测量接地电阻和检验引下线、接地线的连接情况，应在各引下线距地高约 1.8 m 处设置断接卡。在易受机械损坏的地方，地面 1.7 m 至地下 0.3 m 的一段引下线和接地线，应加竹管、角钢或钢管保护。采用角钢或钢管保护时，应与引下线连接起来，以减少通过雷电流量的阻抗。互相连接的接闪杆、接闪网、接闪带或金属屋面的接地引下线，一般不应少于两根。

（3）接地装置。

接地装置是防雷装置的重要组成部分，作用是向大地泄放雷电流，限制防雷装置的对地电压，使电压不致过高。

防雷接地装置与一般接地装置的要求基本相同，但所用材料的最小尺寸应稍大于其他接地装置的最小尺寸。采用圆钢的接地装置时最小直径为 10 mm；扁钢的最小厚度为 4 mm，最小截面为 100 mm²；角钢的最小厚度为 4 mm；钢管最小壁厚为 3.5 mm。除独立接闪杆外，在接地电阻满足要求的前提下，防雷接地装置可以和其他接地装置共用。

为了防止跨步电压伤人，防直击雷接地装置距建筑物出入口和人行道边的距离不应小于 3 m，距电气设备接地装置要求在 5 m 以上，工频接地电阻一般不大于 10 Ω。如果防雷接地与保护接地合用接地装置时，接地电阻不应大于 1 Ω。

2. 室内防雷装置

内部防雷装置主要用来减小建筑物内部的雷电流及电磁效应，若采用电磁屏蔽、等电位连接和装设电涌保护器（SPD）等措施，防止雷击电磁脉冲可能造成的危害。

（1）等电位连接。

等电位连接是将分开的金属物体采用金属导线进行电气连接。具体做法是将电气和电子设备的金属外壳、机柜、机架、金属管（槽）、屏蔽线缆外层、防静电接地、安全保护接地和电涌保护器接地端等，以最短的距离与等电位接地端子连接。过长的连接导线将构成较大的环路面积会增大对防雷空间内雷电电磁脉冲（LEMP）的耦合概率，从而增大 LEMP 的干扰度。等电位连接在建筑物防雷设计、评估、检测或验收中一般分为建筑物等电位、建筑物电子系统和电气系统等电位。

（2）电涌保护器。

电涌保护器是用于限制瞬态过电压和泄放电涌电流的装置，至少应包含一个非线性元件（见图 5 - 5）。电涌保护器中的非线性元件只能并联安装在被保护设备端，通过泄放电涌电流、限制电涌电压来保护电子设备。

（3）屏蔽。

电子系统所处的防雷区宜进行磁场强度的衰减计算，根据计算结果采用相应的屏蔽措施。屏蔽措施包括外部屏

图 5 - 5　电涌保护器

蔽措施、内部屏蔽、合理布线及线路屏蔽。这些措施应联合使用，使雷击产生的电磁场向内层层衰减，最终达到信息技术设备（ITE）在耐磁场强度值以下。

17.2　建筑物防雷装置作用原理

依据 GB 50057—2010《建筑物防雷设计规范》，避雷装置的基本原理是让由地球大气层中雷云感应的电荷及时地通过接闪器、引下线和接地装置引入地球表面，将电荷减低或者中和，避免电荷过分的积累而引发巨大的雷电击中事故，从而保护可能被雷电击中的建筑物或构筑物等。

在雷电发生时，接闪器能吸引雷电的放电通道，将雷电电荷通过引下线和接地装置

主动地导入地球大地中，避免因雷电产生的巨大电流对建筑、设备、人及其他构筑物造成破坏或伤害。

避雷针是避雷装置中接闪器最常见的一种方式，工作原理是利用尖端放电现象。在雷雨天气，高楼或者较高的构筑物上空出现带电云层时，避雷针以及建筑物等上空会被感应大量电荷。由于静电感应时，导体尖端总是会聚集最多的电荷，所以，避雷针的尖端会聚集大部分的电荷。避雷针与这些带电云层形成一个电容器，由于电容器较尖，即这个电容器的两极板正对面积很小，所以电容就很小，也就是说电容器能容纳的电荷很少。但是电容器聚集了大部分的电荷，所以，当云层上电荷较多时，避雷针与云层之间的空气很容易被击穿，成为导体。带电云层与避雷针形成通路，从而使带电云层通过避雷针、引下线、接地装置与地球表面形成闭合回路，带电云层上的电荷通过避雷装置导入大地中和，使电荷不对建筑物或构筑物等构成危险。

17.3 建筑物防雷装置检测

1. 接闪器检测

（1）检查接闪器与建筑物顶部外露的其他金属物的电气连接，与避雷引下线电气连接。

（2）检查接闪器的位置是否正确，焊接固定的焊缝是否饱满无遗漏，螺栓固定的应备帽等防松零件是否齐全，焊接部分补刷的防腐油漆是否完整，接闪器是否锈蚀。检查避雷带是否平正顺直，固定点支持件是否间距均匀、固定可靠，避雷带支持件间距是否符合水平直线距离不小于 0.5 ~ 1.5 m。每个支持件能否承受 49 N（5 kg）的垂直拉力。

（3）检查避雷网的网格尺寸是否符合规范标准要求，以及检查建筑物的接闪器（网、线）与风帽、放散管之间的距离是否符合规定。

（4）检测时，用经纬仪或测高仪和卷尺测量接闪器的高度、长度和建筑物的长、宽、高，根据建筑物防雷类别用滚球法计算保护范围。

（5）检测时，测量接闪器的规格尺寸。

（6）检查接闪器上有无附着其他电气线路。

（7）检测时，检查建筑物高于所选滚球半径对应高度以上时，应采取防侧击保护措施。

2. 引下线的检测

（1）检查专设引下线位置是否正确。

（2）焊接固定的焊缝是否饱满无遗漏，焊接部分补刷的防锈是否完整，专设引下线界面是否腐蚀1/3以上。

（3）检查明敷引下线是否平正顺直、无急弯，卡钉是否分段固定。

（4）引下线固定支架间距均匀，是否符合水平或垂直直线部分 0.5～1 m，弯曲部分 0.3～0.5 m 的要求，每个固定支架应能承受 49 N 的垂直拉力。

（5）检查专设引下线、接闪器和接地装置的焊接处是否锈蚀，油漆是否有遗漏及近地面的保护设施。

（6）检查专设引下线上有无附着的电气和电子线路。测量专设引下线与附近电气和电子线路的距离是否符合技术规范要求。

（7）检查专设引下线的断接卡的设置是否符合防雷技术规范的规定。测量接地电阻时，每年至少断开一次断接卡。专设引下线与环形接地体相连，测量接地电阻时，不可断开断接卡。

（8）检查专设引下线近地面易受机械损伤处的保护是否符合防雷技术规范的要求。

（9）采用仪器测量专设引下线接地端与接地体的电气连接性能，过渡电阻不应大于 0.2 Ω。

（10）检查时，除上述检测项目外，还应检查：

视频：接地电阻的测量

①引下线的隐蔽工程记录。

②应用卷尺测量相邻两根专设引下线的距离，记录专设引下线布置的总根数，每根专设引下线为一个检测点，按顺序编号检测。

③应用游标卡尺测量每根专设引下线的规格尺寸。

3. 接地装置的检测

接地装置的检测主要包括两个部分：一部分是接地装置的检查，另一部分是接地装置的测量。关于这两个部分的检测数据应准确全面地记录在检测报告中，为判断接地系统是否需要维修提供依据。

动画：接地电阻的测量

（1）接地装置的检查。

对接地装置进行检查主要包括 4 个部分：

①主要首先检查关于隐蔽工程的相关记录和接地装置的全部图纸，确定接地装置的设计合理。然后，详细检查接地体的布置形状、接地深度和埋设间距，保证实际的工程施工与图纸的一致性。最后，对接地装置的连接方法、材质、结构、防腐处理和安装位置进行检查，确保达到规定的指标。

②对共用接地装置进行检查。所谓的共用接地系统，通常由两个或两个以上的地网组成。对共用接地装置进行检查，主要是检查接地装置和地网的连接材料、组成结构、包围面积和网格尺寸。此外，在没有进行等电位连接时，相邻接地体的地中距离也是检查的重点项目。

③主要是对不同接地装置的地中距离的检查。其中，最重要的工作是检查其他独立的接地装置与第一类防雷建筑物的接地装置是否保持足够的地中距离。

④主要是对接地线路进行检查。主要工作是检查接地线路是否正常连接，是否因敷

设管线或挖土方等原因被挖断，填土时是否发生线路沉陷等情况。

（2）接地装置的测量。

接地装置的测量主要包括测量土壤的电阻率、相邻接地体的电气连接、独立接地体的地中距离、接地线的直径、接地电阻 5 个部分。

视频：接地装置的
检查和维护

通常情况下，如果土壤不同，其电阻率也不相同。即使是同一种土壤，由于物理性质和化学性质，如温度、湿度、电解质含量和紧密程度的不同，土壤的电阻率也不相等。其中，对土壤电阻率影响最大的因素是土壤的含水量。在实际的工程中，接地装置经常敷设在不同的土壤中，此时，人们应对土壤的等效电阻率和接地体的有效长度进行分段计算。常用的测量土壤电阻率的方法为四极法，测量公式为 $\rho = 2\pi aR$，式中，ρ 为土壤的电阻率，a 为电极间距，R 为所测的电阻。

对相邻接地体之间的电气连接进行测量，主要目的是判断接地体的类型。若测量的电阻值较小，则相邻接地体电气连通，为共用接地系统；若测量的电阻值偏大，则相邻接地体电气不连通，为独立接地系统。

通常情况下，测量独立接地体的地中距离是对接地体进行首次检测时的重要检测内容之一。对于不同的防雷类别，接地体地中距离的计算公式各不相同，要求规定的最小间距也不相同。

测量接地线直径最常用的工具是游标卡尺。设 h_x 为计算点或被保护物的高度，R_i 为第 i 段接地线的半径，S_{a1} 为第 I 类防雷建筑物的引下线在地上空气中的距离。当 $h_x < 5R_i$ 时，满足式 $S_{a1} \geq 0.4$（$R_i + 0.1h_x$）；当 $h_x \geq 5R_i$ 时，满足式 $S_{a1} \geq 0.1$（$R_i + h_x$）。

接地电阻主要由接地极本身电阻、接电线电阻、散流电阻和接地极表面与土壤的接触电阻 4 部分组成。其中，相对于接地电阻而言，散流电阻和接触电阻极大，是接地电阻的主要组成部分。接地电阻最主要的测量方法是接地电阻仪三极法。

学习单元 18　雷击电磁脉冲的防护

18.1　雷击电磁脉冲的防护规定

在进行防雷设计时，应认真调查地理、地质、气象、环境等条件和雷电活动规律并根据信息系统的性能特点等因素，进行全面规划，综合防治。

气象信息系统的雷击电磁脉冲防护，宜采用雷击风险评估方法，考虑环境因素、系统设备的重要性以及发生雷击灾害后果的严重程度，将信息系统雷击电磁脉冲的防护分为四级，分别采用相应的防护措施。

气象信息系统所在建（构）筑物均应符合 GB 50057《要求安装外部防雷装置》。当一个信息系统设在不需要防直击雷的建筑物内时，即按 GB 50057 规定不属于任意类型防雷建筑物时，若需防雷击电磁脉冲，建筑物宜按 GB 50057—1994 中规定的第三类防雷建筑物采取防直击雷措施。

气象信息系统雷击电磁脉冲的防护技术应采用接闪、分流、屏蔽、等电位连接（含共用接地）、合理布线、过电压和过电流电涌防护等措施进行综合防护。

防雷装置应符合中国气象局规定的使用要求。

18.2　防雷保护区

根据雷击电磁环境的特性，将需要保护和控制雷电电磁脉冲环境的建筑物，从外部到内部划分为不同的防雷防护区（LPZ），并按规定编写序号，如图 5-6、图 5-7 所示。在各个防雷区域的交界处，电磁环境有明显的改变。通常，防雷区域的序号越大，脉冲电磁场强度越小。

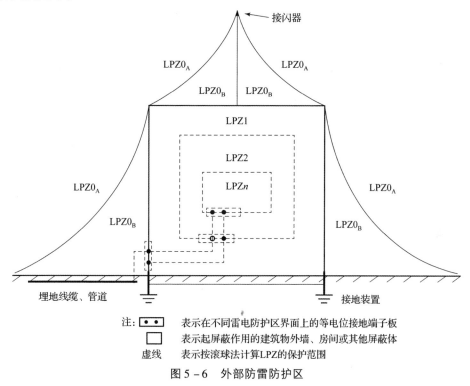

图 5-6　外部防雷防护区

根据 IEC 61312—1 标准，防雷分区的定义：

（1）雷电保护区 $LPZ0_A$（0_A 区）。

0_A 区内的各物体可能遭受直接雷击，同时在区内雷电产生的电磁场能自由传播，没有衰减。

（2）雷电保护区 $LPZ0_B$（0_B 区）。

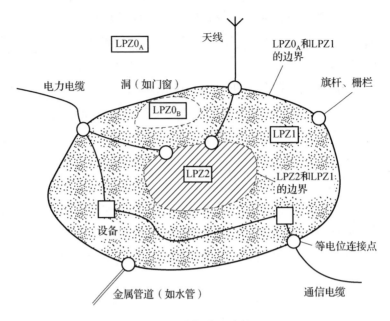

图 5 – 7　内部防雷防护区

0_B 区内的各物体在接闪器保护范围内，不会遭受直接雷击，但区内的雷电电磁场因没有屏蔽装置，雷电产生的电磁场也能自由传播，没有衰减。

（3）雷电保护区 LPZ1（1 区）。

1 区内的各个物体因在建筑内，不会遭受直接雷击，流经各导体的电流比 $LPZ0_B$ 区更小，区内的雷电电磁场可能衰减（雷电电磁场与 $LPZ0_A$、$LPZ0_B$ 区可能不一致），这取决于屏蔽措施。

（4）后续防雷区 LPZn（$n = 2$、3、4 等）。

需要进一步减小流入的电涌电流和雷击电磁场强度时，增设的后续防雷区应划分为 LPZn 后续防雷区。

当金属导线（电源线、信号线等）穿越不同的保护分区时，因电磁感应的作用，会产生较高的过电压，影响室内设备的安全。所以需安装相应的过电压保护器，对设备进行保护。在不同的防护分区，采用的防雷器级别是不同的。同时，需要做相应的等电位处理。

18.3　屏蔽

为减小雷电电磁脉冲在系统内产生的浪涌，宜采用建筑物屏蔽、机房屏蔽、设备屏蔽、线缆屏蔽和线缆合理布设措施，这些措施应综合使用。

建筑物的屏蔽宜利用建筑物的金属框架、混凝土中的钢筋、金属墙

视频：屏蔽

面、金属屋顶等自然金属部件，与防雷装置连接构成格栅型大空间屏蔽。当建筑物自然金属部件构成的大空间屏蔽不能满足机房内电子信息系统电磁环境要求时，应增加机房屏蔽措施。电子信息系统设备主机房宜选择在建筑物低层中心部位，设备应配置在LPZ1 区之后的后续防雷区内，并与相应的雷电防护区屏蔽体及结构柱留有一定的安全距离。

建筑物屏蔽一般利用钢筋混凝土构件内钢筋、金属框架、金属支撑物以及金属屋面板、外墙板及安装龙骨支架等金属体，形成笼式格栅形屏蔽体或板式大空间屏蔽体（见图 5 - 8）。

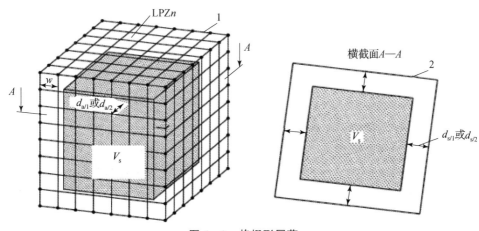

图 5 - 8　格栅形屏蔽

为改善电磁环境，所有与建筑物组合在一起的大尺寸金属物，如屋顶金属表面、立面金属表面、混凝土内钢筋、门窗金属框架等，都应相互等电位联结在一起并与防雷装置相连，但第一类防雷建筑物的独立避雷针及其接地装置除外。

电子设备一般不宜布置在建筑物的顶层，并宜尽量布置于建筑物中心部位等电磁环境相对较好的位置。

为了进一步满足室内 LPZ2 区及以上局部区域的电磁环境要求，如装有特殊电子设备的房间的屏蔽效能要求时，还应在房间墙体内埋入网格状金属材料进行屏蔽，并在门窗孔及通风管孔等孔洞处设置金属屏蔽网；甚至采用由专门工厂制造的金属板装配式屏蔽室以满足特殊电子设备的电磁兼容性（EMC）要求。

屏蔽材料的选择应满足屏蔽效能所要求的电磁特性（相对电导率和相对磁导率）及屏蔽厚度的要求，还应考虑电磁脉冲干扰源频率的影响。

18.4　电涌保护器

电涌保护器是一种用于带电系统中限制瞬态过电压并释放电涌能量的非线性器件，简称 SPD，用以保护电气或电子系统免遭雷电或操作过电压及涌流的损害（见图 5 - 9）。

视频：电涌保护器

图5-9　电涌保护器

（1）分类。

1）按使用的非线性元件的特性分类。

①电压开关型SPD：当无电涌时，SPD呈高阻状态；而当电涌电压达到一定值时，SPD突然变为低阻抗。因此，这类SPD被称为短路开关型，常用的非线性元件有放电间隙、气体放电管、双向可控硅开关管等。电压开关型SPD具有通流容量大的特点，特别适用于$LPZ0_A$区或$LPZ0_B$区与LPZ1区界面处的雷电浪涌保护，且一般宜用"3+1"模式中低压N线与PE线间的电涌保护。

②限压型SPD：当无电涌时，SPD呈高阻抗，但随着电涌电压和电流的升高，阻抗持续下降而呈低阻导通状态。这类非线性元件有压敏电阻、瞬态抑制二极管等，SPD又称箝压型SPD，因其钳位电压水平比开关型SPD要低，故常用于$LPZ0_B$区和LPZ1区及以上雷电防护区域内的雷电过电压或操作过电压保护。

③混合型SPD：将电压开关型元件和限压型元件组合在一起的一种SPD，随所承受的冲击电压特性的不同而分别呈现电压开关型SPD、限压型SPD或同时呈现开关型及限压型两种特性。

④用于通信和信号网络中的SPD除有上述特性要求外，还按内部是否串接限流元件的要求，分为有、无限流元件的SPD。

2）按在不同系统中的不同使用要求分类。

①按用途分为电源系统SPD、信号系统SPD和天馈系统SPD。

②按端口型式和连接方式分为与保护电路并联的单端口SPD及与保护电路串联的双端口（输入、输出端口）SPD，以及适用于电子系统的多端口SPD等。

③按使用环境分为户内型和户外型等。

（2）SPD主要参数及定义。

1）最大持续工作电压U_c：允许持续施加于SPD端子间的最大电压有效值（交流方均根电压或直流电压），其值等于SPD的额定电压。U_c不应低于线路中可能出现的最大连续运行电压。

2）标称放电电流I_n（额定放电电流）：流过SPD的8/20μs波形的放电电流峰值（kA）。

3）冲击电流I_{imp}（脉冲电流）：由电流峰值I_p和总电荷Q所规定的脉冲电流，其波形为 10/350 μs。

4）最大放电电流 I_{max}：通过 SPD 的 8/20 μs 电流波的峰值电流，$I_{max} > I_n$。

5）额定负载电流 I_L：能对双端口 SPD 保护的输出端所连接负载提供的最大持续额定交流电流有效值或直流电流。

6）电压保护水平 U_p：表征 SPD 限制接线端子间电压的性能参数，对电压开关型 SPD 是指规定波度下最大放电电压，对电压限制型 SPD 是指规定电流波形下的最大残压，其值可从优先值列表中选择，值应大于实测限制电压（实测限制电压指对 SPD 施加规定波形和幅值的冲击电压时，在接线端子间测得的最大电压峰值）的最高值，并应与设备的耐压相配合。

7）残压 U_{res}：冲击放电电流通过电压限制型 SPD 时，在端子上所呈现的最大电压峰值，其值与冲击电流的波形和峰值电流有关。U_{res} 是确定 SPD 的过电压保护水平的重要参数。

8）残流 I_{res}：对 SPD 不带负载，施加最大持续工作电压 U 时，流过 PE 接线端子的电流，其值越小则待机功耗越小。

9）参考电压 U_{ref}（1 mA）：指限压型 SPD（如电力系统无间隙避雷器）通过 1 mA 直流参考电流时，其端子上的电压。

10）泄漏电流 I_1：在 $0.75 U_{ref}$（1 mA）直流电压作用下流过限压型 SPD 的漏电流，通常为 μA 级，其值越小则 SPD 的热稳定性越好。为防止 SPD 的热崩溃及自燃起火，SPD 应通过规定的热稳定试验。

11）额定断开续流值 I_f：SPD 本身能断开的预期短路电流，不应小于安装处的预期短路电流值。续流 I_f 是冲击放电电流后，由电源系统流入 SPD 的电流。续流与持续工作电流 I_c 有明显区别。

12）响应时间：从暂态过电压开始作用于 SPD 的时间到 SPD 实际导通放电时刻之间的延迟时间，称为 SPD 的响应时间，其值越小越好。通常限压型 SPD（如氧化锌压敏电阻）的响应时间短于开关型 SPD（如气体放电管）。

13）冲击通流容量：SPD 不发生实质性破坏而能通过规定次数、规定波形的最大冲击电流的峰值。

14）用于信号系统（包括天馈线系统）的 SPD，另有插入损耗、驻波系数、传输速率、频率、带宽等特殊匹配参数的要求。

学习单元 19　防雷接地系统

19.1　建筑物的防雷分类

建筑物应根据重要性、使用性质、发生雷电事故的可能性和后果，按防雷要求分为三类。

动画：建筑物的
防雷措施

第一类防雷建筑物：制造、使用或贮存炸药、火药、起爆药、火工品等大量爆炸物质的建筑物，因电火花而引起爆炸，会造成巨大破坏和人身伤亡者的建筑物等。

第二类防雷建筑物：国家级重点文物保护的建筑物、国家级办公建筑物、大型展览和博览建筑物、大型火车站、国宾馆、国家级档案馆、大型城市的重要给水水泵房等特别重要的建筑物，及对国民经济有重要意义且装有大量电子设备的建筑物等。

第三类防雷建筑物：省级重点文物保护的建筑物，及省级档案馆、预计雷击次数较大的工业建筑物、住宅、办公楼等一般性民用建筑物。

19.2 防雷系统安装方法及要求

属于防雷系统的有避雷网、避雷针、独立避雷针、避雷针引下线等。

（1）避雷网安装。

1）沿混凝土块敷设。

2）沿支架敷设。

（2）避雷针安装。

1）在烟囱上安装。根据烟囱的不同高度，一般安装 1~3 根避雷针，要求在引下线高度离地面 1.8 m 处加断接卡子，并用角钢加以保护，避雷针应热镀锌。

2）在建筑物上安装。避雷针在屋顶上及侧墙上安装应参照有关标准进行施工。避雷针制作应包括底板、肋板、螺栓等的全部重量。避雷针由安装施工单位根据图纸自行制作。

3）在金属容器上的安装。避雷针在金属容器顶上及油罐壁上安装应按有关标准要求进行。

19.3 接地系统安装方法及要求

接地系统包括接地极、户外接地母线、户内接地母线、接地跨接线、构架接地、防静电等。

接地系统常用的材料有等边角钢、圆钢、扁钢、镀锌等边角钢、镀锌圆钢、镀锌扁钢、铜板、裸铜线、钢管等。

（1）接地极制作安装。

接地极制作安装分为钢管接地极、角钢接地极、圆钢接地极、扁钢接地极、铜板接地极等。常用的接地极为钢管接地极和角钢接地极。

1）接地极垂直敷设。

2）接地极水平敷设。接地装置全部采用镀锌扁钢，所有焊接点处均刷沥青。接地电阻应小于 4 Ω，超过时，应补增接地装置的长度。

3）高土壤电阻率地区的降低接地电阻的措施有换土。对土壤进行处理，常用的材料有炉渣、木炭、电石渣、石灰、食盐等；利用长效降阻剂；深埋接地体，岩石以下 5 m；污水引入；深井埋地 20 m。

（2）户外接地母线敷设。

户外接地母线大部分采用埋地敷设。接地线的连接采用搭接焊，其搭接长度是：扁钢为厚度的 2 倍（且至少 3 个棱连焊接）；圆钢为直径的 6 倍；圆钢与扁钢连接时，长度为圆钢直径的 6 倍；扁钢与钢管或角钢焊接时，为了连接可靠，除应在接触部位两侧进行焊接外，还应焊以由钢带弯成的弧形卡子，或直接用钢带弯成弧形（或直角形）与钢管或角钢焊接。回填土时，不应夹有石块、建筑材料或垃圾等。

（3）户内接地母线敷设。

户内接地母线大多是明设，分支线与设备连接的部分大多数为埋设。施工时要符合相关的规范要求。

情境小结

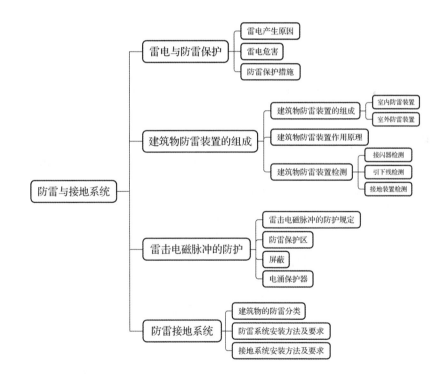

思考与习题

1. 单项选择题

（1）变压器和高压开关柜，防止雷电侵入产生破坏的主要措施是（　　）。

A. 安装避雷器　　　　B. 安装避雷线　　　　C. 安装避雷网

（2）避雷针是常用的避雷装置，安装时，避雷针宜设独立的接地装置，如果在非高电阻率地区，接地电阻不宜超过（　　）Ω。

A. 2　　　　　　　　B. 4　　　　　　　　C. 10

（3）接闪线属于避雷装置中的一种，主要用来保护（　　）。

A. 变配电设备　　　　　　　　　　B. 房顶较大面积的建筑物

C. 高压输电线路

（4）在低压供电线路保护接地和建筑物防雷接地网需要共用时，接地网电阻要求（　　）Ω。

A. ≤2.5　　　　　　　B. ≤1　　　　　　　C. ≤10

2. 多项选择题

（1）《电业安全工作规程》规定：电气运行人员在有雷电时必须（　　）等。

A. 尽量避免屋外高空检修　　　　　B. 禁止倒闸操作

C. 不得靠近接闪杆　　　　　　　　D. 禁止户外等电位作业

（2）每年的初夏雨水季节，是雷电多且事故频繁发生的季节。在雷暴雨天气时，为了避免被雷击伤害，以下是可减少被雷击概率的方法有（　　）。

A. 不要到屋面、高处作业　　　　　B. 不要在野地逗留

C. 不要进入宽大的金属构架内　　　D. 不要到小山、小丘等隆起处

（3）对建筑物、雷电可能引起火灾或爆炸伤及人身伤亡事故，为了防止雷电冲击波沿低压线进入室内，可采用以下（　　）措施。

A. 全长电缆埋地供电，入户处电缆金属外皮接地

B. 架空线供电时，入户处装设阀型避雷器，铁脚金属接地

C. 变压器采用隔离变压器

D. 架空线转电缆供电时，在转接处装设阀型避雷器

3. 简答题

（1）一套完整的避雷装置包括哪些部分？

（2）雷电的危害主要有哪些？

学习评价

学习情况测评量表									
序号	内容	采取形式	自评得分（50分，每项10分）	测试得分（50分，每项10分）	学习效果				结论及建议
					好	一般	较好	较差	
1	学习目标达成情况		（　　）分						
			（　　）分						
			（　　）分						
2	重难点突破情况		（　　）分						
			（　　）分						
3	知识技能的理解应用			（　　）分					
4	知识技能点回顾反思			（　　）分					
5	课堂知识巩固练习			（　　）分					
6	思维导图笔记制作			（　　）分					
7	思考与习题			（　　）分					

备注："学习效果"一栏请用"√"在相应表格内记录。采取形式：可以根据实际情况填写，如笔记、扩展阅读、案例收集分析、课后习题测试、课后作业、线上学习等。

学习情境六
电气防火防爆

 情境导入

全国首个电气火灾防控实验室在深圳成立

央广网深圳 2022 年 7 月 6 日消息：

7 月 6 日，广东省深圳市消防救援支队与深圳供电局举行深圳电气火灾防控实验室揭牌仪式。深圳市消防救援支队支队长王帅、深圳供电局董事长汤寿泉出席仪式并致辞（见图 6 - 1、图 6 - 2）。

图 6 - 1　揭牌

该实验室是全国首个消防与供电部门联合成立的电气火灾防控实验室，它标志着深圳市电气火灾综合治理掀开了新的一页。

双方将发挥在火灾科学和电气工程方面的专业优势，探索电气火灾发生规律，复盘电气火灾案例，为电气火灾预警防控提供科学依据，填补在电气火灾风险评估与电气监测预警、电气火灾警情研判与响应和电气大数据调查等关键技术研究空白，实现"产、学、研、用"的深度融合，走出一条具有"双区"特色的电气火灾防控道路。

图 6 - 2 揭牌仪式现场

双方表示将以电气火灾防控实验室的联合创立为契机，强化深度合作，通过开展城中村电气火灾综合治理示范工程，打造城中村社会多元治理工作联动机制，以"试验＋实战"的方式，助力夯实消防安全底线；通过强强联合、优势互补，推动建立并培育集业务应用、成果转化、示范展示与人才培养为一体的创新体系，将实验室建设成为全国领先、具有原始创新能力的研究基地和人才培养基地；围绕电气火灾防范、电气产品研发、电气火灾事故调查等方面形成一批研究性成果，共同发布年度《电气火灾监测装置效能分析白皮书》，为深圳、粤港澳大湾区乃至国家的电气消防安全发展做好创新突破和先行示范。

从以上的案例中，我们能知道电气防火防爆中需要注意哪些安全措施？电气火灾防控实验室的研究性成果和应用有哪些？在我们实际应用中有哪些所面临的困难和挑战，以及如何解决这些问题呢？本情境内容我们一起寻找答案。

学习目标

技能目标 ☞

电气火灾风险评估与分析技能：学生能够辨识电气系统中的火灾风险，并进行风险评估和分析，确定相应的防护措施。

防火措施实施技能：学生能够根据风险评估结果，制定并落实适宜的防火措施，如选择防火材料、建立防火隔墙等。

防爆装置选用与维护技能：学生能够正确选择适用的防爆装置，如防爆开关、防爆灯具等，并能定期维护和检修这些装置。

知识目标 ☞

火灾和爆炸的原因和机理：学生能够理解火灾和爆炸发生的原因和机理，包括电弧、电火花的形成过程和可燃物质的特性。

防火防爆法规和标准：学生能够熟悉相关的防火防爆法规和标准，包括国家和行业的安全标准，了解相关规定和要求。

防火防爆设备和材料：学生能够了解常用的防火防爆设备和材料，包括防爆开关、防爆配电箱、防爆灯具等的分类和应用。

素质目标 ☞

安全意识和责任感：培养学生对电气防火防爆安全的意识和责任感，自觉遵守安全操作规程，重视风险评估和防护措施的实施。

创新能力和问题解决能力：培养学生在电气防火防爆领域发现问题、解决问题的能力，鼓励创新思维和方法，提高防火防爆措施的有效性。

团队合作和沟通能力：培养学生与他人合作、协作的能力，加强团队合作和沟通的技巧，共同维护电气安全和防火防爆工作的顺利进行。

学习单元 20　电气火灾及预防

火灾和爆炸是事故的两大重要类别，可以造成重大的人员伤亡和巨额经济损失。而电气火灾和爆炸事故占有很大的比例。据统计表明，电气原因引起的火灾和爆炸事故，在整个火灾爆炸事故中仅次于明火，必须认真对待。因此从安全生产角度来讲，电气防火、防爆具有十分重要的地位。

视频：电气火灾的预防

一般来说，各种电气设备在一定的环境条件下都有引发火灾和爆炸危险的可能。所以我们不但要学习电气设备的工作原理、安装和维修技术，还要了解产生火灾和爆炸事故的原因和条件，并掌握预防措施，才能确保安全。

20.1　电气火灾形成机理

电气火灾和爆炸在火灾、爆炸事故中占有很大的比例，如线路、电动机、开关等电气设备都可能引起火灾。变压器等带油电气设备除了可能发生火灾，还有爆炸的危险。

为了防止电气火灾和爆炸，首先应当了解电气火灾和爆炸的原因。电气线路、电动机、油浸电力变压器、开关设备、电灯、电热设备等不同电气设备，由于结构、运行各有特点，引发火灾和爆炸的危险性和原因也各不相同。但总的来看，除设备缺陷、安装不当等设计和施工方面的原因外，在电气设备运行中，电流的热量和火花或电弧是引发火灾和爆炸的直接原因。

（1）危险温度。

危险温度是电气设备过热造成的，而电气设备过热主要是由电流的热量造成的。导体的电阻虽然很小，但电阻是客观存在的。因此，电流通过导体时要消耗一定的电能。

电气设备运行时会发热。但是，正确设计、施工、运行的电气设备稳定运行时，即发热与散热平衡时，最高温度和最高温升（即最高温度与周围环境温度之差）不会超过允许范围。

电气设备正常的发热是允许的。但当电气设备的正常运行遭到破坏时，发热量增加，温度升高，在一定条件下可能引起火灾。

引起电气设备过度发热的不正常运行大体包括以下几种情况。

1）短路。

发生短路时，线路中的电流增加为正常运行时的几倍甚至几十倍，而产生的热量与电流的平方成正比，使得温度急剧上升。当温度达到可燃物的自燃点，即引起燃烧，从而可以导致火灾。

由于电气设备的绝缘老化变质，或受到高温、潮湿或腐蚀的作用而失去绝缘能力，可能引起短路事故，例如把绝缘导线直接缠绕、钩挂在铁钉或其他金属导体物件上，因为长时间的磨损腐蚀，很容易破坏导线的绝缘层从而造成短路。

由于在设备的安装检修过程中，操作不当或工作疏忽，可能使电气设备的绝缘受到机械损伤、接线和操作错误而形成短路。相线与零线直接或通过机械设备金属部分短路时，会产生更大的短路电流而加大危险性。

由于雷击等过电压的作用，电气设备的绝缘可能被击穿而造成短路。小动物、生长的植物侵入电气设备内部，导电性粉尘、纤维进入电气设备内部沉积，或电气设备受潮等都可能造成短路。

2）过载。

过载会引起电气设备过热，造成过载的情况大体上有如下三种：

①设计选用线路设备不合理，或没有考虑适当的余量，以致在正常负载下出现过热。

②使用不合理，即管理不严、乱拉乱接造成线路或设备超负荷工作，或连续使用时间过长导致线路或设备的运行时间超出设计承受极限，或设备的工作电流、电压或功率超过设备的额定值等。

③设备故障运行会造成设备和线路过负载，如三相电动机缺一相运行或三相变压器不对称运行。

3）接触不良。

接触部位是电路中的薄弱环节，是发生过热的一个重点部位。

不可拆卸的接头连接不牢、焊接不良或接头处混有杂质，会增加接触电阻而导致接头过热。可拆卸的接头连接不紧密或由于振动而松动会导致接头过热，这种过热在大功率电路中，表现得尤为严重。

电气设备的活动触头，如刀开关的触头、接触器的触头、插式熔断器（插保险）的触头、插销的触头、滑线变阻器的滑动接触处等，如果没有足够的接触压力或接触表面粗糙不平，均可能增大接触电阻，导致过热而产生危险温度。由于各种导体间的物理、化学性质差异，不同种类的导体连接处极容易产生危险温度，如铜和铝电性不同，铜铝接头易因电解作用而腐蚀从而导致接头处过热。由于电气设备接地线接触不良或未接地，导致漏电电流集中在某一点引起严重的局部过热，产生危险温度。

4）铁芯发热。

变压器、电动机等设备的铁芯，若因为铁芯绝缘损坏或长时间超电压，涡流损耗和磁滞损耗增加而过热，产生危险温度。带有电动机的电气设备，如果轴承损坏或被卡住，造成停转或堵转，会产生危险温度。

5）散热不良。

各种电气设备在设计和安装时应考虑有一定的散热或通风措施，如果这些措施受到破坏，即造成设备过热，如油管堵塞、通风道堵塞或安装位置不好，会使散热不良，造成过热。

日常生活的家用电器，如电磁炉、白炽灯泡外壳、电熨斗灯表面有很高的温度，若安装或使用不当，可能引起火灾。

（2）电火花和电弧。

电火花是电极间的击穿放电，电弧是大量的电火花汇集成的。一般电火花的温度很高，特别是电弧，温度可达 3 000 ~ 6 000 ℃，因此，电火花和电弧不仅能引起可燃物燃烧，还能使金属熔化、飞溅，构成危险的火源。在有爆炸危险的场所，电火花和电弧是十分危险的因素。在日常生产和生活中，电火花很常见。电火花大体包括工作火花和事故火花两类。

工作火花是指电气设备正常工作过程中产生的火花，如直流电机电刷与整流子滑动接触处、交流电机电刷与滑环滑动接触处电刷后方的微小火花，开关或接触器开合时的火花，插销拔出或插入时的火花等。

事故火花包括线路或设备发生故障时出现的火花，如电路发生故障，保险丝熔断时产生的火花；导线过松导致短路或接地时产生的火花。事故火花还包括外来原因产生的火花，如雷电火花、静电火花、高频感应电火花等。

灯泡破碎时瞬时温度达 2 000 ~ 3 000 ℃ 的灯丝有类似火花的危险作用。电动机转子和定子发生摩擦（扫膛）或风扇与其他部件碰撞产生的火花，属于机械性质火花，同样可以引起火灾爆炸事故，也应加以防范。

电气设备本身，除断路器可能爆炸，电力变压器、电力电容器、充油套管等充油设备可能爆裂外，一般不会出现爆炸事故。但当电气设备的周边环境如下时，可能由于电弧、电火花引发空间爆炸：

①周围空间有爆炸性混合物，在危险温度或火花作用下引发空间爆炸。

②充油设备的绝缘油在电弧作用下分解和汽化，喷出大量油雾和可燃气体，引发空间爆炸。

③发电机氢冷装置漏气、酸性蓄电池排出氢气等，形成爆炸性混合物，由电弧、火花引发空间爆炸。

20.2 电气火灾爆炸防护措施

（1）火灾爆炸危险环境电气设备的选用。

在火灾爆炸危险环境使用的电气设备运行过程中，必须具备不引燃周围爆炸性混合物的性能。满足要求的电气设备有隔爆型、增安型、本质安全型、正压型、充油型、充砂型、无火花型、浇封型、粉尘防爆型和防爆特殊型等。

1）隔爆型电气设备。

隔爆型电气设备具有隔爆外壳的电气设备，把能点燃爆炸性混合物的部件封闭在外壳内，外壳能承受内部爆炸性混合物的爆炸压力，并阻止周围的爆炸性混合物传爆。

2）增安型电气设备。

在正常运行条件下，增安型电气设备不会产生点燃爆炸性混合物的火花或危险温度，并在结构上采取措施，提高安全程度，以避免在正常和规定过载条件下出现点燃现象。

3）本质安全型电气设备。

在正常运行或在标准试验条件下，本质安全型电气设备所产生的火花或热效应均不能点燃爆炸性混合物。

4）正压型电气设备。

正压型电气设备具有保护外壳，且壳内充有保护气体，全部压力或某些带电部件浸在油中，不能点燃油面以上或外壳周围的爆炸性混合物。

5）充油型电气设备。

充油型电气设备全部或某些带电部件浸在油中，不能点燃油面以上或外壳周围的爆炸性混合物。

6）充砂型电气设备。

充砂型电气设备外壳内充填细颗粒材料，以便在规定使用条件下，外壳内产生的电弧、火焰传播，壳壁或颗粒材料表面的过热温度，均不能点燃周围的爆炸性混合物。

7）无火花型电气设备。

在正常运行时，无火花型电气设备不会出现电弧或火花，也不产生能点燃周围爆炸性混合物的高温表面或灼热点，一般不会产生有点燃爆炸性混合物作用的故障。

8）浇封型电气设备。

浇封型电气设备整台设备或其中的某些部分浇封在浇封剂中，在正常运行和认可的过载或故障下，不能点燃周围的爆炸性混合物。

9）粉尘防爆型电气设备。

为了防止爆炸性粉尘进入设备内部，粉尘防爆型电气设备外壳的接合面应紧固严密，

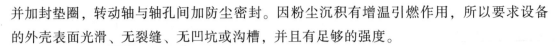

并加封垫圈，转动轴与轴孔间加防尘密封。因粉尘沉积有增温引燃作用，所以要求设备的外壳表面光滑、无裂缝、无凹坑或沟槽，并且有足够的强度。

10）防爆特殊型电气设备。

防爆特殊型电气设备指结构不属于上述各种类型的防爆电气设备，由主管部门制定暂行规定，送劳动部门备案，并经指定的鉴定单位检验后，按特殊电气设备 S 型处置。

在爆炸危险区域，应按危险区域的类别和等级，并考虑到电气设备的类型和使用条件，按表 6－1～表 6－6 选用相应的电气设备。

表 6－1　旋转电机防爆结构的选型

电气设备	爆炸危险区域						
	1 区			2 区			
	隔爆型	正压型	增安型	隔爆型	正压型	增安型	无火花型
鼠笼型感应电动机	○	○	△	○	○	○	○
绕线型感应电动机	△	△		○	○	○	×
同步电动机	○	○	×	○	○	○	○
异步电动机	△	△		○	○		
电磁滑差离合器（无电刷）	○	△	×	○	○	○	△
注：○——适用；△——慎用；×——不适用							

①绕线型感应电动机及同步电动机采用增安型时，主体是增安型防爆结构，发生电火花的部分是隔爆或正压型防爆结构。

②无火花型电动机在通风不良及室内具有比空气密度大的易燃物质区域内慎用。

表 6－2　低压变压器类防爆结构的选型

电气设备	爆炸危险区域						
	1 区			2 区			
	隔爆型	正压型	增安型	隔爆型	正压型	增安型	无火花型
变压器（包括启动用）	△	△	×	○	○	○	○
电抗线圈（包括启动用）	△	△	×	○	○	○	○
仪表用互感器	△		×	○		○	○
注：○——适用；△——慎用；×——不适用							

表6-3 低压开关和控制器类防爆结构的选型

电气设备	爆炸危险区域										
	0区	1区					2区				
	本质安全型（ia）	本质安全型（ia、ib）	隔爆型（d）	正压型（p）	充油型（o）	增安型（e）	本质安全型（ia、ib、ic）	隔爆型（d）	正压型（p）	充油型（o）	增安型（e）
刀开关、熔断器			○					○			
熔断器			△					○			
控制开关按钮	○	○	○		○		○	○		○	
电抗启动器和启动补偿器			△				○				
启动用金属电阻器			△	△		×		○	○		○
电磁阀用电磁铁			○			×		○			○
电磁摩擦制动器			△			×		○			○
操作箱、柱			○	○				○	○		△
控制盘			△	△				○	○		
配电盘			△					○			

注：○——适用；△——慎用；×——不适用

①电抗启动器和启动补偿器采用增安型时，指将防爆结构的启动运转开关操作部件与增安型防爆结构的电抗线圈或单绕组变压器组成一体的结构。

②电磁摩擦制动器采用隔爆型时，指将制动片、滚筒等机械部分装入隔爆壳体内。

③在2区内电气设备采用隔爆型时，指除隔爆型外，也包括火花部分为隔爆结构而外壳为增安型的混合结构。

表6-4 灯具类防爆结构的选型

电气设备	爆炸危险区域			
	1区		2区	
	隔爆型（d）	增安型（e）	隔爆型（d）	增安型（e）
固定式灯	○	×	○	○
移动式灯	△		○	

续表

电气设备	爆炸危险区域			
	1 区		2 区	
	隔爆型（d）	增安型（e）	隔爆型（d）	增安型（e）
便携式电池灯	○		○	
指示灯类	○	×	○	○
镇流器	○	△	○	○
注：○——适用；△——慎用；×——不适用				

表6-5 信号、报警装置等电气设备防爆结构的选型

电气设备	爆炸危险区域								
	0 区		1 区				2 区		
	本质安全型（ia）	本质安全型（ia、ib）	隔爆型（d）	正压型（p）	增安型（e）	本质安全型（ia、ib、ic）	隔爆型（d）	正压型（p）	增安型（e）
信号、报警装置	○	○	○	○	×	○	○	○	○
插接装置			○				○		
接线箱（盒）			○		△		○		○
电气测量仪表			○	○	×		○	○	○
注：○——适用；△——慎用；×——不适用									

表6-6 粉尘防爆电气设备的选型

粉尘种类		危险场所	
		10 区	11 区
爆炸性粉尘		DT	DT
可燃性粉尘	导电粉尘	DT	DT
	非导电粉尘	DT	DT
注：粉尘爆炸电气设备外壳按限制粉尘进入设备的能力分为两类： 尘密外壳：外壳防护等级为IP6X，标志为DT 防尘外壳：外壳防护等级为IP5X，标志为DP			

在爆炸危险区域选用电气设备时，应尽量将电气设备（包括电气线路），特别是在运行时能发生火花的电气设备（如开关设备），装设在爆炸危险区域之外。若必须装设在爆炸危险区域内，应装设在危险性较小的地点。如果与爆炸危险场所隔开，可选用较低等级的防爆设备，乃至选用一般电气设备。

在爆炸危险区域采用非防爆型电气设备时，应采取隔墙机械传动。安装电气设备的房间，应采用非燃体的墙和危险区域隔开。穿过隔墙的传动轴应有填料或等同效果的密封措施。安装电气设备房间的出口应通向既无爆炸又无火灾危险的区域，若必须与危险区域相通时，则采取正压措施。

在火灾危险区域，应根据区域等级和使用条件，按表6-7选用电气设备。

表6-7　火灾危险区域电气设备防护结构的选型

电气设备		火灾危险区域		
		21 区	22 区	23 区
电机	固定安装	IP44	IP54	IP21
	移动式、携带式	IP54		IP54
电气和仪表	固定安装	充油型 IP54 IP44	IP54	IP44
	移动式、携带式	IP54		IP44
照明灯具	固定安装	IP2X	IP5X	IP2X
	移动式、携带式			
配电装置		IP5X		
接线盒				

注：
①在火灾危险环境21区内固定安装的正常运行时有滑环等火花部件的电机，不宜采用IP44结构
②在火灾危险环境23区内固定安装的正常运行时有滑环等火花部件的电机，不宜采用IP21结构，而应采用IP44型
③在火灾危险环境21区固定安装的正常运行时有火花部件的电气和仪表，不宜采用IP44型
④移动式和携带式照明灯具的玻璃罩，应由金属网保护
⑤防护等级的标识应符合GB 4208—2008《外壳防护等级（IP代码）》的规定

（2）电气线路选择。

在危险区域使用的电力电缆或导线，除应遵守一般安全要求外，还应符合防火防爆要求。在火灾爆炸危险区域使用铝导线时，接头和封端应采用压接、熔接或钎焊。当与电气设备（照明灯具除外）连接时，应采用铜铝过渡接头。在火灾爆炸危险区域使用的绝缘导线和电缆，额定电压不得低于电网的额定电压，且不能低于500 V，电缆线路不应有中间接头。在爆炸危险区域采用铠装电缆，应有足够的机械强度。在架空桥架上敷设

时应采用阻燃电缆。爆炸危险区域，电缆配线技术要求列于表6-8中，供选用时参考。

表6-8 爆炸危险环境电缆和绝缘导线线芯最小截面

爆炸危险环境	铜/mm²			铝/mm²		
	电力	控制	照明	电力	控制	照明
1区	2.5	2.5	2.5	X	X	X
2区	1.5	1.5	1.5	4	X	2.5
10区	2.5	2.5	2.5	X	X	X
11区	1.5	1.5	1.5	2.5	2.5	2.5
注：表中符号"X"表示不适用						

电气线路的敷设方式、路径，应符合设计规定，当设计无明确规定时，应符合下列要求：

①电气线路，应在爆炸危险性较小的环境或远离释放源的地方敷设。

②当易燃物质密度大于空气密度时，电气线路应在较高处敷设；当易燃物质比空气轻时，电气线路宜在较低处或电缆沟敷设。架空时宜采用电缆桥架，电缆沟敷设时应充砂，并有排水设施；装置内的电缆沟，应有防止可燃气体积聚或含有可燃液体污水进入沟内的措施。电缆沟通入变配电室、控制室的墙洞处，应严格密封。

③当电气线路沿输送可燃气体或易燃液体的管道栈桥敷设，管道内的易燃物质比空气重时，电气线路应敷设在管道的上方；管道内的易燃物质比空气轻时，电气线路应敷设在管道的正下方两侧。

④敷设电气线路时宜避开可能受到机械损伤、振动、腐蚀以及可能受热的地方，当不能避开时，应采取预防措施。

⑤爆炸危险环境内采用的低压电缆和绝缘导线，额定电压必须高于线路的工作电压，且不得低于500 V，绝缘导线必须敷设于钢管内，严禁采用绝缘导线明敷设。电气工作中性线绝缘层的额定电压，应与相电压相同，并在同一护套或钢管内敷设。

⑥敷设电气线路的沟道、电缆线钢管，在穿过不同区域的墙或楼板处的孔洞时，应采用非燃性材料严密封塞。

⑦电气线路使用的接线盒、分线盒、活接头、隔离密封件等连接件的选型，应符合GB 50058—2014《爆炸危险环境电力装置设计规范》的规定。

⑧导线或电缆的连接，应采用有防松措施的螺栓固定，或压接、钎焊、熔焊，但不得绕接。铝芯与电气设备的连接，应装设可靠的铜铝过渡接头等措施。

⑨爆炸危险环境除本质安全电路外，采用的电缆或绝缘导线，铜铝线芯最小截面应符合表6-8的规定。

⑩10 kV 及以下架空线路严禁跨越爆炸性气体环境；架空线路与爆炸性气体环境的水平距离，不应小于塔高度的 1.5 倍。在水平距离小于规定而无法躲开的特殊情况下，必须采取有效的保护措施。

（3）合理布置电气设备。

合理布置爆炸危险区域的电气设备，是防火防爆的重要措施之一，应重点考虑以下几点：

①室外变配电站与建筑物、堆场、储罐的防火间距应满足 GB 50016—2014《建筑设计防火规范》的规定，防火间距见表 6 – 9。

②装置的变配电室应满足 GB 50160—2008《石油化工企业设计防火规范》的规定。

装置的变、配电室应布置在装置的一侧，位于爆炸危险区域范围以外，并且位于甲类设备全年最小频率风向的下风侧。在可能散发比空气密度大的可燃气体的装置内，变、配电室的室内地面应比室外地坪高 0.6 m 以上。

③GB 50058—2014《爆炸和火灾危险环境电力装置设计规范》规定：10 kV 以下的变、配电室，不应设在爆炸和火灾危险场所的下风向。变、配电室与建筑物相毗连时，其隔墙应是非燃烧材料；毗连的变、配电室的门应向外开，并通向无火灾爆炸危险场所方向。

表 6 – 9　室外变配电站与建筑物、堆场、储罐的防火间距

建筑物、堆场储罐名称/m	变压器总油重		
	< 10 t	10 ~ 50 t	> 50 t
民用建筑	15 ~ 25	20 ~ 30	25 ~ 35
丙、丁、戊类生产厂房和库房	12 ~ 20	15 ~ 25	20 ~ 30
甲、乙类生产厂房	25		
甲类库房	25 ~ 40		
稻草、麦秸、芦苇等易燃材料堆物	50		
可燃液体储罐	24 ~ 50		
液化石油气储罐	45 ~ 120		
湿式可燃气体储罐	20 ~ 35		
湿式氧气储罐	20 ~ 30		

注：

①防火间距应从距建筑物、堆场、储罐最近的变压器外壁算起，但室外变、配电架构距堆场、储罐和甲、乙类的厂房不宜小于 25 m，距其他建筑物不宜小于 10 m

②室外变配电站，是指电力系统电压为 35 500 kV，每台变压器容量在 10 000 kW 以上的室外变配电站，以及工业企业的变压器总油重超过 5 t 的室外变配电站

③发电厂内的主变压器，其油量可按单台确定

④干式可燃气体储罐的防火间距应按本表湿式可燃气体储罐增加 25%

10 kV 以下的架空线，严禁跨越火灾或爆炸危险区域。当线路与火灾或爆炸危险场所接近时，水平距离不应小于杆高的 1.5 倍。

（4）接地。

爆炸危险区域的接地（或接零）要比一般场所要求高，应注意以下几个方面：

①在导电不良的地面处，交流电压 380 V 及以下和直流额定电压在 400 V 及以下的电气设备外壳应接地。

②在干燥环境，交流额定电压为 127 V 及以下，直流电压为 110 V 及以下的电气设备金属外壳应接地。

③安装在已接地的金属结构上的电气设备应接地。

④在爆炸危险环境内，电气设备的金属外壳应可靠接地。爆炸性气体环境 1 区内的所有电气设备、爆炸性气体环境 2 区内除照明灯具以外的其他电气设备、爆炸性粉尘环境 10 区内的所有电气设备，应采用专门的接地线。接地线若与相线敷设在同一保护管内时应具有与相线相等的绝缘。此时，爆炸性危险环境内电缆的金属外皮及金属管线等只作为辅助接地线。爆炸性气体环境 2 区内的照明灯具及爆炸性粉尘环境 11 区内的所有电气设备，可利用有可靠电气连接的金属管线或金属构件作为接地线，但不得利用输送爆炸危险物质的管道。

⑤为了提高接地的可靠性，接地干线宜在爆炸危险区域不同方向，且不少于两处与接地体连接。

⑥单项设备的工作零线应与保护零线分开。相线和工作零线均装设短路保护装置，并装设双极闸刀开关操作相线和工作零线。

⑦在爆炸危险区域，如采用变压器低压中性点接地的保护接零系统，为了提高可靠性，缩短短路故障持续时间，系统的单相短路电流应大一些，最小单相短路电流不得小于线路熔断器额定电流的 5 倍，或自动开关瞬时（或延时）动作电流脱扣器整定电流的 1.5 倍。

⑧在爆炸危险区域，若采用不接地系统供电，必须装配能发出信号的绝缘监视器。

⑨电气设备的接地装置与防止直接雷击的独立避雷针的接地装置应分开设置，与装设在建筑物上防止直接雷击的避雷针的接地装置可合并设置，与防止雷电感应的接地装置亦可合并设置。接地电阻值应取其中最小值。

（5）保证安全供电的措施。

安全供电是保证石油化工企业"安、稳、长、满、优"生产的重要环节。严密的组织措施和完善的技术措施是实现安全供电的有效措施。

1）组织措施的主要内容有：

①操作票证制度。

②工作票证制度。

③工作许可制度。

④工作监护制度。

⑤工作间断、转换和终结制度。

⑥设备定期切换、试验、维护管理制度。

⑦巡回检查制度等。

2）技术措施的主要内容有：

①停、送电联络签。

②验电操作程序。

③停电检修安全技术措施。

④带电与停电设备的隔离措施。

⑤安全用具的检验规定等。

电气设备运行中的电压、电流、温度等参数不应超过额定允许值，特别要注意线路的接头或电气设备进出线连接处的发热情况。在气体或蒸气爆炸性混合物的环境中，电气设备极限温度和温升应符合表 6 - 10 的要求。在粉尘或纤维爆炸性混合物的环境中，电气设备表面温度一般不应超过 125 ℃并保持电气设备清洁，尤其在纤维、粉尘爆炸混合物环境的电气设备，要经常进行清扫，以免堆积脏污和灰尘，导致火灾危险。

表 6 - 10　爆炸危险区域内电气设备的极限温度和温升

爆炸性混合物的自燃点/℃	隔爆型、正压型、增安型外壳表面及能与爆炸性混合物直接接触的零部件		充油型和非防爆充油型的油面	
	极限温度	极限温升	极限温度	极限温升
450 以上	360	320	100	60
300 ~ 450	240	200	100	60
200 ~ 300	160	120	100	60
135 ~ 200	110	70	100	60
135 以下	80	40	80	40

在爆炸危险区域，导线运行载流量不应低于导线熔断器额定电流和自动开关延时脱扣器整定电流的 1.25 倍。1 000 V 以下鼠笼电动机干线允许载流量不应小于电动机额定电流的 1.25 倍。1 000 V 以上的线路应按短路电流热稳定进行校验。

（6）变、配电所的防火防爆。

为了安全可靠供电，变配电所应建在用电负荷中心，且位于爆炸危险区域范围以外。

在可能散发比空气密度大的可燃气体的界区内，变配电所的室内地面应比室外地面高0.6 m以上。此外，还应尽量避开多尘、振动、高温、潮湿等场所，要考虑到电力系统进线、出线的方便和便于设备的运输。为了安全供电，一次降压变电所应设两路供电电源，二次降压变电所也应按上述原则考虑。

变电所内包括一次电气设备（动力电源部分）和二次电气设备（控制电源部分）。一次电气设备是指直接输配电能的设备，包括变压器、油开关、电抗器、隔离开关、接触器、电力电缆等；二次电气设备是指对一次电气设备进行监视、测量和控制保护的辅助设备和各种监测仪表、保护用继电器、自动控制音响信号及控制电缆等。

根据在生产过程中的重要性、供电可靠性、连续性的要求，生产装置用电划分为3级：1级负荷（重要连续生产负荷）应由两个独立电源供电；2级负荷宜由二回线路供电；3级负荷无特殊要求。

（7）电力变压器的防火防爆。

电力变压器是由铁芯柱或铁辗构成的完整闭合磁路，有绝缘铜线或铝线制成线圈，形成变压器的原、副边线圈。除小容量的干式变压器外，大多数变压器是油浸自然冷却式，绝缘油起线圈间绝缘和冷却的作用。变压器中的绝缘油闪点约为135 ℃，易蒸发燃烧，同空气混合能形成爆炸混合物。变压器内部的绝缘衬垫和支架大多采用纸板、棉纱、布、木材等有机可燃物质组成，如1 000 kV·A的变压器大约用0.012 m³木材、40 kg纸、1 t左右绝缘油。一旦变压器内部发生过载或短路，可燃的材料和油会因高温或电火花、电弧作用，而分解、膨胀以至汽化，使变压器内部压力剧增。这时，可引起变压器外壳爆炸，大量绝缘油喷出燃烧，燃烧着的油流会进一步扩大火灾危险。因此，运行中的变压器一定要注意以下几点：

①防止变压器过载运行。如果长期过载运行，会引起线圈发热，使绝缘逐渐老化，造成匝间短路、相间短路或对地短路及油的分解。

②保证绝缘油质量。在储存、运输或维护过程中，若变压器绝缘油质量差或有杂质、水分过多，会降低绝缘强度。当绝缘强度降低到一定值时，变压器会短路引起电火花、电弧或出现危险温度。因此，运行中的变压器应定期化验油质，不合格的油应及时更换。

③防止变压器铁芯绝缘老化损坏。铁芯绝缘老化或加紧螺栓套管损坏，会使铁芯产生很大的涡流，引起铁芯长期发热造成绝缘老化。

④防止检修不慎破坏绝缘。当变压器检修吊芯时，应注意保护线圈或绝缘套管，如果发现有擦破损伤，应及时处理。

⑤保证导线接触良好。线圈内部接头接触不良，线圈之间的连接点、引至高、低压侧套管的接点，以及分接开关上个支点接触不良，会产生局部过热，破坏绝缘，发生短路和断路。此时所产生的高温电弧会使绝缘油分解，产生大量气体，变压器压力增加。当压力超过甲烷断电器保护定值而不跳闸时，会产生爆炸。

⑥防止电击。电力变压器的电源一般经过架空线而来，而架空线很容易遭受雷击，变压器会因击穿绝缘而烧毁。

⑦短路保护要可靠。变压器线圈或负载发生短路，变压器将承受相当大的短路电流。如果保护系统失灵或保护定值过大，就有可能烧毁变压器。为此，必须安装可靠的短路保护装置。

⑧保持良好的接地。对于采用保护接零的低压系统，变压器低压侧中性点要直接接地。当三相负载不平衡时，零线上会出现电流。当电流过大而接触电阻较大时，接地点会出现高温，引燃周围的可燃物质。

⑨防止超温。变压器运行时应监视温度的变化。如果变压器线圈导线是 A 级绝缘，绝缘体以纸和棉纱为主，温度的高低对绝缘和使用寿命的影响很大，温度每升高 8 ℃，绝缘寿命减少 50% 左右。在正常温度（90 ℃）下运行，变压器寿命约 20 年；若温度升至 105%，则寿命为 7 年；温度升至 120%，寿命仅为 2 年。所以变压器运行时，一定要保持良好的通风和冷却，必要时可采取强制通风，以达到降低变压器温升的目的。

（8）油开关的防火防爆。

油开关又叫油断路器，是用来切断和接通电源的，在短路时能迅速可靠地切断短路电流。油开关有很强的灭弧能力，在正常运行时能切断工作电流。油开关分多油开关和少油开关两种，主要由油箱、触头和套管组成，触头全部浸没在绝缘油中。

多油开关的油起灭弧作用，作为开关内部导电部分之间，及导电部分与外壳之间的绝缘；少油开关中的油仅起灭弧作用。导致油开关火灾和爆炸的原因有以下几种：

①当油开关油面过低时，使油开关触头的油层过薄，油受电弧作用而分解释放出可燃气体，可燃气体进入顶盖下面的空间，与空气混合形成爆炸性气体，在高温下会引起燃烧、爆炸。

②当油箱内油面过高时，析出的气体在油箱内较小空间会形成过高的压力，导致油箱爆炸。

③油开关内油的杂质和水分过多，会引起油开关内部闪络。

④油开关操作机构调整不当、部件失灵，会使开关动作缓慢或合闸后接触不良。当电弧不能及时切断和熄灭时，在油箱内可产生过多的可燃气体而引起火灾。

⑤油开关遮断容量对供电系统来说是很重要的参数。当遮断容量小于供电系统短路容量时，油开关无能力切断系统强大的短路电流，电弧不能及时熄灭则会造成油开关的燃烧或爆炸。

⑥油开关套管与油开关箱盖、箱盖与箱体密封不严，油箱进水受潮，油箱不洁或套管有机械损伤，都可能造成对地短路，从而引起油开关着火或爆炸。

总之，当油开关运行时，油面必须在油标指示的高度范围内。若发现异常，如漏油、渗油、有不正常声音等，应立即采取措施，必要时可停电检修。严禁在油开关存在各种

缺陷的情况下强行送电运行。

（9）电动机的防火防爆。

电动机是将电能转变为机械能的电气设备，是工矿企业广泛应用的动力设备。交流电动机按运行原理可分为同步电动机和异步电动机两种，通常采用异步电动机。电动机按构造和适用范围，可分为开启式和防护式；为防止液体或固体向电动机内滴溅，有防滴式和防溅式。在石油化工企业中，为防止化学腐蚀和易燃易爆危险物质的危害，多使用各种防爆封闭式电动机。电动机易着火的部位是定子绕组、转子绕组和铁芯。引线接头处若接触不良、接触电阻过大或轴承过热，可能引起绝缘燃烧。电动机的引线、熔断器及其配电装置也存在着火的因素。引起电动机着火的原因可归纳为以下几点：

①电动机过负荷运行。若发现电动机外壳过热，电流表指示电流超过额定值，说明电动机已超载，过载严重时，将烧毁电机。

当电网电压过低时，电动机会发生过载。当电源电压低于额定电压的80%时，电动机的转矩只有原转矩的64%，继续运行，电动机会发生过载，引起绕组过热，导致烧毁电动机或引燃周围可燃物的事故。

②金属物体或其他固体掉进电动机内，或在检修时绝缘受损、绕组受潮，以及遇到过高电压将绝缘击穿等原因，会造成电动机绕组匝间、相间短路或接地，电弧烧毁绕组，有时铁芯也会被烧毁。

③当电动机接线处各接点接触不良或松动时，会使接触电阻增大引起接点发热，接点越热氧化越迅速，最后电源接点烧毁产生电弧火花，损坏周围导线绝缘，造成短路。

④电动机单相运行危害极大，轻则烧毁电动机，重则引起火灾。当电动机单相运行时，其中有的绕组要通有额定电流，而保护电动机的熔丝是按额定电流的5倍选择的，所以单相运行时熔丝一般不会烧毁。单相运行时大电流长时间在定子绕组内流过，会使定子绕组过热，甚至烧毁。

（10）电缆及相关设施的防火防爆。

电缆一般分为动力电缆和控制电缆两种。动力电缆用来输送和分配电能，控制电缆是用于测量、保护和控制回路。

动力电缆按使用的绝缘材料不同，分为铠装铅包油浸纸绝缘、不燃性橡皮绝缘和铠装聚氯乙烯绝缘电缆。油浸纸绝缘电缆的外层往往使用浸过沥青漆的麻包，这些材料都是易燃物质。按电缆线芯的芯数又分为单芯、双芯、三芯和四芯电线。

电缆的敷设可以直接埋在地下，也可以用隧道、电缆沟或电缆桥架敷设。用电缆桥架架空敷设时，宜采用阻燃电缆，埋设时应设置标志。穿过道路或铁路时，敷设应有保护套管。在户内敷设时，与热力管道的净距不应小于0.5 m。动力电缆发生火灾的可能性很大，应注意以下几点：

①电缆的保护铅皮在敷设时被损坏，或运行中电缆绝缘体损伤，均会导致电缆相间

或相与铅皮间的绝缘击穿而发生电弧。这种电弧能使电缆内的绝缘材料和电缆外的麻包发生燃烧。

②电缆长时间过负荷运行，会使电缆过分干枯。这种干枯现象，通常发生在相当长的一段电缆上。电缆绝缘过热或干枯，能使纸质失去绝缘性能，因而造成击穿着火。同时由于电缆过负荷，可能沿电缆的长度在不同地方发生绝缘物质燃烧。

③充油电缆敷设高度差过大（6～10 kV 油浸纸绝缘电缆最大运行高度差为 15 m，20～35 kV 的为 5 m），可能发生电缆淌油现象。电缆淌油可能导致因油的流失而干枯，使这部分电缆热阻增加，纸绝缘老化而被击穿损坏。由于上部的油向下流，在上部电缆头处产生了负压力，增加了电缆吸入潮湿空气的机会，从而使端部受潮。电缆下部由于油的积聚而产生很大的静压力，促使电缆头漏油，增加发生故障或造成火灾的机会。

④电缆接头盒的中间接头因压接不紧、焊接不牢或接头材料选择不当，运行中接头氧化、发热、流胶或灌注在接头盒内的绝缘剂质量不符合要求，灌注时盒内存有空气，以及电缆盒密封不好，漏入水或潮湿气体等，都能引起绝缘击穿，形成短路而发生爆炸。

⑤电缆端头表面受潮，引出线间绝缘处理不当或移动过小，往往容易导致闪络着火引起电缆头表层混合物和引出线绝缘燃烧。

⑥外界的火源和热源，也能导致电缆火灾事故。

电缆桥架处在防火防爆的区域里，可在托盘、梯架添加具有耐火或难燃性的板、网材料构成封闭式结构，并在桥架表面涂刷防火层，整体耐火性应符合国家有关规范的要求。另外，桥架应有良好的接地措施。

电缆沟与变、配电所的连通处，应采取严格封闭措施，如填砂等，以防可燃气体通过电缆沟窜入变、配电所，引起火灾爆炸事故。电缆沟内敷设的电缆可采用阻燃电缆或涂刷防火材料。

（11）电气照明的防火防爆。

电气照明灯具在生产和生活中使用较为普通，人们容易忽视防火安全。照明灯具在工作时，玻璃灯泡、灯管、灯座等表面温度都较高，若灯具选用不当或发生故障，会产生电火花和电弧。照明灯具接点处接触不良，局部产生高温。导线和灯具的过载和过压会引起导线发热，使绝缘破坏、短路和灯具爆碎，继而可导致可燃气体和可燃液体蒸气、落尘的燃烧和爆炸。

下面分别介绍几种灯具的火灾危险知识：

①白炽灯在散热良好的情况下，灯泡的表面温度与功率的大小有关（见表 6 - 11）。在散热不良的情况下，灯泡表面温度会更高。灯泡功率越大，升温的速度越快；灯泡距离可燃物越近，引燃时间越短。白炽灯烤燃可燃物的时间和起火温度见表 6 - 12。

表6-11 白炽灯泡表面温度

灯泡功率/W	灯泡表面温度/℃	灯泡功率/W	灯泡表面温度/℃
40	56~63	100	170~216
60	137~180	150	148~228
75	136~194	200	154~296

表6-12 白炽灯烤燃可燃物的时间和起火温度

灯泡功率/W	可燃物	烤燃时间/min	起火温度/℃	放置形式
100	稻草	2	360	卧式埋入
100	纸张	8	330~360	卧式埋入
100	棉絮	13	360~367	垂直紧贴
200	稻草	1	360	卧式埋入
200	纸张	12	330	垂直紧贴
200	棉絮	5	367	垂直紧贴
200	松木箱	57	398	垂直紧贴

此外，白炽灯耐震性差，极易破碎，破碎后高温的玻璃片和高温的灯丝溅落在可燃物上或接触到可燃气体，都可能引起火灾。

②荧光灯的镇流器由铁芯线圈组成。在正常工作时，镇流器本身耗电，具有一定温度。若散热条件不好，或与灯管配套不合理，以及其他附件故障时，荧光灯内部温升会破坏线圈的绝缘，形成匝间短路，产生高温和电火花。

③高压汞灯正常工作时，表面温度虽比白炽灯低，但因其功率比较大，温升速度快，发出的热量大，如400 W高压汞灯，表面温度可达180~250℃，火灾危险程度与功率200 W的白炽灯相仿。高压汞灯镇流器的火灾危险性与荧光灯镇流器相似。

④卤素灯工作时维持灯管点燃的最低温度为250℃。1 000 W卤素灯的石英玻璃管外表面温度可达500~800℃，而其内壁的温度更高，约为1 000℃。卤素灯不仅能在短时间内烤燃接触灯管较近的可燃物，高温辐射还能将距离灯管一定距离的可燃物烤燃，所以卤素灯的火灾危险性比别的照明灯具更大。

（12）电气线路的防火防爆。

电气线路往往因短路、过载和接触电阻过大等原因产生电火花、电弧，或因电线、电缆达到危险高温而发生火灾，主要原因有以下几点：

①电气线路短路着火。电气线路由于意外故障造成两相相碰而短路。短路时电流会

突然增大，这就是短路电流，一般有相间短路和对地短路两种。按欧姆定律，电气线路短路时电阻突然减小，电力突然增大。发热量是与电流的平方成正比的，所以短路时瞬时放电发热相当大。发热量不仅能将绝缘烧损、使金属导线熔化，也能将附件易燃易爆物品引燃引爆。

②电气线路过负荷。电气线路运行连续通过而不致使电线过热的电流成为额定电流，如果超过额定电流，此时的电流叫过载电流。当过载电流通过导线时，温度相应增高，一般导线最高运行温度为 65 ℃。长时间过载的导线其温度就会超过允许温度，会加快导线绝缘老化，甚至损坏，从而引起短路产生电火花、电弧。

③导线连接处接触电阻过大。导线接头处不牢固、接触不良，会造成局部接触电阻过大，发生过热。过热时间越长发热量越多，甚至导致导线接头处熔化，引起导线绝缘材料中的可燃物质的燃烧，同时可能引起周围可燃物的燃烧。

（13）电加热设备的防火防爆。

电热设备是把电能转换为热能的一种设备，它的种类繁多，用途很广，常用的有工业电炉、电烘房、电烘箱、电烙铁、机械材料的热处理炉等。

电热设备的火灾原因，主要是加热温度过高，电热设备选用导线截面过小等。当导线在一定时间内流过的电流超过额定电流时，同样会造成绝缘的损坏而导致短路起火或闪络，引起火灾。

学习单元 21　防爆电气设备和防爆电气线路

21.1　防爆电气设备

防爆电气设备主要指在危险场所、易燃易爆场所使用的电气设备。常用的防爆电气设备主要分为防爆电机、防爆变压器、防爆开关类设备和防爆灯具等。

防爆电气设备主要用于煤炭、石油及化工等含有易燃易爆气体及粉尘的场所。在爆炸危险环境使用的电气设备，结构上应能防止由于在使用中产生火花、电弧或危险温度成为安装地点爆炸性混合物的引燃源。

1. 常用的防爆电气设备

（1）防爆电机。

防爆电机是一种可以在易燃易爆场所使用的一种电机（见图 6 - 3），运行时不产生电火花。防爆电机主要用于煤矿、石油天然气、石油化工和化学工业。此外，在纺织、冶金、城市燃气、交通、粮油加工、造纸、医药等部门，防爆电机也被广泛应

图 6 - 3　防爆电机

用。防爆电机作为主要的动力设备，通常用于驱动泵、风机、压缩机和其他传动机械等。

防爆电机的额定电压、额定电流、功率、转速和普通电机标注的一样，不同的是防爆电机多了防爆标志：

1）防爆型式+设备类别+（气体组别）+温度组别防爆型式：

①隔爆型（Ex d）；②充砂型（Ex q）；③增安型（Ex e）；④浇封型（Ex m）；⑤正压型（Ex p）；⑥无火花型（Ex n）；⑦本安型（Ex i）；⑧特殊型（Ex s）；⑨油浸型（Ex o）；⑩粉尘防爆型（DIP A DIP B2）。

2）设备类别。

炸性气体环境用电气设备分为

Ⅰ类：煤矿井下用电气设备。

Ⅱ类：除煤矿外的其他爆炸性气体环境用电气设备。

Ⅱ类隔爆型"d"和本质安全型"i"电气设备又分为ⅡA类、ⅡB类和ⅡC类。

可燃性粉尘环境用电气设备分为A型尘密设备；B型尘密设备。

3）温度组别：T1~T6可燃气体的引燃温度。

电气设备的最高温度T1：$T > 450\ ℃$；T2：$450\ ℃ > T > 300\ ℃$；T3：$300\ ℃ > T > 200\ ℃$；T4：$200\ ℃ > T > 135\ ℃$；T5：$135\ ℃ > T > 100\ ℃$；T6：$100\ ℃ > T > 85\ ℃$。

随着科技、生产的发展，存在爆炸危险的场所在不断增加，例如食用油生产过去是用传统的压榨法工艺，20世纪70年代以后，我国开始引进国外先进的浸出油工艺，但此工艺中使用含有己烷的化学溶剂，己烷是易燃易爆物质，因此浸出油车间就成了爆炸危险场所，需要使用防爆电机和其他防爆电气产品；又如我国公路发展迅速，一大批燃油加油站出现，给防爆电机提供了新的市场。

（2）防爆电器。

防爆电器，顾名思义是在含有爆炸性危险气体混合物的场合中能够防止爆炸事故发生的电器（见图6-4）。

我国的防爆电器基本上分为两大类：一类称为矿用防爆电器，主要应用于煤矿、矿山具有瓦斯等爆炸性气体突出的场所；另一类称为工厂用防爆电器，主要应用于除矿山、煤矿之外的所有场所，如石油、化工、轻纺、医药、军工等企业，其中包括气体防爆和粉尘防爆电器。

防爆电器主要分为防爆灯具、防爆电器、防爆管件、防爆防腐电器、粉尘防爆电器、不锈钢防爆电器。

图6-4 防爆电器

1）防爆控制箱类。

防爆控制箱主要包括用于控制照明系统的照明配电箱和用于控制动力系统的动力箱。这类产品大部分结构为组合式，最多可控制12个回路，防爆控制箱外壳大部分是以铸造铝合金材料制作的，有一部分为钢板焊接的，还有很少一部分为绝缘材料外壳。防爆控制箱内部主要由断路器、接触器、热继电器、转换开关、信号灯、按钮等元件构成，制造厂可根据用户需要而选择配备。防爆等级最高可达ⅡC T6级。

顺便指出，防爆自动开关、防爆刀开关以及熔断器在一些控制场合常用作控制动力或照明配电系统的线路分合，只是变成一个单件，因此这些产品可以划归到防爆控制产品中。

2）防爆起动器类。

防爆起动器类产品包括手动起动器、电磁起动器、可逆电磁起动器、自耦减压起动器、丫－△变换降压起动器和馈电开关等。防爆起动器类产品作为终端控制设备，一般是一台起动器控制一台电动机，属于量大面广类产品。防爆起动器类产品外壳壳体通常由铸造铝合金或钢板制成，内部一般由接触器（空气式或真空式）、电动机保护系统、信号灯、按钮和自耦变压OS等元件组成，而且具有就地控制、远距离控制和自动控制功能，有的产品中安装断路器作总开关，使产品更加完善。

3）防爆开关类。

防爆开关类产品市场需求量相对来说很大，所以生产厂家也比较多，主要包括照明开关、转换开关（组合开关）、行程开关、拉线开关等小型防爆产品。这些产品的防爆等级可达ⅡC T6级别，防爆开关类产品的外壳壳体通常是采用铸造铝合金压铸而成的复合型结构，有少数制造厂采用其他材质外壳，这类产品的特点是体积小、内部元件单一、技术含量较低、结构简单、制作容易。

4）防爆电器类。

主令电器是用作闭合或断开控制电路，以发出命令或程序控制的开关电器。防爆电器类产品主要包括控制按钮和操作柱。防爆控制按钮外壳一般用聚碳酸酯，玻璃纤维增强不饱和聚酯树脂或ABS塑料注塑来制造，有少量是用铸铝压铸成形的，一般结构为增安型外壳，内装隔爆型元件，可以实现防腐功能，防爆等级可达ⅡC级。

操作柱主要由主箱、接线箱和支柱组成，其主箱和接线箱有的制成一体，有的制成分体，各有特点。操作柱的材质基本上是用铸造铝合金材料，内部由各种仪表、转换开关、按钮和信号灯等元件组成，可以根据不同需要进行组合。

5）防爆接线箱类。

电气设备在使用中需经电线或电缆与供电网络连接起来，形成系统来完成其使用功能。但连接导线或电缆不可能无限长，而且在连接过程中有很多地方需要串联、并联进行导线分接，这就势必造成接头部分外滤，容易引发事故。

防爆接线箱类产品是为解决这类问题而生产的产品，以求进一步保证安全生产。这类产品包括接线箱、接线盒、穿线盒、吊线盒、分线盒等，其外壳主要由铸造铝合金制造。根据需要，防爆接线箱类产品设有很多进线和出线引入装置，箱内装有接线端子，用来进行连接或分接之用。这类产品大部分制成隔爆型或增安型，体积有大有小，差异较大，防爆等级可达ⅡC级。

6）防爆灯具类。

任何一个工作场所和环境都必须采取照明措施，含有各种爆炸性气体的场所也不例外。由于防爆灯具类产品使用场所很多，遍布各个生产角落，因而使得本类产品大批量生产。防爆灯具类产品品种多、规格全，大致可分为照明用、标志用、信号用、手提用等几种形式，从光源种类可分为白炽灯、自镇汞灯、高压钠灯，金卤灯、镝灯和荧光灯，从结构上分类更加繁多，大致上有吊式、挂式、墙壁安装式、吸顶式、手提式、悬臂式等。

从安装角度来说，防爆灯具类可以从30°~90°内都能实现，从功率来说，可以从几十瓦到几百瓦，安装高度从地面开始到几米高。可以说，防爆灯具是所有防爆电气产品中产量最大，使用最多的产品。由于防爆灯具特定功能，造成了损耗大、更换量大的局面。防爆灯具类产品的结构形状各异，变化很多，但从防爆性能方面来分，基本上是以隔爆型为主，外壳材质以铸造铝合金为多，基本上可以满足用户在ⅡC级以下场所的各种照明和显示功能的需要。

7）防爆连接类。

防爆连接件主要功能是进行电缆连接和电缆分支之用，主要产品为防爆插销和防爆电源插座箱，额定电压为220~380 V，额定工作电流最大可达100 A，品种有两极、三极加中性线和接地线结构，产品外壳有金属和塑料材质制成，防爆等级可达ⅡC级。防爆连接类产品内部主要由接插件组成，有的产品加装带断点的开关，开关与接插件之间均具有连锁功能，即先断开开关后拔插，先插入插头后关合。不带开关的产品也具有先断开主回路后断开接地线，先插入接地线后插入主回路之功能，这都是为了保证在安全状态下操作。这类产品大部分是用手直接操作，所以对绝缘性能要求一般较高，切不可忽视。

8）防爆风扇类。

防爆风扇类产品主要包括防爆吊扇、防爆排风扇和防爆轴流风机等，其结构由防爆电机、防爆接线盒和防爆调速控制器及叶片组成，额定工作电压一般380 V，防爆等级可达ⅡB T4级。

9）防爆发热电器类。

石化企业在生产过程中经常需要一些加热设备和电气取暖设备，因此具有发热功能类产品的防爆问题是十分重要的，主要产品有防爆电暖器、防爆加热器。由于防爆控制变压器和防爆镇流器等产品主要功能不是获取热能，但在运行中也会发热，也应引起极大重视，所以全部划入具有发热功能类产品中。当然，生产过程中也会出现很多用高科技材料制成的电热设备，其防爆问题仍不能忽视。防爆发热设备主要元件为绕组、控制器和接线盒等，往往具有对温度进行控制或监视的保护功能，产品基本上为隔爆型，防爆等级为ⅡB T4 级。

10）防爆报警类。

在某些生产场合，往往需要一些灯光和声响来提示人们的行动，在含有爆炸性危险气体的环境中，防爆报警类电器就显得更加重要。防爆报警类主要产品有防爆指示灯、防爆电铃、防爆电笛、防爆蜂鸣器等，结构通常为隔爆型，用铸造铝合金制造，防爆等级可达ⅡC T6 级，工作电压可分为直流36~220 V，交流可达 380 V。防爆接线盒和防爆壳体是主要结构件。

11）防爆电磁铁类。

防爆电磁铁类产品主要有防爆电磁铁、防爆电磁阀、防爆电磁驱动器等，工作原理是在电磁场作用下，通过产生的电磁力来推动机械设备工作，一般作制动用，大部分结构为隔爆型，用铸钢或铸铁制造，防爆等级为ⅡB T6 级。防爆电磁铁类产品主要技术参数一般为推力或吸力（以 kg 计算）和通电持续率，切不可长期通电，否则容易过热造成危险。

12）防爆其他类。

在复杂的生产过程中往往会遇到许多的特殊要求，根据要求制造出特殊的防爆电器产品。由于本类产品产量少，要求特殊，属非标准类产品，因此将其归纳为防爆其他类。防爆其他类产品主要有电工仪表、温度变送器、压力变送器、速度变送器、液位计、定量控制仪、点火装置、摄像机等。这些产品基本上是以生产需要而制造的，尽管性能要求各不相同，但大部分产品为金属制作的外壳，型式为隔爆型或增安型结构，有很少一部分产品为本质安全型产品，工作电压和工作电流一般比较低，防爆等级为ⅡC T6 级。

以上将工厂用防爆电器产品大致分为十二大类，以求对这些产品有一个比较清晰的理性认识。上述分类可能有遗漏或不全面的地方。

应当指出的是：还有一些产品，如变径接头、密封接头、管接头、活接头、挠性连接管等，很多制造厂将它们列为防爆产品，这是一个错误认识。这些产品只能称为防爆电器产品的辅助件。因此，这里的产品分类没有包括这些产品。

13）防爆民用产品。

根据在实际生活中的需要，也需要一些民用防爆产品，这类产品比较杂，所以归为民用防爆产品，主要有防爆三轮车，防爆电钻等。这类产品要求技术比较高，是防爆行业的一个新起点和新方向！

2. 化工防爆电气设备的维护要点

（1）重视防爆电气设备安全检查。

在化工生产过程中，防爆电气设备运行安全与防爆性能对化工生产的安全起到至关重要的作用。因此，必须对使用中的防爆电气设备进行定期的检查和维护，发现安全隐患，及时给予消除。为了保证设备维护和检查不出现遗漏，应建立防爆电气设备维护档案，保证每一台设备有专业的技术人员进行维护，维护及检查时间做好相应的记录。同时，超期服役的电气设备，应及时上报，提前做好更新设备准备工作。

防爆电气设备安全检查和维护主要有以下几个方面：

①外观目测检查：主要对设备外观损坏与完好情况进行日常检测。

②专业设备检测：针对维护中发现可能存在的安全隐患，通过专业的电气维护设备，对设备防爆电气性能及安全性进行检测，从而判定设备运行是否存在隐患。专业设备检测工作，一般可以采取定期检测的方式进行。

③专项检查：这项检查工作，一般可在化工厂安排设备检修期间进行，也可针对防爆电气设备发现普遍性损害后，有针对性地开展专项检查工作。

（2）防爆电气设备的外壳紧固是保证隔爆性能重要的环节。

在防爆电气设备的维护中，应重视防爆电气设备外壳坚固检查。如果防爆电气设备在安装、使用、维护过程中，发现紧固件没有拧紧，或者出现力矩失衡，会导致设备隔爆配合面间隙增大，降低隔爆性能。因此，在设备安装或者维修后，应采用力矩扳手对紧固件进行紧固，确保紧固件受力平均，达到相关的技术要求。在安装、维护过程中，对外壳紧固情况，应作为维护工作的一个重点来做。同时，针对运行中的防爆设备，应定期对密封情况进行检查和维护，发现隔爆配合不紧密的情况，应立即进行处理，保证设备外壳所有接缝的间隙，均小于化工生产中产生的可燃性气体的安全间隙。确保可燃性气体进行设备内部，被电气火花燃爆后，火焰仍可限制在电气设备外壳内部，不对外部生产设备、人身安全产生危害。

（3）重视腐蚀对防爆电气设备的破坏。

在化工生产过程中，不可避免出现危险化学品对防爆电气设备产生腐蚀作用，还有风吹日晒、恶劣气象条件等。如果防爆电气设备不能及时进行维护作业，防爆安全性能必将大大降低，这是某些化工企业生产过程中发生爆炸事故的主要隐患之一。因此，在日常的维护中，发现防爆电气设备出现腐蚀情况，应及时对设备采取相应的措施，必要时，更新设备。同时，在电气设备的线路维护中，一方面应注意线缆破损情况的定期检查和检测；另一方面，必须重视电缆引入口的密封状况，保证密封圈与电缆之间、密封圈与引入口内壁之间没有间隙，确保符合相应的法规标准，起到隔爆防爆的目的。

（4）防爆电气设备的安全评价。

在对防爆电气设备维护过程中，维护技术人员必须重视对防爆电气设备运行安全评价，对可以保证正常运行的设备出现故障或隐患进行及时维修，而对需要更新的设备，必须及时给予更换。在对维护检查结果进行安全评价时，为了保证评价的客观性，应有科学的评价依据，明确评价内容，正确对待安全评价对防爆电气设备安全运行的重要性。

同时，安全评价应注意以下几点：

①防爆电气设备安全评价，应将评价重点放在防爆参数及防爆结构是否存在改变。

②针对外观检查无法发现存在问题及隐患的设备，如果绝缘材料、设备壳体老化等，对设备的安全运行造成潜在危险，应根据可靠使用寿命，以及使用情况，进行及时更新，不得延长使用年限。

③对电气性能的评价是评价工作的一个重点，因为电气性能的降低，易对防爆电气及其他相关设备造成危害。

21.2　防爆电气线路

在爆炸危险环境中，电气线路的安装位置、敷设方式、导线材质、连接方法等均应与区域危险等级相适应。

（1）位置。

电气线路应当敷设在爆炸危险性较小或距离释放源较远的位置。当爆炸危险气体或蒸气比空气重时，电气线路应在高处敷设，电缆则直接埋地敷设或电缆沟充砂敷设；当爆炸危险气体或蒸气比空气轻时，电气线路宜敷设在低处，电缆则采取电缆沟敷设。

10 kV 及 10 kV 以下的架空线路不得跨越爆炸危险环境。当架空线路与爆炸危险环境邻近时，线路间距不得小于杆塔高度的 1.5 倍。

（2）配线方式和接线方式。

爆炸危险环境主要采用防爆钢管配线和电缆配线，固定敷设的电力电缆应采用铠装电缆；固定敷设的照明、通信、信号和控制电缆可采用铠装电缆和塑料护套电缆；非固定敷设的电缆应采用非燃性橡胶护套电缆。

（3）隔离和密封。

敷设电气线路的沟道以及保护管、电缆或钢管在穿过爆炸危险环境等级或爆炸性气体或蒸气等介质不同的区域之间等隔墙或接板处的孔洞时，应使用非燃性材料严密堵塞。

隔离密封盒位置应尽量靠近隔墙，墙与隔离密封盒之间不允许有管接头、接线盒或其他任何连接件。

隔离密封盒的防爆等级应与爆炸危险场所的等级相适应，隔离密封盒不应作为导线的连接或分线用。在可能引起凝结水的地方，应选择排水型的隔离密封盒。钢管配线的隔离密封盒应采用粉剂密封填料。

电缆配线的电缆保护管管口、电缆与电缆保护管管口之间应使用密封胶泥进行密封。在两级区域交界处的电缆沟内应采取充砂、填阻火墙材料或加设防火隔墙。

（4）导线材料的选择。

配电线路的导线连接以及电缆的封端采用压接、熔焊或钎焊时，电力线路可选用 4 mm² 及以上的铝芯导线或电缆；照明线路可以用 2.5 mm² 及以上的铝芯导线或电缆。爆炸危险环境宜采用交联聚乙烯、聚乙烯、聚氯乙烯或合成橡胶绝缘及有护套的电线。爆炸危险环境宜采用有耐热、阻燃、耐腐蚀绝缘的电缆，不宜采用油浸纸绝缘电缆。有剧烈振动处导线应选用多股铜芯软线或多股铜芯电缆。

在爆炸危险环境，低压电力、照明线路所用电线和电缆的额定电压不得低于工作电压，并且不得低于 500 V。工作零线应与相线有同样的绝缘能力，并应在同一个护套内。

（5）允许载流量。

为避免可能达到危险温度，爆炸危险场所用导线的允许载流量应低于非爆炸危险场所的载流量。导体允许载流量不应小于熔断器熔体额定电流和断路器延长时过电流脱扣器整定电流的 1.25 倍，或电动机额定电流的 1.25 倍。高压线路应按短路电流进行热稳定校验。

（6）连接。

爆炸危险环境的电气线路不得有非防爆型中间接头。但电气线路的连接是在与危险环境等级相适应的防爆类型的接线盒或接头盒的内部，则不属于此种情况。爆炸危险环境铜、铝导线的连接应采用钢铝过渡接头。

选用电气线路时，还应当注意：干燥无尘的场所可采用一般绝缘导线；潮湿或多尘的场所应采用有保护的绝缘导线（如铅皮导线）或用一般绝缘导线穿管敷设；高温场所应采用有瓷管、石棉、瓷珠等耐热绝缘的耐燃导线；有腐蚀性气体或蒸气的场所可采用铅皮线或耐腐蚀的穿管线；移动电气设备应采用橡皮套软线或其他软线等。

学习单元 22 　电气灭火常识

与一般火灾相比，电气火灾有两个显著特点：其一是着火的电气设备可能带电，灭火时若不注意会发生触电事故；其二是有些电气设备充有大量的油，一旦着火，可能发生喷油甚至爆炸事故，造成火焰蔓延，扩大火灾范围。因此，根据现场情况，可以断电的设备应断电灭火，无法断电的设备则带电灭火。

22.1　断电安全要求

发现起火后，首先要设法切断电源。切断电源要注意以下几点：

①火灾发生后，由于受潮或烟熏，开关设备绝缘能力降低，因此，拉闸时最好用绝缘工具操作。

②高压应先操作断路器（见图 6-5）而不应该先操作隔离开关切断电源，低压应先操作磁力启动器后操作闸刀开关切断电源，以免引起电弧。

③切断电源时要选择适当的范围，防止切断电源后影响灭火工作。

④剪断电线时，不同相电线应在不同部位剪断，以免造成短路；剪断空中电线时，

剪断位置应选择在电源方向的支持物附近，防止电线切断后断落下来造成接地短路和触电事故。

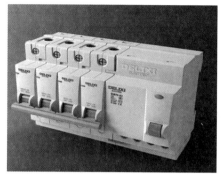

图 6-5　断路器

22.2　带电灭火安全要求

有时为了争取灭火时间，防止火灾扩大，来不及断电，或因生产需要或其他原因，不能断电，则需要带电灭火。带电灭火需注意以下几点：

①应按灭火器和电气起火的特点，正确选择和使用适当的灭火器（见图 6-6）。

二氧化碳灭火器可用于 600 V 以下的带电灭火。灭火时，先将灭火器提到起火地点放好，再拔出保险销，一手握住喇叭筒根部的手柄，一手紧握启闭阀的压把。如果二氧化碳灭火器没有喷射软管，应把喇叭筒上扳 70°~90°。使用时，不能直接用手抓住喇叭筒外壁或金属连接管，防止手被冻伤。在室外使用灭火器灭火时，应选择上风方向喷射。在室内窄小空间使用灭火器时，灭火后灭火人员应迅速离开，防止窒息。

干粉灭火器可用于 50 kV 以下的带电灭火。干粉灭火器最常用的开启方法为压把法：将灭火器提到距火源适当位置后，先上下颠倒几次，使灭火器内的干粉松动，然后让喷嘴对准燃烧最猛烈处，拔去保险销，压下压把，灭火剂便会喷出灭火。开启干粉灭火棒时，左手握住其中部，将喷嘴对准火焰根部，右手拔掉保险卡，旋转开启旋钮，打开储气瓶，干粉便会喷出灭火。

图 6-6　灭火器

泡沫灭火器喷出的灭火剂泡沫中含有大量水分，有导电性导致使用者触电，因此不宜用于带电灭火。

②用水枪灭火时宜采用喷雾水枪，带电灭火为防止通过水柱的泄漏电流通过人体，可以将水枪喷嘴接地，让灭火人员穿戴绝缘手套和绝缘靴或均压服操作。

③人体与带电体之间保持必要的安全距离。用水灭火时，水枪喷嘴至带电体的距离：电压 110 kV 及以下时不应小于 3 m，电压 220 kV 及以上时不应小于 5 m。用二氧化碳等有不导电灭火剂的灭火器灭火时，机体、喷嘴至带电体的最小距离：电压 10 kV 时不应小于 0.4 m，电压 35 kV 时不应小于 0.6 m 等。

④对架空线路等空中设备进行灭火时，人体位置与带电体之间的仰角不应超过 45°，以防导线断落危及灭火人员的安全。

⑤如遇带电导线断落地面，应在周围设立警戒区，防止跨步电压伤人。

22.3 充油设备灭火要求

充油设备的油，闪点多在 130～140 ℃，有较大的危险性。如果只在设备外部起火，可用二氧化碳（600 V 以下）、干粉灭火器带电灭火。灭火时，灭火人员应站在上风侧，避免被火焰烧伤烫伤，或者受烟雾、风向影响降低灭火效果。若火势较大，应切断电源，方可用水灭火。若油箱破坏、喷油燃烧，火势很大，除切除电源外，有事故贮油坑时应设法将油放进贮油坑，坑内和地上的油火可用泡沫灭火器扑灭；要防止燃烧的油流入电缆沟而顺沟蔓延，电缆沟内的油火只能用泡沫覆盖扑灭。

发电机和电动机等旋转电机起火时，为防止轴和轴承变形，可使轴慢慢转动，用喷雾水灭火，并使轴均匀冷却；也可用二氧化碳、蒸气、干粉灭火，但使用干粉灭火会有残留，灭火后难清理。

情境小结

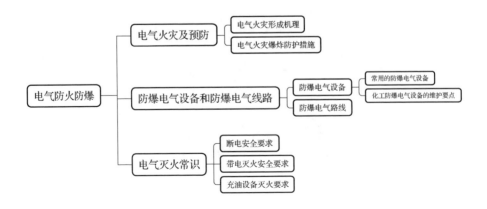

思考与习题

一、单项选择题

1. 电气火灾的引发是由于危险温度的存在，危险温度的引发主要是由于（　　）。

A. 设备负载轻　　　　　　　B. 电压波动　　　　　　　C. 电流过大

2. 在电气线路安装时，导线与导线或导线与电气螺栓之间的连接最易引发火灾的连接工艺是（　　）。

A. 铜线与铝线绞接　　　　B. 铝线与铝线绞接　　　　C. 铜铝过渡接头压接

3. 在易燃、易爆危险场所，供电线路应采用（　　）方式供电。

A. 单相三线制、三相四线制　　　　　　　　B. 单相三线制、三相五线制

C. 单相两线制、三相五线制

4. 当电气火灾发生时，应首先切断电源再灭火，但当电源无法切断时，只能带电灭火，500 V 低压配电柜灭火可选用的灭火器是（　　）。

A. 二氧化碳灭火器　　　　　　　　　　B. 泡沫灭火器

C. 水基式灭火器

5. 电气火灾的引发是由于危险温度的存在，其中短路、设备故障、设备非正常运行及（　　）都可能是引发危险温度的因素。

A. 导线截面选择不当　　　　　　　　　B. 电压波动

C. 设备运行时间长

6. 在易燃、易爆危险场所，电气线路应采用（　　）或者铠装电缆敷设。

A. 穿金属蛇皮管再沿铺沙电缆沟　　　　　B. 穿水煤气管

C. 穿钢管

7. 当车间发生电气火灾时，应首先切断电源，切断电源的方法是（　　）。

A. 拉开刀开关　　　　　　　　　　　B. 拉开断路器或者磁力开关

C. 报告负责人请求断总电源

8. 用喷雾水枪可带电灭火，但为安全起见，灭火人员要戴绝缘手套、穿绝缘靴，还要求水枪头（　　）。

A. 接地　　　　　　　　　　　　　B. 必须是塑料制成的

C. 不能是金属制成的

9. 带电灭火时，如用二氧化碳灭火器的机体和喷嘴距 10 kV 以下高压带电体不得小于（　　）m。

A. 0.4　　　　　　　　B. 0.7　　　　　　　　C. 1.0

二、多项选择题

1. 爆炸性气体危险环境分为（　　）三个等级区域。

A. 0 区　　　　　　　　　　　　　　　B. 1 区

C. 2 区　　　　　　　　　　　　　　　D. 3 区

2. 在当前我国的供电系统电压等级中，可用于 10 kV 以下（不含 10 kV）线路带电灭火的灭火器材是（　　）。

A. 二氧化碳灭火器　　　　　　　　　B. 干粉灭火器

C. 水基式泡沫灭火器　　　　　　　　D. 高压雾化水枪

3. 在爆炸危险场所，对使用电气设备有较一般场所更高的要求。主要采取的措施有（　　）等，这是爆炸危险场所对电气设备、设施的一些基本要求。

A. 电气设备、金属管道等成等电位接地

B. 选用相应环境等级的防爆电气设备

C. 接地主干线不同方向两点以上接地

D. 单相电气设备供电相线、零线都要装短路保护装置

4. 电气火灾发生时，作为当班电工，应先切断电源再扑救，但为了不影响扑救，避免火灾范围进一步扩大，应采取的措施是（　　）。

A. 选择性地断开引起火灾的电源支路开关

B. 为了安全应立即切断总电源

C. 选择适当的灭火器材迅速灭火

D. 立即打电话给主管报告情况

5. 燃烧必须同时具备的要素有（　　）。

A. 可燃物　　　　　　　　　　　　　　B. 操作人员

C. 助燃物　　　　　　　　　　　　　　D. 着火源

6. 下列属于防爆电气设备类型的有（　　）。

A. 隔爆型　　　　　　　　　　　　　　B. 增安型

C. 全密封型　　　　　　　　　　　　　D. 正压外壳型

三、简答题

在易燃、易爆危险场所，使用电气设备选型的依据是什么？

✅ 学习评价

					学习效果				
序号	内容	采取形式	自评得分 （50分， 每项10分）	测试得分 （50分， 每项10分）	好	一般	较好	较差	结论及建议
1	学习目标 达成情况		（　　）分						
			（　　）分						
			（　　）分						
2	重难点 突破情况		（　　）分						
			（　　）分						
3	知识技能 的理解应用			（　　）分					
4	知识技能点 回顾反思			（　　）分					
5	课堂知识 巩固练习			（　　）分					
6	思维导图 笔记制作			（　　）分					
7	思考与习题			（　　）分					

学习情况测评量表

备注："学习效果"一栏请用"√"在相应表格内记录。采取形式：可以根据实际情况填写，如笔记、扩展阅读、案例收集分析、课后习题测试、课后作业、线上学习等。

学习情境七
静电防护和电磁防护

情境导入

近日，浙江省政府批复并公布了宁波锐奇日用品有限公司"9·29"重大火灾事故调查报告。

2019年9月29日13时10分许，宁波市宁海县梅林街道梅林南路195号的宁波锐奇日用品有限公司（以下简称"锐奇公司"）发生重大火灾事故（见图7-1），事故造成19人死亡，3人受伤，过火总面积约1 100 m²，直接经济损失约2 380.4万元。

图7-1 火灾爆炸

事故调查组认定，宁波锐奇日用品有限公司"9·29"重大火灾事故是一起重大生产安全责任事故。依据事故调查的结论，2人被追究刑事责任，21人受到党纪、政务处分。

事故调查组聘请火灾调查专家全程参与事故调查，通过现场勘验、调查取证、检验鉴定等工作，查明事故原因，认定事故性质和责任。

调查认定，本起事故的直接原因是锐奇公司员工孙某松将加热后的异构烷烃混合物倒入塑料桶时，因静电放电引起可燃蒸气起火并蔓延成灾。同时，事故发生存在企业安全生产主体责任不落实，属地地方政府和相关负有监管职责的部门监管职责落实不到位，中介技术服务机构流于形式等间接原因。

由此可见，静电的危害是如此巨大。本情境我们将一起来学习如何进行静电及电磁的防护。

学习目标

技能目标 ☞

静电防护技能：学生能够识别可能产生静电的场景和物体，采取适当的防护措施，如接地、使用静电消除装置等。

电磁辐射防护技能：学生能够理解电磁辐射的危害和影响，采取防护措施，如使用屏蔽材料、调整工作距离等。

测量和评估技能：学生能够使用相关设备和仪器，进行静电和电磁场的测量和评估，了解相关参数和安全标准。

知识目标 ☞

静电原理和防护知识：学生需要了解静电的产生机制、传播特性，掌握静电防护的基本原理和方法，了解相关的安全标准和规定。

电磁辐射的基本原理和特性：学生需要了解电磁辐射的来源、产生机制，了解电磁波的性质和对人体的影响，掌握电磁辐射防护的基本概念。

静电防护和电磁辐射防护装置和材料：学生需要了解常见的静电防护装置和材料，如接地线、静电消除器等；了解常用的电磁辐射防护材料和屏蔽装置。

素质目标 ☞

安全意识和责任感：培养学生对静电防护和电磁辐射防护安全的认识和重视，自觉遵守相关安全操作规程，减少事故风险。

创新能力和问题解决能力：培养学生在不同工作环境下识别风险、解决问题的能力，提出创新的防护措施和方法。

团队合作和沟通能力：培养学生在静电防护和电磁辐射防护工作中与他人合作、协调的能力，加强团队合作和沟通技巧。

学习单元 23　静电防范

23.1　静电的产生原因

物质是由分子组成的，分子是由原子组成的，原子是由原子核及外围电子组成的。原子核中有质子和中子，中子不带电，质子带正电。一个电子所带的负电量与一个质子所带的正电量相等。物质内部固有存在的电子和质子两类基本电荷是物质带电过程的内在依据。在正常情况下，物质中任何部分所包含的电子的总数和质子的总数是相等的，所以对外界不表现出电性。但是，如果在一定的外因作用下（例如摩擦），物质或物质中的某一部分得到或失去一定数

视频：静电防护

量的电子，使电子总数与质子总数不相等，物质便显示了电性。以两个固体为例，通过摩擦，一个物质中一些电子脱离原子核的束缚而跑到另一个物质上，由于物质材料不同，失去电子的物质显正电，得到电子的物质显负电。由此表明，物体带电的基础在于电子的转移。

根据物质得失电子的难易程度，可将物质分为导体和绝缘体，例如金属是良好的导体。金属原子的最外层电子容易脱离原子核的束缚，可以在物质体内自由运动，这种电子称为自由电子。电解液体、电离的气体是导体。对于几乎不能传导电荷的物质称为绝缘体，电荷几乎只能停留在产生的地方，例如玻璃、橡胶、琥珀、瓷器、油类、未电离的气体等。在绝缘体中，绝大部分电荷都只能在一个原子或分子的范围内作微小的位移，这种电荷称作束缚电荷。

动画：静电的产生及危害

1. 固体起电

当两种材料接触后分离，物体所带电荷的符号和大小可由摩擦带电的静电序列确定，国外有关标准和资料公布的摩擦起电静电序列见表 7 - 1。

表 7 - 1　国外有关标准和资料公布的摩擦起电静电序列

MIL - HDBK - 263A（1991 年）	lEEESi - d. C62. 47（1992 年）	美国 ESD 协会网站（2004 年）
人手	石棉	兔毛
兔毛	醋酸酯	玻璃
玻璃	玻璃	云母
云母	人发	人发
人发	尼龙	尼龙
尼龙	羊毛	羊毛
羊毛	毛皮	毛皮
毛皮	铅	铅
铅	丝绸	丝绸
丝绸	铝	铝
铝	纸	纸
纸	聚氨酯	棉花
棉花	棉花	
钢	木材	钢
木材	铜	木材

续表

MIL‒HDBK‒263A（1991 年）	lEEESi‒d.C62.47（1992 年）	美国 ESD 协会网站（2004 年）
封腊	封腊	琥珀
硬橡胶	硬橡胶	封腊
铜、镍	聚酯薄膜	硬橡胶
银、黄铜	环氧玻璃	铜、镍
硫黄	铜、镍、银	银、黄铜
醋酸酯纤维	黄铜、不锈钢	金、白金
聚酯	合成橡胶	硫黄
赛璐珞	聚丙烯树脂	醋酸酯纤维
奥纶	聚苯乙烯塑料	聚酯
聚氨酯	聚氨酯塑料	赛璐珞
聚乙烯	聚酯	硅
聚丙烯	萨冉树脂	聚四氟乙烯
聚氯乙烯	聚乙烯	
聚三氟氯乙烯	聚丙烯	
硅	聚氯乙烯	
聚四氟乙烯	聚四氟乙烯硅橡胶	

摩擦起电（见图 7‒2）的静电序列表显示了不同材料电荷产生的情况。在表 7‒1 中，排在前面的物体带正电，排在后面的物体带负电。两种材料在序列中的位置相距越远，接触分离后所带的电量越大。固体物质除了摩擦可以产生静电外，还有多种其他起电方式，如剥离起电、破裂起电、电解起电、压电起电、热电起电、感应起电、吸附起电和喷电起电等。

剥离时引起电荷分离而产生静电的现象，称为剥离起电。剥离起电实际上是一种接触分离起电，通常条件下，由于被剥离的物体剥离前紧密接触，剥离起电过程中实际的接触面积比发生摩擦起电时的接触面大得多，所以，剥离起电比摩擦起电产生的静电量要大。剥离起电会产生很高的静电电位。剥离起电的起电量与接触面积、接触面上的黏着力和剥离速度的大小有关。

图 7 - 2　摩擦起电

当物体遭到破坏而破裂时，破裂后的物体会出现正、负电荷分布不均匀现象，由此产生的静电，称为破裂起电。破裂起电除了在破裂过程中因摩擦而产生外，还有在破裂之前存在电荷不均匀分布的情况。破裂起电电量的大小与裂块的数量、裂块的大小、破裂速度、破裂前电荷分布的不均匀程度等因素有关。因破裂引起的静电，一般是带正电荷的粒子与带负电荷的粒子双方同时发生。固体的粉碎及液体的分裂所产生的静电，是由于破裂原因造成的。

当固体接触液体时，固体的离子会向液体中移动，使得固、液分界面上出现电流。当固体离子移入液体时，留下相反符号的电荷在固体表面，于是在固、液界面处形成偶电层，偶电层中的电场阻碍固体离子继续向液体内移动。随着偶电层两边电荷量的不断增加，电场越来越强，一定时间内固体向液体内移动的离子越来越少，直到完全停止。达到平衡时，固液界面上形成一个稳定的偶电层，例如金属浸在电解液内时，金属离子向电解液内移动，在金属和电解液的分界面上形成偶电层。若在一定条件下，将与固体相接触的液体移走，固体留下一定量的某种电荷，这是固、液接触情况下的电解起电。

在给石英等离子型晶体加压时，会在它们表面上产生极化电荷，这种现象称为压电效应。产生压电效应的原因是晶体在电学上各向异性。一般情况下，压电效应产生的电荷量是很小的，但是对于极化聚合物，情况却不同，这些物质的压电效应比较明显。聚甲基丙烯酸甲酯粉末经过特定加工后制成的薄片状试件，压电效应产生的最大电荷密度为 $40 C/m^2$，薄片上、下两面均出现电荷和电位的不均匀分布。压电效应可以解释合成纤维制品容易吸附粉尘的现象，也可以解释同种材料相互分离的起电现象等。

若对显示压电效应的某些晶体加热，则晶体一端带正电，另一端带负电，这种现象称为热电效应，例如在给电石晶体加热时会出现这种现象。有热电效应的晶体在冷却时，电荷的极性与加热时相反。热电效应的存在是因为这些晶体的对称性很差，其中有永久偶极子存在，偶极矩的方向是无序的，所以对外不呈现带电现象。加热时偶极矩起了变化，便出现相应的表面电荷。

感应起电通常是对导体来说的。处于静电场中的物体，由于静电感应使导体上的电荷重新分布，从而使物体的电位发生变化。对于绝缘材料，在静电场中由于极化也可使材料带电，称为感应起电。极化后的绝缘材料，电场将周围介质中的某种自由电荷吸向自身，和绝缘材料上符号相反的束缚电荷中和。当外电场撤走后，绝缘材料上的两种电荷已无法恢复电中性，因而带有一定量的电荷，这就是感应起电。粉体工业的生产场所，有与上述情况类似的现象，外电场将粉体微粒吸引到生产场所的导体上，当微粒向导体放掉一种电荷后，粉体微粒将离开导体并带电。感应起电使粉体工业的生产场所增加了一个起电的因素，这是静电防护中值得注意的一个问题。

多数物质的分子是极性分子，即具有偶极矩，偶极子在界面上是定向排列的。另外，由于空气中空间电场、各种放电现象、宇宙射线等因素的作用，总会漂浮一些带正电荷或负电荷的粒子。当这些浮游的带电粒子被物体表面的偶极子吸引且附着在物体上时，整个物体会因某种符号的过剩电荷而带电。如果物体表面定向排列的偶极子的负电荷位于空气一侧，则物体表面吸附空气中带正电荷的粒子，使整个物体带正电。反之，如果物体表面定向排列的偶极子的正电荷位于空气一侧，则物体表面吸附空气中带负电荷的粒子，使整个物体带负电。吸附起电电量的大小与物体分子偶极矩的大小、偶极子的排列状况、物体表面的整洁程度、空气中悬浮带电粒子的种类等因素有关。

当原来不带电的物体处在高电压带电体（或者高压电源）附近时，由于带电体周围特别是尖端附近的空气被击穿，发生电晕放电，使原本不带电的物体带上与高电压带电体或电源具有相同符号的电荷，这种起电方式叫作喷电起电，或称为电晕放电带电。在静电实验与静电测量中，经常使用高压电源喷电起电方式使物体带电。

2. 粉体的静电起电

粉体是处在特殊状态下的固体。与大块的固体材料相比，粉体本身具有分散性和悬浮性两大特点。分散性使粉体表面积比相同材料、重量的整块固体的表面积要增大很多倍，粉体颗粒的直径越小，表面积增大的倍数越大。不管粉体材料是金属还是绝缘体，粉体的悬浮性使得粉体颗粒与大地总是绝缘的，每一个小颗粒有可能带电。

粉体物质因静电影响生产速度和产品质量，影响人们的正常生活，甚至引起灾害性事故等问题，例如在各种火药、炸药的生产、储存、运输过程中，可能产生大量静电电荷；在烟花爆竹生产工厂中曾因筛药、装填等工序产生的静电火花，引发过多起重大伤亡事故；在面粉、奶粉及许多高聚物粉体生产中，因静电问题，有时不得不降低生产速度，甚至停产检修，消除静电（见图7-3）。烟雾是固体微粒和液滴组成的，有害烟尘会严重污染环境，影响人们的工作和健康，利用静电除尘技术能有效地除去生产过程中排放的烟雾和粉尘。无论是静电应用技术研究，还是防静电危害研究，都非常重视粉体静电问题。

图 7 - 3　面粉的爆炸

粉体带电的主要机理是快速流动或抖动、振动等运动状态下，粉体与管路、器壁、传送带之间的摩擦、分离，以及粉体自身颗粒的相互摩擦、碰撞、分离，固体颗粒断裂、破碎等过程产生的接触分离带电。由于粉体是固体物质，因此静电起电过程遵从固体的接触起电规律。粉体带电的静电电压可高达几千伏，甚至几万伏。在存在有易燃粉尘的场所，这样高的静电电压是非常危险的，静电放电的小火花可以引起剧烈的爆炸。

3. 液体的静电起电

液体与液体相互接触后，可能发生溶解、混合等现象，无法从宏观上确定两种液体的分界面。即使有明显的分界面，也无法将两种液体完全分离如油和水相互接触。所以，用力学的（机械的）方法使液体产生静电的现象（见图 7 - 4），主要包括固体与液体之间接触分离起电和气体与液体之间接触分离起电两种类型，例如流动起电、冲流起电、沉降起电、喷射起电等，属于固体液体间接触分离起电类型；喷雾起电、溅泼起电、泡沫起电等是气体液体间接触分离起电类型。在这些场合下，固液、气液之间的边界面被认为是产生静电的原因，所以边界面的性质具有重要意义。

图 7 - 4　液体的静电起电

传统理论，是以在液体中带电粒子所形成的边界层上的偶电层学说为根据，这种偶电层由于力学的（机械的）作用力而分离，从而导致静电起电。液体和固体或气体接触时，由于边界层上电荷分布不均匀，在分界面处形成符号相反的两层电荷，称为偶电层。形成偶电层的直接原因是正、负离子的转移。

当液体在介质管道中因压力差的作用而流动时，扩散层上的电荷被冲刷下来而随液体做定向运动，形成电流，称为冲流电流。冲流电流等于单位时间内通过管路横截面上被冲刷下来的电量。若扩散层上是正电荷，则冲流电流的方向与液体流动方向一致。冲流电流使管路一端有较多的正电荷，另一端有较多的负电荷，于是管路两端出现电位差，称为冲流电压，用 U 表示。在冲流电压 U 的作用下，会产生一个与冲流电流方向相反的欧姆电流 U/R，R 为管路两端间液程的总电阻。当冲流电流和反向的欧姆电流相等时，管路的两端形成一个稳定的冲流电压 U。

悬浮在液体中的微粒沉降时，会使微粒和液体分别带上不同性质的电荷，在容器上、下部产生电位差，称为沉降起电，沉降起电现象可以用偶电层理论解释。当液体（水）中存在固体微粒时，在固液界面处形成偶电层。当固体粒子下沉时，带走吸附在表面的电荷，使水和固体粒子分别带上不同符号的电荷。液体的内部产生静电场，液体上、下部产生电位差。沉降电场作用于带电粒子的结果是，在液体内形成稳定的电场 E 和沉降电位差。

液体喷射起电是指当液态微粒从喷嘴中高速喷出时，会使喷嘴和微粒分别带上符号不同的电荷，偶电层理论可以解释这种起电方式的原因。由于喷嘴和液态微粒之间同时存在迅速接触和分离，接触时，在接触面处形成偶电层；分离时，微粒把一种符号的电荷带走，另一种符号的电荷留在喷嘴上，结果使液态微粒和喷嘴分别带上不同符号的电荷。另外，当高压力下的液体从喷嘴式管口喷出后呈束状与空气接触时，分裂成很多小液滴，其中比较大的液滴很快沉降，其他微小的液滴停留在空气中形成雾状小液滴云。小液滴云是带有大量电荷的电荷云，例如水或甲醇等在高压喷出后形成小液滴云。易燃液体，如汽油、液化煤气等由喷嘴、容器裂缝等开口处高速喷出时产生的静电，无论喷嘴还是带电云，接近金属导体产生放电时，放电火花很容易引起火灾事故。

液体从管道口喷出后碰到壁或板，会使液体向上飞溅形成许多微小的液滴，这些液滴在破裂时会带电，并形成电荷云。液体喷射起电方式在石油产品的储运中经常遇到，如轻质油品经顶部注入口注入储油罐或槽车装油，油柱落下时对罐壁或油面发生冲击，引起飞沫、气泡和雾滴而带电。

当液体溅泼在非浸润固体上时，液滴开始滚动，使固体带上一种符号的电荷，液体上带另一种符号的电荷，这种现象称为溅泼起电。起电原因为当液滴落在固体表面时，在接触界面处形成偶电层，液滴的惯性使液滴在碰到固体表面后继续滚动，液滴滚动带走了扩散层上的电荷而带电，固定层上电荷留在固体表面而带另一种符号的电荷。因此，液体和固体分别带上了等量异号的电荷。

4. 气体的静电起电

纯净的气体在通常条件下不会引起静电。气体的静电起电，通常是指高压气体的喷出带电。很早以前人们就发现，潮湿的蒸气或湿的压缩空气喷出时，与从喷口流出的水滴，伴随的喷气射流带有大量静电荷，在射流的水滴与金属喷嘴之间有时发生放电。1954年，在德国埃菲尔的彼特伯格发现，从二氧化碳灭火装置中喷出二氧化碳时，产生大量静电。人们还发现从氢气瓶中放出氢气或从高压乙炔储气瓶中放出乙炔时，喷出射流本身明显带电，过射流与喷口之间发生放电现象。

随着科学技术的飞速发展，工业的现代化，气体静电起电放电造成的恶性事故已屡见不鲜。20世纪80年代以来，我国液化石油气行业发生的静电放电事故有十多起，如1980年4月17日，某石油化工厂液化石油气高压液泵站在维修作业中，为检修高压液泵是否泄漏，先后把液泵站的主阀门、液泵的进口阀和出口阀关闭，然后转动放散阀柄，当阀柄打开至3/4的时候，阀内残存的液化石油气以1.37 MPa的压力从阀口成雾状高速喷出而带电，由静电火花放电引起爆炸，造成3人死亡，2人受伤；1983年11月2日，当时温度为16 ℃，相对湿度为29%，在某煤气公司灌装车间的大转盘生产线灌瓶过程中，液化石油气液体在灌装枪内以1.94 m/s的高速流动，从灌装枪出口处高速喷出，产生大量静电，且灌装枪接地不良，使静电在灌装枪上积累，对气瓶产生静电火花放电，引起着火和爆炸，造成3名工人被烧伤；1988年4月15日上午，某液化石油气罐装站，在灌装4个170 kg的大瓶时，操作者在慌忙中未关闭其中一个瓶的超量气瓶阀门就拔掉充气管，使液化石油气从气瓶中猛烈喷出，在气瓶角阀处积聚与排放的液化气带电极性相反的静电荷，产生静电火花放电，引起重大的灾害性燃爆事故，造成直接经济损失达数百万元，有7人受伤。这些事例，清楚地说明高压喷出的气体携带大量的静电，一旦发生静电放电，会给人民生命财产造成重大损失。

实验证明，高压气体喷出时带静电，是因为在高压气体中悬浮着固体或液体微粒。单纯的气体，在通常条件下不会带电。气体中混有的固体或液体微粒，与气体一起高速喷出时，与管壁发生相互作用而带电。高压气体喷出时的气体带电，与粉体气力输送系统通过管道带电属于同一现象，本质上是固体和固体、固体和液体的接触起电。气体混杂粒子的由来，与是否带电完全没有关系，可以是管道内壁的锈，也可以是管道途中积存的粉尘或水分，或由其他原因产生的微粒。当氢从瓶中放出时，氢气瓶内部的铁锈、水、螺栓衬垫处使用的石墨或氧化铅等，与氢同时喷出而产生静电。二氧化碳和液化石油气喷出时产生的干冰及雾是静电的携带者。在乙烷储气瓶中，溶解乙炔使用的丙酮粒子，成了带电的主要原因。气体高速喷出时使微粒和气体一起在管内流动，将与管内壁发生摩擦和碰撞，微粒与管内壁频繁发生接触和分离的过程，使微粒和管壁分别带上等量异号的电荷。若在高压气体喷出时管道中存在液体，伴随高压气体喷出会产生液滴云带电，这是由于在高压气体喷出时，气体中的液体要与管路或喷嘴的内壁表面接触形成液膜，并在固液界面上形成偶电层。当液体随气流运动从壁面上剥离时，发生电荷分离，带电的液滴分散在气体中喷射出来而导致静电放电。

5. 人体的静电起电

人体是一个特殊的静电系统。通常条件下，人体本身是静电导体，而与人体紧密联系的衣服和鞋、袜是由绝缘材料制成的，也就是说，人体和大地之间形成一个电容器，可以存储静电能量。人体静电的定义是人体由于行走、操作，或与其他物体接触、分离，或因静电感应、空间电荷吸附等原因使人体正负极性电荷失去平衡，而在宏观上呈现出某种极性的电荷积聚，从而使人体对地电位不为零，对地具有静电能量，这种相对静止的，积聚在人体上的电荷称为人体静电。下面对人体静电起电的各种方式进行介绍。

（1）接触起电。

人在进行各种操作活动时，不可避免地与各种物体接触分离，如行走时鞋与地面的接触分离，外衣与所接触的各种介质发生接触分离或摩擦等。这些接触分离会使人体带电，即接触起电。人体静电电位随衣服、鞋与地面的接触分离性质不同，起电的波形也不同。一般来说，在干燥环境，人穿绝缘底的鞋，在绝缘地面上脱衣服时，能产生较高的起电率，并可以保持很高的静电电位（最高可达 60 kV）。

（2）感应起电。

当人体接近其他带电的人体或物体时，这些带电体的静电场作用于人体。由于静电感应，电荷重新分布，若人体静电接地，会带上与带电体异号的静电荷；若人体对地绝缘，静电荷为零，但当对地电位不为零时，具有静电能量，此时也是静电带电。处在静电场中的人体，若瞬时接地又与地分离，静电荷会不为零。人体感应起电的电位有时会达到很高，如人在带电雷雨云下行走时，可被雷雨云感应出近 50 kV 的静电。

（3）传导带电。

当人操作带电介质或触摸其他带电体时，会使电荷重新分配，物体的电荷会直接传导给人体，使人体带上电荷，达到平衡状态时，人体的电位与带电体的电位相等。

（4）吸附带电。

吸附带电是指人走进带有电荷的水雾或微粒的空间，带电水雾或微粒会吸附在人体上，也会使人体由于吸附静电电荷而带电，例如在粉体粉碎及混合车间工作的人员，会有很多带电的粉体颗粒附着在人体上使人体带电。

影响人体静电积累的因素主要包括衣服的材料、人的活动速率或操作速度、人体对地泄漏电阻、环境条件等。

23.2　静电的危害

静电的危害包括以下四个方面：①呈现静电力学作用或高压击穿作用，主要是使产品质量下降或造成生产故障；②呈现高压静电对人体生理机能作用的是所谓"人体电击"；③静电放电过程是将电场能转换成声、光、热能的形式，热能可作为火源使易燃气体、可燃液体或爆炸性粉尘发生火灾或爆炸事故；④静电放电过程所产生的电磁场是射频辐射源，对无线电通信是干扰源，会对电子计算机产生误动作，影响设备正常工作。

1. 静电放电的危害

（1）引发火灾和爆炸事故。

爆炸和火灾是静电最大的危害。静电放电形成点火源并引发燃烧和爆炸事故，需要同时具备下述三个条件：

①发生静电放电时产生放电火花。

②在静电放电火花间隙中有可燃气体或可燃粉尘与空气所形成的混合物，并在爆炸浓度极限范围之内。

③静电放电量大于或等于爆炸性混合物的最小点火能量。

（2）造成人体电击。

虽然在通常的生产工艺过程中产生的静电量很小，静电引起的电击一般不致人死亡，但可能发生指尖受伤或手指麻木等机能性损伤或引起恐怖情绪等，更重要的是可能会因此而引起坠落、摔倒等二次事故；电击还可能使工作人员精神紧张引起操作事故。

（3）造成产品损害。

静电放电对产品造成的危害包括工艺加工过程中的危害（降低成品率）和产品性能危害（降低性能或工作可靠性）。

静电放电造成产品损害主要表现在易于遭受静电放电损害的敏感电子产品，特别是半导体集成电路和半导体分立器件的损害。其他行业的产品，例如照相胶片，也会因静电放电而引起斑痕损伤。

（4）造成对电子设备正常运行的工作干扰。

静电放电时可产生频带从几百赫兹到几十兆赫兹、幅值高达几十毫伏的宽带电磁脉冲干扰，这种干扰可以通过多种途径耦合到电子计算机及其他电子设备的低电平数字电路中，导致电路电平发生翻转效应，出现误动作。静电放电造成的杂波干扰，是以电容性或电感性耦合，或通过有关信号通道直接进入设备或仪器的接收回路，除了使电路发生误动作外，还可能造成间歇式或干扰式失效、信息丢失或功能暂时遭到破坏，但可能对硬件无明显损伤。一旦静电放电结束和干扰停止，仪器设备的工作有可能恢复正常，重新输入新的工作信号仍能重新启动并继续工作。但是，在电子设备和仪器发生干扰失效后，由于潜在损伤，在以后的工作过程中随时可能因静电放电或其他原因使电子元器件过载并最终引起致命失效，且这种失效无规律可循。

2. 静电库仑力作用危害

积聚于物体上的静电荷，将在周围空间产生电场，电场中的物体将会受到静电库仑力的作用。一般情况下，物体所产生的静电，其静电力在每平方米几牛顿的水平上，虽然只是磁铁作用力的万分之一，但对轻细的头发、纸屑、尘埃、纤维等足以产生明显的吸附作用。正是这种库仑力的吸附，对不同行业、生产环境和条件以及不同产品，构成了各种各样的危害：

①纺织行业中的化纤及棉纱，在梳棉、纺纱、整理和漂染等工艺过程中，因摩擦产生静电，因库仑力的作用结果，可造成根丝飘动、纱线松散、缠花断头、招灰等，既影响织品质量，又造成纱线纠结、缠辊、布品收卷不齐等，影响生产的正常进行。

②造纸行业中，由于纸张传递速度高，与金属辊筒摩擦产生静电，往往造成收卷困难、增大吸污量而降低质量。纸张与油墨、机器接触摩擦带静电，造成纸张"黏结"或数张不齐、套印不准，影响印刷质量。

③橡胶工业中，从苯槽中合成橡胶，静电电位高达 250 kV，压延机压出产品静电位高达 80 kV，涂胶机静电位达 30 kV，由于静电库仑力作用可造成吸污，使制品质量下降。

④水泥加工中，水泥块利用钢球研磨机将物料研细，由于干燥的水泥粉和钢球带有异性电荷，粉末吸附于钢球表面，降低生产效率并使水泥成品粉粒粗细不均，影响质量。

⑤电子工业中，制造半导体器件过程广泛使用石英及高分子物质制作器具和材料，由于材质具有高绝缘性，可集聚大量电荷而产生强静电。高静电的力学作用会使车间空气中的浮游尘埃吸附于半导体芯片上。由于芯片上元器件密度极高和线宽极细，故即使尺寸很小的尘埃粒子或纤维束也会造成产品极间短路而使成品率下降。同时，吸附尘埃的存在和它们的可游动性，是导致潜在失效的一种不稳定因素。

3. 静电感应危害

在静电带电体周围，是电场力线作用所及的范围，处在范围的孤立（即与地绝缘）导体与半导体表面上产生感应电荷，导体与带电体接近的表面带与带电体符号相反的电荷，另一端则带与带电体符号相同的电荷。由于整个物体与地绝缘，电荷不泄漏，故所带正负电荷由于带电体电场的作用而维持平衡状态，但总电量为零。物体表面正负电荷完全分离的这种存在状态，使物体充分具有静电带电本性，电位的幅值取决于原带电体所形成的电场强度。

静电感应是使物体带电的一种方法。感应带电体既可产生库仑力吸附，又可与其他相邻的物体发生静电放电，并造成这两类模式的不同危害，例如电子元器件在加工制造过程中，因各种原因产生的静电可能在器件引线、加工工具、包装容器上感应出较高的静电电压，并因此引起半成品和成品的静电损害。

23.3　静电放电

静电放电（Electro Static Discharge，ESD）是指带电体周围的场强超过周围介质的绝缘击穿场强时，因介质产生电离而使带电体上的静电荷部分或全部消失的现象。

通常把偶然产生的静电放电称为 ESD 事件。在实际情况中，产生 ESD 事件往往是物体积累一定的静电电荷，对地静电电位较高。带有静电电荷的物体通常被称为静电源，在 ESD 过程中的作用是至关重要的。

静电放电具有以下两个特点：①静电放电可形成高电位、强电场、瞬时大电流；②静电放电过程会产生强烈的电磁辐射形成电磁脉冲。

随着研究工作的深入，ESD 的特性越来越清楚地展现在人们面前。应当注意的是，实际的静电放电是一个非常复杂的过程，不仅与材料、物体形状和放电回路的电阻值有关，在放电时往往还涉及非常复杂的气体击穿过程，因而 ESD 是一种很难重复的随机过程。

由于带电体可能是固体、流体、粉体以及其他条件的不同，静电放电可能有多种形态，根据放电特点，并从防止静电危害方面考虑，放电类型可分为以下七种。

（1）电晕放电。

电晕放电是指气体介质在不均匀电场中的局部自持放电，是一种最常见的气体放电形式（见图 7-5）。在曲率半径很小的尖端电极附近，由于局部电场强度超过气体的电离场强，使气体发生电离和激励，因而出现电晕放电。发生电晕时在电极周围可以看到光亮，并伴有咝咝声。电晕放电可以是相对稳定的放电形式，也可以是不均匀电场间隙击穿过程中的早期发展阶段。

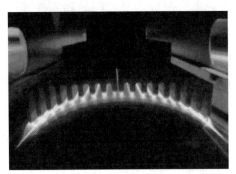

图 7-5　电晕放电

（2）火花放电。

当静电电位比较高的静电导体靠近接地导体或比较大的导体时，便会引发静电火花放电（见图 7-6）。静电火花放电是一个瞬变的过程，放电时两种放电体之间的空气被击穿，形成"快如闪电"的火花通道，与此同时伴随着噼啪的爆裂声。爆裂声是由火花通道内空气温度的急骤上升形成的气压冲击波造成的。在发生静电火花放电时，静电能量瞬时集中释放，引燃、引爆能力较强。另外，静电火花放电产生的放电电流及电磁脉冲具有较大的破坏力，可对一些敏感的电子器件和设备造成危害。

图 7 - 6　火花放电

应当指出，带电金属导体产生的静电火花放电和带电人体产生的静电火花放电是不完全相同的。在多数情况下，金属导体间的静电火花放电时，形成一次火花通道能释放掉绝大部分静电电荷，即静电能量可以集中释放。对于人体静电放电来说，由于人体阻抗是随人体静电电位变化而改变，在一次放电过程中可能包含多次火花通道的形成、消失过程，即重复放电。在每次放电过程中仅放掉一部分静电电荷，即每次仅释放人体静电能量的一部分。

（3）刷形放电。

刷形放电往往发生在导体与带电绝缘体之间，带电绝缘体可以是固体、气体或低电导率的液体。产生刷形放电时，形成的放电通道在导体一端集中在某一个点上，而在绝缘体一端有较多分叉，分布在一定空间范围内，根据放电通道的形状，这种放电被称为刷形放电。当绝缘体相对导体电位的极性不同时，形成的刷形放电所释放的能量和在绝缘体上产生的放电区域及形状是不一样的。当绝缘体相对导体为正电位时，绝缘体上产生的放电区域为均匀的圆状，放电面积比较小，释放的能量也比较少。而当绝缘体相对于导体为负电位时，绝缘体上产生的放电区域是不规则的星状区域，区域面积比较大，释放的能量也较多。另外，刷形放电与参与放电的导体的线度及绝缘体表面积的大小有关，在一定范围内，导体线度越大，绝缘体的带电面积越大，刷形放电释放的能量也越大。

（4）传播型刷形放电。

传播型刷形放电又称沿面放电，仅在绝缘体的表面电荷密度大于 2.7×10^4 C/m² 时较易发生。一般情况下，传播型刷形放电发生在绝缘材料与金属之间，放电通道沿绝缘材料的表面进行。在常温、常压下，如此高的表面电荷密度较难出现，这是因为在空气中当绝缘体表面电荷密度超过 2.7×10^5 C/m² 时会使空气电离。只有当绝缘体两侧带不同极性的电荷且厚度小于 8 mm 时，才有可能出现这样高的表面电荷密度，此时绝缘体内部电场很强，在空气中则较弱。当绝缘板一侧紧贴接地金属板时，可能出现这种高的表面电荷密度。另外，电介质板被高度极化时也可能出现这种情形。若金属导体靠近带电绝缘体表面时，外部电场得到增强，也可能引发传播型刷形放电。

当发生传播型刷形放电时，初始发生在导体和绝缘材料间的刷形放电导致绝缘板上某一小部分的电荷被中和，与此同时周围部分高密度的表面电荷形成很强的径向电场，径向电场会导致进一步击穿，这样放电沿整个绝缘板的表面传播，直到所有的电荷全部被中和。

传播型刷形放电释放的能量很大，有时可达到数焦耳，因此引燃、引爆能力极强。在气流输送粉料和大型容器的灌装时，如果容器的材料为绝缘或金属材质带有绝缘层时，有可能发生传播型刷形放电。

（5）大型料仓内的粉堆放电。

粉堆放电一般可能发生在容积达到 100 m³ 或更大的料仓中。当把绝缘性很高的粉体颗粒由气流输送经过管道和滑槽进入大型料仓时，在沉积的粉堆表面可能发生强烈的放电，放电能量可达 10 MJ。粉料沉积后，粉堆电量迅速增加，表面的场强也相应增强。当场强增加到一定程度时，在粉堆的顶部产生空气的电离，形成从仓壁到粉堆顶部的等离子体导电通道，产生粉堆与仓壁之间的静电放电，一般来说，料仓体积越大，粉体进入料仓时流量越高，粉粒绝缘性越好，越容易形成粉堆放电。

（6）雷状放电。

雷状放电是一种大范围的空间放电形式（见图 7-7）。最初在火山爆发的尘埃中曾观察到，近年来在实验中也得到证实。但在实际工业生产中尚未发生，有人通过试验证实容器体积小于 60 m³ 或柱形容器的直径小于 3 m 时，不会发生雷状放电。

图 7-7　雷状放电

（7）电场辐射放电。

电场辐射放电依赖高电场强度下气体的电离，当带电体附近的电场强度达到 3 MV/m 时，可能发生电场辐射放电。放电时，带电体表面可能发射电子。电场辐射放电能量比较小，引燃引爆能力较小，出现的概率也小。表 7 - 2 列出了各类 ESD 的发生条件与主要特点。

表 7 - 2　各种 ESD 的发生条件与特点

种类	发生条件	特点及引燃引爆性
电晕放电	当电极相距较近，在物体表面的尖端或突出部位电场较强处较易发生	有时有声光，气体介质在物体尖端附近局部电离，形成放电通道。感应电晕单次脉冲放电能量小于 20 时，有源电晕单次脉冲放电能量则大若干倍，引燃能力甚小
刷形放电	在带电电位较高的静电非导体与导体间较易发生	有声光，放电通道在静电非导体表面附近形成许多分叉，在单位空间内释放的能量较小，一般每次放电能量不超过 4 MJ，引燃、引爆能力中等
火花放电	主要发生在相距较近的带电金属导体间或静电导体间	有声光，放电通道一般不形成分叉，电极有明显放电集中点，释放能量比较集中，引燃、引爆能力较强
传播型刷形放电	仅发生在具有高速起电的场合，当静电非导体的厚度小于 8 mm，表面电荷密度大于等于 2.7×10^5 C/m² 时较易发生	有声光，将静电非导体上一定范围内所带的大量电荷释放，放电能量大，引燃、引爆能力很强
粉堆放电	主要发生在容积送到 100 m³ 或更大的料仓中，粉体进入料仓时流量越高，粉粒绝缘性越好，越容易形成放电	在粉堆顶部产生空气电离，形成仓壁到堆顶的等离子体导电通道，放电能量可达 10 MJ，引燃、引爆能力强
雷状放电	空气中带电粒子形成空间电荷云规模大、电荷密度大的情况下发生，如承压的液体或液化气等喷出时形成的空间电荷云	放电能量极大，引燃、引爆能力极强
电场辐射放电	依赖于高电场强度下气体的电离，当带电体附近的电场强度达到 3 MV/m 时放电可发生	放电时，带电体表面可能发射电子，放电能量比较小，引燃、引爆能力较小，出现的概率也小

23.4 静电效应及作用规律

静电效应主要包括力学效应、热效应、强电场效应、电磁脉冲效应、对人体的电击效应等。

1. 力学效应

带电体周围存在静电场，在通常条件下，静电场是非均匀的，静电场被极化的介质微粒会受到电场力的作用，受力的方向指向带电体。由此可知，无论带电体带何种极性的电荷，带电体对原本不带电的尘埃颗粒具有吸引力的作用。

2. 热效应

静电火花放电或刷形放电的热效应一般是在 ns 或 μs 量级完成的。因此，通常可以将静电放电过程看作是一种绝热过程。空气中发生的静电放电，可以在瞬间使空气电离、击穿并通过数安培的大电流，伴随发光、发热的过程，形成局部的高温热源。这种局部的高温热源可以引起易燃、易爆气体燃烧、爆炸。

3. 强电场效应

静电场的强电场效应使静电荷在物体上的积累，往往使物体对地具有高电压，在物体附近形成强电场。在电子工业中，MOS 器件的栅氧化膜厚度为 10^{-7} m，100 V 的静电电压加在栅氧化膜上，会在栅氧化膜上产生 10^6 kV/m 的强电场，超过一般 MOS 器件的栅氧化膜的绝缘击穿强度 $(0.8 \sim 1.0) \times 10^6$ kV/m，导致 MOS 器件的栅氧化膜被击穿，使器件失效。当电路没有设计采取保护措施时，栅氧化膜为致密无针孔的高质量氧化层也会被击穿。对于有保护措施的电路，虽然击穿电压远高于 100 V，但危险静电源的电可以是几千伏，甚至几万伏。因此，高压静电场的击穿效应仍然是 MOS 器件的一大危害。另外，高压静电场可以使多层布线电路间介质击穿或金属化导线间介质击穿，造成电路失效。需要强调的是，介质击穿对电路造成的危害是由于过电压或强电场，而不是功率造成的。

4. 电磁脉冲效应

电磁脉冲效应过程是电位、电流随机瞬时变化的电磁辐射过程。无论是放电能量较小的电晕放电，还是放电能量比较大的火花式放电，均产生电磁辐射。电磁脉冲效应对各种电子装备、信息化系统均造成电磁干扰，对航空、航天、航海领域和各种现代化电子装备造成危害。ESD 电磁干扰属于宽带干扰，从低频到几千兆赫兹以上，其中电晕放电是出现在飞机机翼、螺旋桨及天线和火箭、导弹表面等尖端或细线部位，产生几兆赫兹到 1 吉赫范围的电磁干扰。电晕放电使飞机、火箭等空间飞行器与地面的无线通信中断，导航飞行器系统不能正常工作，使卫星姿态失控，造成严重后果。传播型刷形放电和火花放电是静电能量比较大的 ESD 过程，峰值电流可达几百安培，可以形成电磁脉冲

（Electro Magnetic Pulse，EMP），对微电子系统造成强电磁干扰及浪涌效应，引起电路错误翻转或致命失效。即使采取完善的屏蔽措施，当电路屏蔽盒上发生静电火花放电时，ESD 的大电流脉冲仍会在仪器外壳上产生大压降，这种瞬时的电压跳变，会使被屏蔽的内部电路出现感应电脉冲而引起电路故障。

5. 对人体的电击效应

当人体接近带有静电的绝缘导体，或者带有静电的人体接近接地导体或机器设备等较大金属物体，人体和其他导体间的静电场超过空气的击穿场强时，会形成静电火花放电，有瞬时大电流通过人体或人体的某一部分，使人体受到静电电击。通常，在日常生活和工业生产中，静电引起的电击一般不能导致人员伤亡，但是可能发生手指麻木或引起恐慌情绪等。由于人体电击刺激带来的精神紧张，往往会造成手脚动作失常，人体被机器设备碰伤或从高空坠落，构成静电危害的二次事故。

23.5 静电的消除

近些年来，我国的石油、电子等行业静电事故频发，静电已经成为企业现代化安全技术的一个突出问题。静电的消除方法主要包括静电接地、空气加湿、材料的防静电改性、使用静电消除器等。

1. 静电接地

静电接地是增加静电泄漏的方式之一，是各种防静电规范标准中最常用、最基本的防止静电危害措施，也是一切静电危险场所必须采用的一项防护措施。静电接地与通常意义上的接地在概念和量值上有所不同。许多规范、标准中没有严格区分接地电阻、静电接地电阻及静电泄漏电阻，使实际操作中概念混乱，操作性差。为此，我国有关标准（GB/T 12527—2008）和相关文献，对静电接地作了严格定义。静电接地是指物体通过导电、防静电材料或其制品与大地在电气上可靠连接，确保静电导体与大地的静电电位接近。特别说明，静电接地系统中并不要求接地电阻一定是金属导体，也就是说，静电接地电阻可以是 10^6 Ω 或 10^8 Ω，视具体场合而定，要求比普通接地电阻的欧姆量级宽松。静电接地分为直接静电接地和间接静电接地，通过金属导体构成的静电接地系统称为直接静电接地，简称直接接地或接地；通过含有非金属导体、防静电材料或其制品使物体静电接地称为间接静电接地，简称间接接地。对于金属导体，一般采用直接接地；对于其他静电导体或静电消散材料，则不能采用直接接地的办法，应该用导电胶液将导体表面的局部或全部与金属导体紧密黏合，再将金属导体进行接地，这种连接方式就是间接接地。在进行间接接地时，非金属的静电导体或静电消散材料与金属导体紧密黏合的面积应大于 20 cm^2，同时使两者之间的接触电阻尽量小。

在静电危险场所通常存在不止一个金属物体时，为了消除各金属物体之间的电位差，并消除物体之间可能发生的静电放电，则需要将所有金属物体进行直接接地。对于相距较远的大型设备来说，一般不允许串联后接入接地回路，而必须用逐个直接接地的方法。

当静电危险场所存在多个彼此相距很近的小型金属物体时，可将这些金属物体串联起来，再将其中一个金属物体进行直接接地，这种金属物体间的连接方式称为跨接（也叫搭接）。跨接的目的是使导体与导体之间以及导体与大地之间保持等电位，防止导体之间以及导体与大地之间有电位差。

2. 空气加湿

在北方干燥的冬季，人们处处会感到静电现象给生活带来的影响，但是在潮湿的夏季，人们很难感到静电现象发生。显然，环境相对湿度的提高，有利于抑制静电的产生和积聚，提高静电的泄漏速率。也就是说，静电现象与温度、湿度密切相关，尤其是环境的相对湿度，对静电起电率和静电泄漏有很大的影响。所以，在各种防静电危害的场所，可以利用增湿的方法控制静电危害。

为什么高分子材料的表面电阻率随空气相对湿度增加有比较大的变化呢？这是因为高分子材料中含有—OH、—NH$_3$、—SO$_3$H、—COOH、—OCH$_3$等亲水基和C＝O键，很容易吸收空气中的水分子。另外，高分子材料的表面缺陷、悬挂键的存在有吸附空气中水分子的倾向。当相对湿度提高时，空气中的水分子做热运动撞击到物质表面的概率增大，水分子容易被物体吸收或附着在表面，形成一层很薄的水膜（水膜的厚度约为10^{-7} m），由于水分子的强极性和高电容率，以及溶解在水中的杂质（如二氧化碳）的作用，可以大大降低物体的表面电阻率，显著改善表面导电性能，可以较迅速地将电荷带走，达到消除静电危害的目的。

由于相对湿度提高到70%以上时，大多数物体表面显出较好的导电性，由静电起电原理可知，此时由摩擦（或接触分离）产生静电的概率大大降低，静电起电率减小。换句话说，当空气中相对湿度增大时，绝大多数材料的表面电阻率大大下降，以致静电非导体性质向类似静电亚导体或静电导体的表面特性过渡，一般的物体自然与大地形成电的连接。实验研究表明，当空气相对湿度由10%变化到60%时，普通楼房墙壁静电泄漏电阻由10^{10} Ω下降到10^7 Ω。物体的静电泄漏率大大提高，使危险静电源难以形成，这就是增湿消除静电危害的基本原理。

一般的加湿方法有两种：一种是在工艺处理的场所制造一个人造的小气候环境，使局部空间的相对湿度人为地整体提高到所需要的水平，一般要使用恒温恒湿调节器、加湿器等设备，成本高、费用大。在工艺条件允许的情况下，通过喷入水蒸气或洒水、挂湿布等方法，使场所整体的相对湿度提高，简便又比较经济，但不能准确控制相对湿度。另一种方法是局部加湿，即仅仅在某物体表面形成高湿度，以消除静电危害，这种加湿的装置叫作高湿度空气静电消除器。

静电危险场所的相对湿度控制在多大范围才能使静电很快地释放，避免静电的危险积聚，这既与物质的性能参数有关，也与生产的工艺条件有关，很难一概而论，应根据具体情况和要求确定，一般将空气的相对湿度控制在65%～75%是比较合适的。大量实验表明，在相对湿度低于50%的环境中，多数带电物体的静电释放比较缓慢，防静电效果较差。而当相对湿度达到65%～90%时，静电释放速度加快，防静电效果好。

　　加湿方法消除静电危害效果明显，容易操作，目前已在许多部门得到广泛应用，但也存在不少问题应该注意：第一，有些加湿手段本身产生静电，如压缩空气装置喷射蒸气时产生静电；第二，高湿度不仅成本昂贵，而且会恶化生产条件，使操作人员感到潮湿、闷热，不利于工作，同时增加了机器锈蚀的机会；第三，有些产品出于质量要求不允许把相对湿度增加得很高，有些加工工序则完全不能提高相对湿度。另外，以加湿的方法消除静电，对以下几种情况无效：

　　①表面不易被水润湿的介质，如聚四氟乙烯、纯涤纶等。

　　②表面水分蒸发极快的静电非导体。

　　③绝缘的带电介质，如悬浮的粉体。

　　④高温环境中的静电非导体。

3. 材料的防静电改性

　　绝缘材料容易产生静电，并且对积累的静电荷难以释放。因此，常常需要对绝缘材料进行防静电改性，将绝缘材料变为静电消散材料，达到抑止静电的目的。对材料进行防静电处理的方法主要是使用防静电改性剂、导电性填充、辐照改性和层压复合型防静电阻隔材料。

　　（1）防静电改性剂。

　　使用防静电剂，可以改变高分子材料的导电性能，达到释放静电的要求。防静电剂是一种化学物质，具有较强的吸湿性和较好的导电性，在介质材料中加入或在表面涂敷防静电剂后，可降低材料本身的电阻率或表面电阻率，成为静电的导体材料和静电的消散材料，加速对静电荷的释放。

　　固体材料的防静电改性处理可分为固体内部掺杂方法和表面涂敷方法。无论是内部掺杂还是外部涂敷，防静电剂的作用机理是一样的。防静电剂一般是表面活性剂，加入材料后表面活性剂的疏水基向材料内部结合，而亲水基朝向空气，在被处理材料表面形成一个连续的能够吸附空气中微量水分的单分子导电层，当防静电剂为离子型化合物时，导电层起到离子导电作用；当防静电剂为非离子型时，吸湿效果除了改变表面水膜导电性外，还使材料表面的微量电解质有离子化的条件。无论是离子型还是非离子型的防静电剂，由于单分子导电层的形成，降低了材料的表面电阻率，加快了静电释放，改变了材料的表面能级，使材料表面变得柔软平滑、摩擦系数减小，从而使接触分离过程中产生的静电量减小。

火炸药的防静电改性，通常采用两种方法：一种方法是把防静电剂配置成一定浓度的水溶液，在火炸药生产的最后一道水洗工序时加入，使药粒表面涂敷一层很薄的防静电剂；另一种方法是把防静电剂溶在有机溶剂内，涂敷在与火炸药相接触的工装、设备的表面。作为火炸药用的防静电剂，首先要求防静电剂对火炸药的质量不发生影响，即不影响火炸药的理化性能和爆炸性能。为此，应选用高效防静电剂，以便加入极少的数量达到火炸药有效防止静电。当火炸药长期储存时，防静电剂的安定性是否对火炸药产生不利影响必须加以考虑。其次，防静电剂的使用应有利于火炸药趋近凝聚相和抑制粉尘的形成，因为处于粉尘状态的火炸药在飞扬时易与空气形成燃爆混合物，促成静电灾害的发生。最后要求防静电剂无毒、操作方便，不污染环境。

石油产品的防静电改性主要是改变油品的电导率。由纯油或油的混合物组成的石油产品，基本上属于静电绝缘体，在很多情况下，油品的电导率是 $0.5\ \mu s/m$。如此低的电导率，使油品在生产、储运和使用过程中潜在静电危害。在石油产品中加入适量的防静电剂可以大幅度提高油品的电导率，使静电荷不能积聚。大量实验和长期的运行经验表明，防静电剂对包括汽油、柴油和航空煤油在内的各种燃油均有良好的防静电效果。向油品中添加防静电剂时，最好将防静电剂以数倍油稀释、调配成母液，母液视调和罐的容积大小进行充分循环，停泵半小时后用电导率测定仪测定各部位的电导率数值，若这些值完全相同，说明油品已调和均匀，添加量为十万分之几至百万分之几。

（2）材料的导电性填充。

当空气相对湿度较低时，防静电剂的防静电效果会下降，甚至失去作用，所以研制永久性防静电材料是十分必要的。导电性填充材料防静电改性技术，是在材料的生产过程中，将分散的金属粉末、炭黑、石墨、碳素纤维等导电性填充料与高分子材料混合，形成导电的高分子混合物，并可制成电阻率较低的各种静电防护用品。由导电性填充料和高分子材料混合制成的防静电制品主要有防静电橡胶制品和防静电塑料制品，已广泛应用于火工品、火炸药及石油、化工、制药、煤气、矿山等领域。

导电填充料技术与化学防静电剂处理方法相比较，有如下优点：首先，导电性填充材料可以更有效地降低聚合物材料的电阻率，并可在相当宽的范围内加以调节。其次，化学防静电剂防静电的主要机理在于吸湿，防静电制品在低湿度下的防静电性能变得很差以至完全丧失；而由导电性填充材料获得的防静电制品，释放静电的机理与吸湿无关，即使在很低的相对湿度下，仍能保持良好的防静电性能。最后，在防静电性的持久性方面，导电性填充材料优于化学防静电剂。

导电性混合材料的导电机理是十分复杂的，电流电压特性是非线性的，主要的导电过程可归结为两种：一是依靠链式组织中导电颗粒的直接接触使电荷载流子转移；二是通过导电性填充料颗粒间隙和聚合物夹层的隧道效应转移电荷载流子。同时，高分子混合料加工成制品的工艺及制品中的缺陷等会影响制品的防静电性能。

（3）射束辐照防静电改性技术。

射束辐照防静电改性技术是利用离子束、电子束或 X 射线及 β 射线对高分子材料进行照射，以期获得永久性的防静电材料。20 世纪 60 年代，有人用电子束和 X 射线照射高分子材料进行了防静电改性实验，实验结果并不理想，被辐照的材料呈现出的防静电性能很快（数小时内）衰减，最后完全恢复到辐照前的水平。但是，利用离子束或射束技术与防静电剂相结合及等离子体技术对材料表面改性，曾获得比较理想的防静电表面。

（4）层压复合型防静电阻隔材料。

自 20 世纪 70 年代起，工业发达国家综合运用防静电剂、真空镀铝和聚合物生产工艺，研制成层压复合型防静电阻隔材料。这种材料可以对半导体器件和计算机芯片及某些电磁敏感产品与设备进行静电防护，具有防电磁辐射的功能，并能够隔湿防潮。我国有关工厂已研制生产出达到国际标准的层压复合型防静电阻隔材料和包装袋，已应用于静电防电磁干扰的相关领域。

4. 静电消除器

不同的静电防护技术有适用范围，也有一定的局限性，如静电接地不适用于静电绝缘体，空气加湿对生产工艺有一定影响，某些情况下为保证产品质量不允许加湿或无法提高环境相对湿度。

能使空气发生电离、产生消除静电所必要的离子的装置称为静电消除器（见图 7-8），又可称为静电中和器，简称消电器，基本原理是利用空气电离发生器使空气电离产生正、负离子对，中和带电体上的电荷。静电消电器具有不影响产品质量、使用方便等优点，因而应用十分广泛。

消电器种类很多，按照使空气发生电离的手段的不同，可分为无源自感应式、外接高压电源式和放射源式三大类。其中，外接高压电源式按使用电源性质不同可分为直流高压式、工频高压式、高频高压式等；按构造和使用场所不同，可分为通用型、离子风型和防爆型三种类型；此外，有一些适用于管道等特殊场合的消电器。

图 7-8　静电消除器

电磁污染与电磁辐射

24.1 电磁污染

电场和磁场的交互变化产生电磁波。电磁波向空中发射或泄露的现象，叫电磁辐射。过量的电磁辐射造成了电磁污染。电磁污染是指超过人体承受或仪器设备容许的电磁辐射，以电磁场力为特性，并和电磁波的性质、功率、密度及频率等因素密切相关。电磁辐射超过一定的强度时，即超过安全卫生标准限值，对人体产生负面效应，出现头痛或失眠等现象即电磁污染（见图 7-9）。

视频：电磁辐射与
电磁污染

图 7-9　电磁污染

1．电磁污染源

（1）室外环境电磁污染源。

室外环境电磁污染源包括电视和广播发射系统。通信发射台站（各类专业通信基站、导航台站、卫星地球站、气象雷达、军用雷达等），发射频率覆盖从长波、中波、短波、超短波到微波波段相当宽广的频段。移动通信基站运行频率在 800~1 900 MHz，输变电设备、高压及超高压输电线、变电站频率为 50 Hz。地铁列车及电气火车依靠电牵引系统运行，运行中产生的电磁污染，主要是对周边环境的电磁骚扰。室外环境电磁辐射污染源的特点是设备功率大，频谱范围宽，对周边电磁环境影响较大，对公众生活、工作所处电磁环境影响较大。

（2）工作环境电磁污染源。

工作环境电磁污染源包括射频及微波医疗设备（如医院和康复中心的高频微波理疗机、治疗机等）；射频感应及介质加热设备（如高频淬火机床、高频感应加热炉、微波干燥机等）；广播电视发射机；气象雷达、军用雷达以及导航台；卫星地球通信站；变电站、高压输电线；大型写字楼动力线、变压器等。工作环境电磁辐射源的特点是电磁污染源设备功率相对较大，距离作业人员较近，辐射时间较长。同时，相当多作业场所的电磁防护不到位，相关作业人员受到的电磁辐射问题应该得到必要的重视。

（3）家居环境电磁污染源。

家居环境电磁污染源包括手机、微波炉、电磁炉、计算机、电视机、子母电话机、对讲机、车载电台、电热毯、电吹风、加湿器、电饭锅等。家居环境电磁污染源的特点是，家用电器设备品种繁多，设备功率除微波炉、电磁炉、车载电台外，一般不大。一般居民不知道什么电器需要做电磁防护，什么设备可以踏实地使用。由于家用电器的电磁辐射，关系到社会中所有人群，更值得关注。

2. 电磁污染的危害

（1）电磁辐射对心理和行为健康的危害。

电磁辐射可以对健康和患病人群的心理和行为产生影响。大量资料证明，电磁能使人出现头昏脑涨，失眠多梦，记忆力减退等症状，电磁场对睡眠的影响是对患者心理、行为和识别能力影响的反映，进而推断暴露于人工电磁辐射中的人员，睡眠异常也许是电磁辐射后精神紊乱的开始。

（2）对眼的危害。

高强度电磁辐射可使人眼晶状体蛋白质凝固，轻者混浊，严重者造成白内障，伤害角膜虹膜和前房，导致视力减退乃至完全丧失。人眼在短时间内经微波辐射后，出现视疲劳、眼不适、眼干等现象，视力明显下降，夜晚更为突出。电子通信设备微波作业人员眼晶状体混浊与工龄有关，工龄越长混浊程度越重。

（3）对生殖系统的危害。

电磁辐射对生殖系统的危害及引起的生殖障碍日益被各国学者所关注。在微波辐射作用下，生殖系统的温度增高 $10 \sim 20$ ℃，皮肤虽然没有灼痛感，但男性生殖机能可能已经受到微波辐射的损害。女性暴露于电磁辐射可引起子代先天畸形、胎儿产期死亡、胎儿宫内发育迟缓、流产、早产等，还大大增加不孕的危险性。怀孕早期经常使用微波炉和移动电话可能显著增加孕妇发生异常妊娠结局的相对危险性。

（4）对癌症发生率的影响。

大量试验研究表明，电磁辐射以各种方式影响生命细胞，如极低频电磁场与白血病（尤其是儿童白血病）、乳腺癌、皮肤恶性黑色素癌、神经系统肿瘤、急性淋巴性白血病等。

3. 电磁污染的防止措施

（1）屏蔽。

采用屏蔽体屏蔽可以将电磁能限制在确定的空间里。屏蔽可分为磁场屏蔽和电场屏蔽。磁场屏蔽是利用率很高的金属材料封闭磁力线。当磁场变化时，屏蔽体材料感应出涡流，产生方向与原来磁通方向相反的磁通，阻止原来磁通突出屏蔽体而辐射出去。电场屏蔽是将金属板或金属网等良导体或导电性能好的非金属制成屏蔽体进行屏蔽，屏蔽设施应有良好的接地。辐射的电磁能量在屏蔽体引起的电磁感应电流可通过地线流入大地。

屏蔽的应用类型如下：

①对辐射单元屏蔽：在明确辐射场源和场强分布的基础上，对每一个辐射源实施屏蔽。单元屏蔽主要是对振荡回路、高频输出变压器、输出馈线、工作线圈等场源进行屏蔽。

②全屏蔽：对射频溅射机、半导体外延炉以及某些高频干燥设备，根据工艺条件，可以实行整体屏蔽，即将振荡回路、工作电路、输出变压器等场源全部屏蔽在机箱内。

③屏蔽室：电磁屏蔽室可实现全屏蔽，是可以把电磁场的影响抑制在一定范围或一定范围外的器材所组成的整体结构。

（2）吸收。

在实际防护上，采用能量吸收材料防止微波辐射，是一项行之有效的技术措施。有两种微波防护方案应用最为普遍：第一种方案仅用吸收材料（例如在塑料、陶瓷、橡胶等材料中加入铁粉、石墨、木炭和水等制成吸收材料）吸收辐射能量；第二种方案是将吸收材料和屏蔽材料（铜、铝、铁是很好的屏蔽材料。对中、短波，可用铜作屏蔽材料，微波可用铁作屏蔽材料）叠加在一起形成复合材料，既能吸收辐射能量，又能防止辐射。

（3）远距离控制和自动化作业。

根据射频电磁场强随距离增加而迅速衰减的原理，可实行远距离控制（遥控和遥测）和自动化作业。

（4）个人防护。

1）专业微波作业人员必须采取个人防护措施：金属屏蔽服、屏蔽头盔和防护眼镜等。

2）日常生活中的普通人群应注意的防护措施：

①平时注意了解电磁辐射的相关知识，增强预防意识，了解国家相关法规和规定，保护自身的健康和安全不受侵害。在日常生活中碰到广播、电视效果突然变差，几乎是电磁干扰造成的。

②居住、工作在电视台、电磁波发射塔、高压线、雷达站附近的人群，佩戴心脏起搏器的患者及生活在现代化电气自动化环境中的人群，特别是抵抗力较弱的孕妇、儿童、老人等，有条件的应配备阻挡电磁辐射的防辐射卡等产品，对于电磁辐射的伤害不能存有侥幸心理。

③不要把家用电器摆放得过于集中，以免使自己暴露在超量辐射的危险之中，特别

是一些易产生电磁波的家用电器，如电脑、电视机、冰箱、收音机等不宜集中摆放。合理使用电器设备，保持安全距离，减少辐射危害。

④注意人体与办公和家用电器距离，对各种电器的使用，应保持一定的安全距离，如在开启微波炉之后要离开至少 1 m，电视机与人的距离应在 4~5 m，与日光灯管距离应在 2~3 m，孕妇和小孩应尽量远离微波炉。

⑤各种家用电器、办公设备、移动电话等应尽量避免长时间操作，若电视、电脑等电器需要使用较长时间时，应注意每一小时离开一次，采用眺望远方或闭上眼睛的方式，以减少眼睛的疲劳程度和所受辐射影响。尽量避免多种办公和家用电器同时启用。手机接通瞬间释放的电磁辐射最大，为此最好在手机响过一两秒或电话两次铃声间歇中接听电话，使用时应尽量使头部与手机的距离远一些，最好使用分离耳机和话筒接听电话。

24.2 电磁辐射

电磁辐射是由同向振荡且互相垂直的电场与磁场在空间中以波的形式传递动量和能量，传播方向垂直于电场与磁场构成的平面。电场与磁场的交互变化产生电磁波，电磁波向空中发射或传播形成电磁辐射。

电磁辐射是由空间共同移送的电能量和磁能量组成，能量是由电荷移动所产生，例如正在发射讯号的射频天线所发出的移动电荷，便会产生电磁能量。

电磁频谱包括形形色色的电磁辐射，从极低频的电磁辐射至极高频的电磁辐射，两者之间有无线电波、微波、红外线、可见光和紫外光等。电磁频谱中射频部分的一般定义，是指频率由 3 kHz 至 300 GHz 的辐射。有些电磁辐射对人体有一定的影响。

1. 产生机理

电场和磁场的交互变化产生的电磁波，向空中发射或泄露的现象，叫电磁辐射。电磁辐射是一种看不见、摸不着的场。人类生存的地球本就是一个大磁场，表面的热辐射和雷电可产生电磁辐射，太阳及其他星球从外层空间源源不断地产生电磁辐射。围绕在人类身边的天然磁场、太阳光、家用电器等会发出强度不同的辐射。电磁辐射是物质内部原子、分子处于运动状态的一种外在表现形式。

电磁辐射的形式为在真空中或物质中的自传播波。任何一种交流电路向周围空间辐射电磁能量，形成有电力和磁力作用的空间，这种电力和磁力同时存在的空间定义为电磁场。若某一空间区域有变化的电场或磁场，则在附近的区域内将产生相应变化的磁场或电场，而这个新产生的变化磁场或电场，又使较远的区域产生变化的电场或磁场，变化的电场与磁场交替产生，又由近及远以一定的速度在空间传播形成电磁波，电磁场能量以电磁波的形式向外发射的过程，即形成电磁辐射。

2. 产生条件

（1）必须存在时变源。

时变源可以是时变的电荷源、电流源或电磁场，时变源的频率应足够高，才可能产生明显的辐射效应。

（2）波源电路必须开放。

波源电路必须开放，其结构方式对辐射强弱有极大的影响，封闭的电路结构是不会产生电磁辐射的，如谐振腔。

3. 电磁辐射危害人体的机理

（1）热效应。

人体70%以上是水，水分子受到电磁辐射后相互摩擦，引起机体升温，从而影响体内器官的正常工作。

（2）非热效应。

人体的器官和组织存在微弱的电磁场，电磁场是稳定和有序的，一旦受到外界电磁场的干扰，处于平衡状态的微弱电磁场遭到破坏，人体也会遭受损伤。

（3）累积效应。

热效应和非热效应作用于人体后，对人体的伤害尚未及时自我修复前，再次受到电磁辐射的话，伤害程度会发生累积，久而久之会成为永久性病态，甚至危及生命。

4. 电磁辐射对人体作用的影响因素

①场强越大，对人体的危害与影响越严重。

②电磁场的频率越高，对人体所呈现的危害作用越突出，因此，电磁辐射对人体的作用由强至弱的波段为微波、超短波、短波、中波和长波。

③脉冲波对人体的不良影响比连续波要严重。

④受暴露时间越长，对人体的影响程度越严重。

⑤儿童和妇女对电磁辐射所表现出的敏感性相比其他人群要大。

⑥作业场所的温度和湿度越高，越不利于作业人员。

24.3 电磁兼容

电磁兼容是设备或系统在电磁环境中能正常工作，且不对环境中任何事物构成不能承受的电磁骚扰的能力。

产生电磁兼容（电磁干扰）问题，必须同时具备三个条件。

①干扰源：产生干扰的电路或设备。

②敏感源：受这种干扰影响的电路或设备。

③耦合路径：能够将干扰源产生的干扰能量传递到敏感源的路径。

以上三个条件是电磁兼容的三要素，只要将三个条件中的一个去除掉，电磁干扰问题就不复存在了。电磁兼容技术是通过研究每个条件的特点，提出消除每个条件的技术手段，以及这些技术手段在实际工程中的实现方法。解决电磁兼容问题的手段主要有三个，分别是接地、屏蔽以及滤波。

1. 接地

正确的接地既能有效地提高设备的电磁抗扰度，又能抑制电子、电气设备向外部发生电磁波，但是错误的接地常常会造成相反的效果，甚至会使电子、电气设备无法正常工作。尤其是成套控制设备和自动化控制系统，在系统设计时需要周密考虑，而且在安装调试时仔细检查和做适当的调整。因为设备或系统有多种控制装置布置比较分散，各自的接地往往会形成十分复杂的接地网络。

按照接地的主要功能划分，接地系统主要由下列 4 种子接地系统组成：安全地、信号地、机壳（架）地和屏蔽地。虽然在绝大多数设备或系统中，上述几个子接地系统的地线均汇总在一点与大地相连，但是，绝不意味着可以任意接大地。

（1）安全地系统。

安全地系统主要分防止设备漏电的安全接地以及防雷安全接地。防止设备漏电的安全接地主要用于确保人身安全。人体的皮肤处于干燥洁净和无破损情况下，人体电阻可达 $40 \sim 100$ kΩ。当人体处于出汗、潮湿状态时，人体电阻可降到 1 000 Ω 左右。据资料显示，当人体流过 1 mA 的电流时，会产生麻木的感觉；当人体流过 $20 \sim 50$ mA 的电流时，会产生麻痹、刺痛、痉挛、血压升高、呼吸困难等症状；当人体电流超过 100 mA 时，人会出现呼吸困难，心跳停止的情况。通常，以电压表示安全界限，例如我国规定在没有高度危险的建筑物中，安全电压为 65 V；在高度危险的建筑物中，安全电压为 36 V；在特别危险的建筑物中，安全电压为 12 V。而一般家用电器的安全电压为 36 V，以保证万一触电时流经人体的电流小于 40 mA。为了确保人身安全，必须将设备金属外壳或机壳与接大地的接地体相连。

（2）信号地系统。

信号地是指控制信号或功率传输电流流通的参考电位基准线或基准面。如果在一个实际的系统中，控制信号或功率的传输未经任何形式的电隔离（如变压器电隔离、光耦合电隔离等），整个系统则只有一个信号地，否则可能有若干独立的信号地，这些独立的信号地之间存在通过寄生电容的耦合，情况更复杂。总之，信号地不但对信号的直接传导耦合具有直接的影响，而且对拾取或感应外界噪声举足轻重。

1）单点信号地系统。

单点信号地系统中所有的信号接地线只有一个公共接地点，而在实际使用的单点信号接地系统中，有下列两种情况：公共信号地线串联一点接地；独立信号地线并联一点接地。

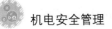

①公共信号地线串联一点接地方式。

这种信号接地方式简单、方便、易行。但是，系统内各部分的电流均会通过地线公共阻抗产生直接传导耦合，将电流作为差模干扰信号串联在各自的输入回路中。所以，公共接地点应放在最靠近低电平的电路或设备处，以保证产生最小的噪声直接传导耦合。公共接地点用于要求不高、各级电平悬殊不太大的场合。

②独立信号地线并联一点接地方式。

这时不存在各设备、电路单元之间通过公共地线阻抗的耦合问题，独立信号地线接地特别适合各单元地线较短，而且工作效率比较低的场合。由于各设备、电路单元各自分别接地，势必增加很多根地线，使地线长度加长，地线阻抗增加。这样，不但造成布线繁杂、笨重，且地线与地线之间、地线与电路各部分之间的电感和电容耦合强度会随频率的增高而增强。特别是在高频情况下，当地线长度达到1/4波长的奇数倍时，地线阻抗可以变得很高，地线会转化成天线，而向外辐射干扰。

2）多点地网或地平面信号地系统。

多点信号接地系统可以得到最低的地阻抗，所以主要用于高频（通常大于10 MHz）。在这种系统中，必须使用地栅或地平面的信号接地结构。

3）混合信号地系统。

在一个实际的工业系统中，情况往往比较复杂，很难只采用单一的信号接地方式，而常常采用串联和并联接地或单点和多点接地组合成的混合接地方式。

实际大多数的低频接地系统，常常采用串联和并联接地相混合的混合信号接地系统。首先要将各种接地线有选择的归类：几个低电平的电路可以采用串联接地的形式共用一根地线（称为小信号地线）；高电平电路和强噪声电平电路（如发电机、继电器等）采用另一组串联接地形式的公共地线（称为噪声地线）；机壳及所有可移动的抽斗、门等再单独联成一根地线（称为机壳、架地线）。再将这些各自分开的小信号地线、噪声地线和机壳（架）地线以并联接地的形式连于一个公共连接点，最后将这点接地。

对应宽频系统，必须同时兼顾低频单点信号接地和高频多点信号接地的不同要求。可以采用如图7-10所示的简单的宽频混合信号接地系统。

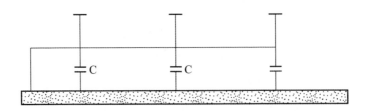

图7-10　简单的宽频混合信号接地系统

图 7 - 10 中，C 对高频等效短路，而对低频等效开路，所以接地系统对低频而言是串联单点接地，对高频则是多点接地。

4）浮空信号地系统。

工作于直流及低频范围的小型设备（例如测量仪器），有时常常要求对市电频率（例如 50 Hz）高电平的共模噪声具有很高的共模抑制比，常常采用如图 7 - 11 所示的低频浮地系统，所谓浮地是电路或设备的信号接地系统与机壳及安全地（大地）完全隔离。

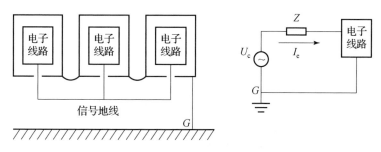

图 7 - 11　低频浮地系统示意图

关键是做到信号地线对大地的漏电阻越大越好，信号地线对大地的分布电容越小越好。

（3）机壳（架）地系统。

机壳地系统又称为保护接地，是为防止电气装置的金属外壳、配电装置的构架和线路杆塔等带电危及人身和设备安全而进行的接地。

所谓保护接地是将正常情况下不带电，而在绝缘材料损坏后或其他情况下可能带电的电器金属部分（即与带电部分相绝缘的金属结构部分）用导线与接地体可靠连接起来的一种保护接线方式。保护接地一般用于配电变压器中性点不直接接地（三相三线制）的供电系统中，用以保证当电气设备因绝缘损坏而漏电时产生的对地电压不超过安全范围。

机壳地系统又分为接地保护（TT）与接零保护（TN），两种保护的不同点主要表现在三个方面：

①保护原理不同。接地保护的基本原理是限制漏电设备对地的泄漏电流，不超过某一安全范围，一旦超过某一整定值保护器自动切断电源。接零保护的原理是借助接零线路，使设备在绝缘损坏后碰壳形成单相金属性短路时，利用短路电流促使线路上的保护装置迅速动作。

②适用范围不同。根据负荷分布、密度和性质等相关因素，《农村低压电力技术规程》将上述两种电力网的运行系统的使用范围进行了划分。TT 系统通常适用农村公用低压电力网，属于保护接地中的接地保护方式；TN 系统（TN 系统又可分为 TN - C、TN -

C－S、TN－S 三种）主要适用城镇公用低压电力网和厂矿企业等电力客户的专用低压电力网，属于保护接地中的接零保护方式。当前，我国现行的低压公用配电网络，通常采用的是 TT 或 TN－C 系统，实行单相、三相混合供电方式，即三相四线制 380/220 V 配电，同时向照明负载和动力负载供电。

③线路结构不同。接地保护系统只有相线和中性线，三相动力负荷不需要中性线，只要确保设备良好接地，系统中的中性线除电源中性点接地外，不得再有接地连接。接零保护系统要求无论什么情况，必须确保保护中性线的存在，必要时可以将保护中性线与接零保护线分开架设，同时系统中的保护中性线必须具有多处重复接地。

（4）屏蔽地系统。

在设计各种形式屏蔽层接地方式时，必须要注意，既要保证原屏蔽设计的要求，不降低屏蔽性能，又要保证原接地系统设计的要求，不会构成不合理的回路。在一个系统中，屏蔽体通常安排在两个部分：一个是信号输入电路部分；另一个是输出部分。

1）低电平、低频信号屏蔽地系统设计。

低电平、低频信号屏蔽地系统设计，频率低于 1 MHz，通常采用单点接地方式，并采用双绞屏蔽线或多芯绞合屏蔽线。

2）低电平、高频信号屏蔽地系统设计。

当频率高于 1 MHz 或者电缆线长度超过 1/10 波长，以及处理高速脉冲数字电路时，信号地必须采用多点接地、地栅网或地平面信号接地系统，以保证各部件、电路的信号地保持同一电位。

从信号或功率传输的角度讲，高频时必须考虑阻抗匹配的问题，常常使用具有固定特性阻抗的同轴电缆线，而不用带双绞芯线屏蔽线做屏蔽电缆，外屏蔽层用来作为传输信号的返流地线。因此，必须遵循高频多点接地的原则，将同轴电缆的屏蔽层多点接地信号地平面（每相邻屏蔽接地点之间的距离应小于等于 $\lambda/10$）。当电缆长度较短时，则将电缆屏蔽层两端分别接信号源及放大器的信号地。

3）高电平、功率输出部分的屏蔽地系统设计。

高电平、功率输出部分连接到负载端的输出线，必须采用屏蔽电缆，系统设计概括成如下几点原则：

①屏蔽地应接噪声地。

②在低频时，输出电缆通常用双芯或多芯绞合屏蔽电缆接负载。当负载不接地时，屏蔽层在噪声地一端接地；当负载接地时，可在噪声地与负载地两端同时接地。

③在传输高频及脉冲功率信号时，输出电缆通常用同轴电缆线，以确保良好的阻抗匹配和较长距离的低损耗传输。这时，同轴电缆线的屏蔽层通常同时充当返流导线，可以保证输出电缆最小的杂散电磁场，屏蔽层应采用多点接噪声地的形式。

④在对输出电缆杂散低频磁场需要严格控制的场合，应用铁管等高磁导材料制成的

金属管，将输出电缆屏蔽。

地线设计是难度较大的一项设计，也是一项非常重要的设计。在电磁兼容设计的初期进行地线设计是电磁干扰问题的最有效、最廉价的方法。

2. 屏蔽

屏蔽技术是实现电磁干扰防护的最基本、最重要的手段之一，按预屏蔽的电磁场性质分类，屏蔽技术通常可分为三大类：电场屏蔽（静电场屏蔽及低频交变电场屏蔽）、磁场屏蔽（直流磁场屏蔽和低频交流磁场屏蔽）及电磁场屏蔽（同时存在电场及磁场的高频辐射电磁场的屏蔽）。从屏蔽体的结构分类，可以分为完整屏蔽体屏蔽（屏蔽室或屏蔽盒等）、非完整屏蔽体屏蔽（带有孔洞、金属网、波导管及蜂窝结构等）以及编制带屏蔽（屏蔽线、电缆等）。

（1）屏蔽原理。

金属屏蔽体可以对电场起屏蔽作用，但是，屏蔽体的屏蔽必须完善并良好接地，低频交变电场的屏蔽与静电屏蔽的情况完全一样，通常采用下列办法：①采用高磁导率材料用于屏蔽直流和低频磁场；②采用反向磁场抵消的方法，实现磁屏蔽。在高频磁场屏蔽的场合，金属屏蔽体应为良导体，如铜、铝或铜镀金等。在利用屏蔽电缆实现磁屏蔽场合，电缆屏蔽层必须在两端接地，这样可以将芯线中产生的磁场抵消，从而达到磁场屏蔽的目的。

对于射频电磁场来说，必须同时对电场与磁场加以屏蔽，故通常称为电磁屏蔽。高频电磁屏蔽的机理主要是基于电磁波通过金属屏蔽体，产生波反射和波吸收的机理。当电磁波到达屏蔽体表面时，产生波反射的主要原因是电磁波的阻抗与金属屏蔽体的特征阻抗不相等，两者数值相差越大，波反射引起的损耗越大。波反射还和频率有关，频率越低，反射越严重，而电磁波在穿过屏蔽体时产生的吸收损耗，主要是由电磁波在屏蔽体中涡流引起的。涡流可产生一个反磁场抵消原干扰磁场，同时涡流在屏蔽体内流动，产生热损耗。此外，电磁波在穿过屏蔽层时，有时会产生多次反射。

（2）屏蔽体设计。

在实际应用中，屏蔽体有大到屏蔽室和大型电气设备的机壳，小到各种传感器的屏蔽壳体、电子部体的屏蔽盒和机内屏蔽线（缆）等。屏蔽体的工作环境不同，对屏蔽的要求不同。

1）屏蔽体设计的一般原则。

①首先确定屏蔽设计所面临的电磁环境，例如预屏蔽的主要电磁干扰源是什么？属于什么类型？是高阻抗电场、低阻抗磁场还是平面波？场的强度、频率以及屏蔽体至主要干扰源的距离，或被屏蔽的干扰源到被干扰电路的距离等。

②确定最易接受干扰的电路，以决定敏感度整个屏蔽体的屏蔽要求。

③进行屏蔽体的结构设计，包括确定屏蔽体上必需的各种开孔、窥视窗以及必要的

电缆进出口孔。开孔均不可避免地使屏蔽完整性遭到破坏，从而造成部分磁场的泄漏，对此必须通过估算确定对实际屏蔽体的屏蔽要求。根据上述屏蔽要求，决定屏蔽层数（单、双层）、屏蔽材料、各种防止屏蔽完整性遭到破坏的窗口的屏蔽结构等。

④进行屏蔽完整性的工艺设计主要目的是保证前述各种可能出现的非完整屏蔽窗口的屏蔽完整性。

2）屏蔽层材料的选择。

①电场及平面波电磁场屏蔽材料的选择。为了良好地屏蔽高阻抗电场及平面波电磁场，屏蔽材料必须具有良好的电导率。屏蔽平面波对屏蔽材料的要求与屏蔽电场相同，要求屏蔽材料是有一定的厚度，具体数值与电磁波的频率有关。

②磁场（特别是低频磁场）屏蔽材料的选择。对高频磁场的屏蔽，屏蔽材料的选择与屏蔽电场的要求一样：当频率较低时，选择高磁导率材料，不是靠涡流产生的反磁场，而是靠屏蔽材料的低磁阻特性。

特别需要指出的是，通常手册或产品说明书中给出的磁性材料的磁导率，均是指在直流工作情况下的磁导率。当频率增高时，磁导率将逐渐下降。

由于磁饱和的关系，当磁场强度较大时，磁导率会下降，最好采用多层屏蔽结构。在加工高磁导率材料的过程中，磁性材料因受到敲打、冲击、钻孔、弯折等各种原因造成的机械应力，磁导率会明显下降。

（3）屏蔽体的结构设计。

1）单层屏蔽结构与多层屏蔽结构设计尽量采用单层、完整的屏蔽结构。使用塑料外壳的电子设备越来越多，为了防止电磁波的辐射或屏蔽外界电磁波的干扰，必须采用新的单层屏蔽方法。最常见的方法是用金属箔带在设备壳体内壁粘贴一层或几层金属箔（通常是用铜箔或铝箔），保证屏蔽的完整性，接缝处必须要用导电黏合剂或混有金属颗粒的黏合剂。同时，保证良好接地，可采用涂料和金属喷涂（镍粉涂料或镀锌喷涂）等方法制成薄膜屏蔽层。对磁场屏蔽而言，特别是低频磁场，常常不得不采用多层屏蔽，通常采用双层屏蔽结构。

设计多层屏蔽结构的原理是：

①各屏蔽层之间不能有电气上的连接。

②应根据所处电磁环境最大磁场强度的情况，合理安排各屏蔽层的材料。

③屏蔽罩尽量不要开孔或开缝，不致产生局部磁饱和。

④当第一屏蔽层屏蔽高频电磁场，屏蔽罩上必须开孔时，应该注意开孔的方位，以保证涡流能在材料中均匀分布。

2）合理的屏蔽体通风孔结构设计，可以使屏蔽体上开了若干通风孔以后，不但保证良好的通风散热，而且保证屏蔽效能不下降，基本出发点在于，将每个通风孔设计成对预屏蔽的电磁波构成衰减的波导管形状，如图 7-12 所示。

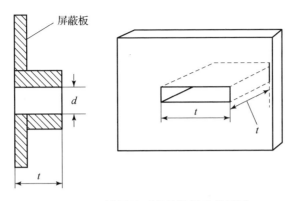

图 7 - 12　波导管形状的通风孔截面图

与屏蔽体外有关的部件屏蔽结构设计：

①电缆连接器的屏蔽。连接器的插座配合同轴电缆插头，必须与屏蔽体壁构成无缝隙的屏蔽体。

为了控制地电流，只在特定的接地端接地。在屏蔽体的电缆连接器处，电缆的屏蔽层应与外壳四周均匀良好地焊接或紧密地压在一起，以保证插座与插头四周保持均匀良好的接触，力求没有缝隙泄露。

②电源变压器的屏蔽。屏蔽可分为电源变压器的静电屏蔽电网中出现的各种噪声（如雷击、浪涌、跌落等引起的各种瞬态噪声）会通过输电线进入电源变压器，再通过电源变压器一次、二次绕组间的分布电容耦合进入电子电路。即使电源变压器密封在一个屏蔽盒中，仍然给屏蔽体与外界电网之间造成了一个窗口，破坏了屏蔽体的完整性。

在电源变压器一次、二次绕组间加一层静电屏蔽，如图 7 - 13 所示，C_1、C_2 分别为变压器一次、二次绕组与静电屏蔽层间的分布电容，C_S 为一次、二次绕组侧的漏电容，Z 为接地层接地阻抗。

在对隔离电网中各种噪声通过电源变压器进入电子设备要求严格的场合（例如微弱信号测量、放大），仅仅依靠前述简单的单层静电屏蔽结构，有时不能满足实际需要，常常需要采用各种多层屏蔽电源变压器结构，主要有双屏蔽变压器、三屏蔽变压器和噪声隔离电源变压器等。

双屏蔽变压器的一次、二次绕组匝数比为 1∶1，分别绕制在环形铁芯的两臂上，并分别设置各自独立的静电屏蔽层，铁芯及两个屏蔽层均必须良好接地。双屏蔽变压器结构是以减小一次、二次绕组间的分布电容为主要目的，通常漏感比较大。

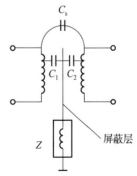

图 7 - 13　电源变压器
一次、二次绕组的静电屏蔽

三屏蔽电源变压器的结构原理图如图7-14所示，电源变压器的一次绕组具有单独的静电屏蔽层，与铁芯同时接机壳及安全地。二次绕组具有双层静电屏蔽层，内屏蔽层接设备主要电路的信号地；外屏蔽层接仪器的内屏蔽罩。三屏蔽电源变压器作为仪器的防护端，接测量电缆的屏蔽层，保证仪器内屏蔽罩的屏蔽完整性，广泛地用于高精度、高性能的数字测量仪器中。一次、二次绕组间电容漏电可做到只有几皮法，整机共模噪声抑制比可达到140 dB以上。

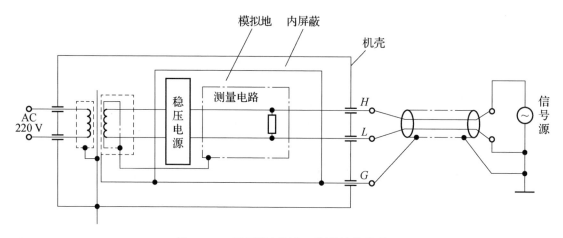

图7-14　三屏蔽电源变压器的结构原理

3）噪声隔离变压器是一种电源变压器整体和变压器绕组均加屏蔽的多层屏蔽电源变压器，结构铁芯材料、形状以及线圈的位置均比较特殊，主要特点是一次、二次侧间的电容漏电极小，保证了很高的共模噪声抑制比，同时采用特殊的磁性材料从结构上尽量减少空间耦合，使磁导率在几千赫兹时急剧下降。这样，能非常有效地抑制一次、二次绕组间的高频差模噪声的磁耦合，保证很高的高频差模噪声抑制比。噪声隔离变压器在国外已作为电磁兼容专用元件投入市场，最大的功率容量可达50 kV·A，在10 kHz~5 MHz频带范围内，共模噪声抑制比一般为40~100 dB，最高可达140 dB；差模噪声抑制比可达16~74 dB。

4）其他非完整屏蔽窗口结构设计：

①窥视窗的屏蔽结构可以采用薄膜屏蔽体结构（如导电玻璃）或玻璃夹层金属屏蔽网结构。

②仪表盘的屏蔽结构为一个金属密封的小屏蔽罩，四周用金属垫衬与金属面板相连，保持电气上的良好接触。仪表的面板部分用导电玻璃密封，与屏蔽体内其他电路用穿心电容器连接。

③面板上可调电位器、可调电容器及传动轴的屏蔽结构。为了保证屏蔽体屏蔽的完整性，仅仅在开孔四周用金属衬垫是不可能做到可转动手柄与开孔之间没有缝隙的。为

此，在要求较高的场合，可将调节手柄改用绝缘材料制成，并通过衰减波导管引到仪表面板，这种结构的屏蔽效能可达 80 dB。

④屏蔽罩、盖板屏蔽结构。力求使接缝长度尽可能短，接触尽可能好，为此，应保证接缝处的接触面尽量平整、洁净，无挠曲、油脂、氧化物、灰尘等。此外，应当用点焊及加固螺钉的办法来减小接缝长度。

（4）屏蔽体的工艺设计。

为了保证屏蔽体的完整性，工艺上必须保证屏蔽体所有可能的接缝处在电气上有长期稳定、可靠的良好接触和密封。为了上述目的，专门设计各种 EMI 衬垫，弹性指簧和导电密封胶作为 EMI 的特殊元件得到了广泛的应用。

1）EMI 衬垫。

EMI 衬垫是置于两块金属之间、对射频密封的衬垫元件，最常用的材料是内部含有金属丝的泡沫塑料或填充银粉等导电粉料的橡胶，也有用各种金属、金属编织物或接触簧片等。

2）弹性指簧。

弹性指簧通常安装在设备门框上，以保证关上门后保持接触面屏蔽的完整性，而且能提供配合表面的接触。弹性指簧的材料多用表面镀金或镀银的铜铍合金。

3）导电胶。

导电胶防护金属表面、保证两金属面电气上的连续性。常用的导电胶为银－硅胶，是具有高电导率润滑的黏性胶，在高温及低温（ $-54\ ℃ \sim +232\ ℃$ ）时均稳定，能抗潮湿、耐腐蚀、化学稳定性好，对辐射不敏感，高温时不会流动，有很好的固定作用，典型电阻率为 $0.02\ \Omega \cdot m$ 。

3. 滤波

对于传导干扰，滤波是十分有效的办法，与通信及信号处理中所讨论的信号滤波器原理基本相同，但是具有下列完全不同的特点：

①EMI 滤波器中使用的 L、C 元件，通常需要处理和承受相当大的无功电流和电压，即必须具有足够大的无功功率容量。

②信号处理中用的滤波器，通常是按阻抗完全匹配状态设计的，所以可以保证得到预想的滤波特性。但是，EMI 滤波器通常在失配状态下运行，因此，必须认真考虑失配特性，以保证在 $0.15 \sim 30$ MHz 范围内，得到足够好的滤波特性。

③EMI 滤波器主要是用来抑制因瞬态噪声或高频噪声造成的 EMI，所以对所用的 L、C 元件寄生参数的控制，要求比较苛刻。因此，对 EMI 滤波器的制作与安装均须认真对待。

④EMI滤波器是抗电磁干扰的重要元件，使用时必须详细了解其特性，并正确使用，否则，不但得不到应有的效果，还会导致新的噪声，例如滤波器与端阻抗严重失配，可能产生振铃；如果使用不当，可能使滤波器对某一频率产生谐振；若滤波器本身缺乏良好的屏蔽或接地不当，可能给电路引进新的噪声。特别是用于电源中的EMI滤波器，由于流过较大的功率流，因不正确使用造成的后果可能会十分严重。即使EMI滤波器用于信号电路中能抑制干扰，也会对有用信号带来一定的畸变。

✓ 情境小结

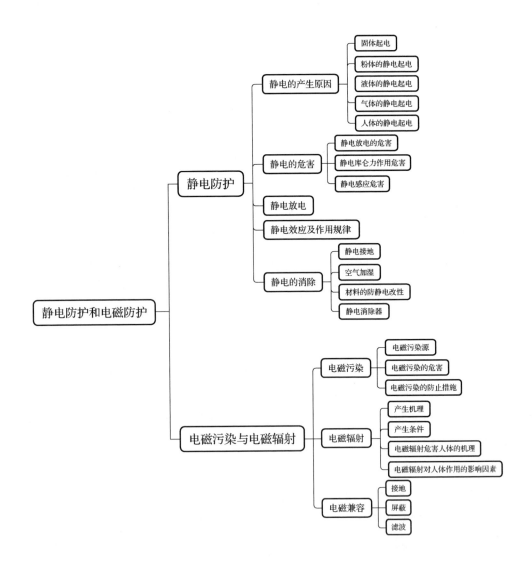

✅ 思考与习题

1. 单项选择题

（1）静电防护的措施比较多，下面常用又行之有效的消除设备外壳静电的方法是（　　）。

A. 接地 　　　　　　　　　　　　　　　B. 接零

C. 串接

（2）防静电的接地电阻要求不大于（　　）Ω。

A. 10 　　　　　　　　　　　　　　　　B. 40

C. 100

（3）静电引起爆炸和火灾的条件之一是（　　）。

A. 有爆炸性混合物存在 　　　　　　　　B. 静电能量要足够大

C. 有足够的温度

（4）在生产过程中，静电对人体、设备、产品是有害的，要消除或减弱静电，可使用喷雾增湿剂，这样做的目的是（　　）。

A. 使静电荷通过空气泄漏 　　　　　　　B. 使静电荷向四周散发泄漏

C. 使静电沿绝缘体表面泄露

（5）下列关于电磁污染的说法，不正确的是（　　）。

A. 电磁污染主要是指电磁辐射

B. 电磁辐射会干扰其他仪器的正常工作

C. 频率越高的电磁波，电磁辐射的危害就越小

2. 多项选择题

（1）静电产生的方式有（　　）。

A. 固体物体大面积摩擦 　　　　　　　　B. 混合物搅拌各种高阻物体

C. 物体粉碎研磨过程 　　　　　　　　　D. 化纤物料衣服摩擦

（2）静电分为哪几种（　　）。

A. 固体静电 　　　　　　　　　　　　　B. 人体静电

C. 粉体静电 　　　　　　　　　　　　　D. 液体静电

3. 简答题

（1）简述静电的危害。

（2）电磁污染的防护措施有哪些？

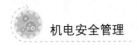 **学习评价**

学习情况测评量表									
序号	内容	采取形式	自评得分（50分，每项10分）	测试得分（50分，每项10分）	学习效果				结论及建议
					好	一般	较好	较差	
1	学习目标达成情况		（　）分						
			（　）分						
			（　）分						
2	重难点突破情况		（　）分						
			（　）分						
3	知识技能的理解应用			（　）分					
4	知识技能点回顾反思			（　）分					
5	课堂知识巩固练习			（　）分					
6	思维导图笔记制作			（　）分					
7	思考与习题			（　）分					
备注："学习效果"一栏请用"√"在相应表格内记录。采取形式：可以根据实际情况填写，如笔记、扩展阅读、案例收集分析、课后习题测试、课后作业、线上学习等。									

施工现场临时用电安全

情境导入

开展消防安全大检查 筑牢夏季安全"防火墙"

2022年芜湖市住建局发布：为深入开展夏季高温期间安全隐患排查整治工作，进一步提高施工现场消防和临时用电安全管理水平，消除施工现场消防安全隐患。根据省、市关于住建领域消防安全专项整治有关部署，7月13日，市轨道（隧道）质安站对城南过江隧道项目组织开展了施工消防安全和临时用电专项检查（见图8-1、图8-2）。

图8-1 施工消防安全检查

本次专项检查邀请了市消防救援支队和临时用电专家，重点对城南工作井及明挖段、盾构段、管理中心3个工区施工现场、宿舍及办公用房的临时用电、临时消防设施等进行了检查，抽查了消防安全管理制度、动火审批制度、临时用电安全技术档案等资料，并对检查发现的问题进行了现场反馈。

市轨道（隧道）质安站强调，近期我市持续高温天气，给工程施工安全带来很多不利因素，是施工事故的多发季节。各参建单位要引起高度关注，

图8-2 临时用电专项检查

一是要求责任单位对存在问题立即落实整改，举一反三，进行全面自查自纠，落实落细各项安全措施；二是进一步健全消防安全管理体系，落实相关人员的消防安全管理责任，加强对施工人员的消防安全教育和培训，进一步提高现场工作人员安全意识和防范能力；三是严格落实夏季高温防暑降温措施，完善高温天气施工管理应急预案，合理安排施工作业时间，确保城南过江隧道工程高温天气安全生产态势平稳。

由此可见，施工现场的用电安全是非常重要的。通过本情境内容，我们将一起来学习施工现场临时用电安全。

🎯 学习目标

技能目标 ☞

临时用电规划与布置技能：学生能够根据施工现场的需求，合理规划和布置临时用电系统，包括电源位置、电线布线、插座设置等。

设备安装与接地技能：学生能够正确安装临时用电设备，并确保设备接地良好，减少电气事故的发生。

负荷计算与管理技能：学生能够合理计算临时用电负荷，并有效管理用电量，预防电线过载和电器设备损坏。

知识目标 ☞

临时用电安全法规和标准：学生需要了解相关的国家和行业的安全法规和标准，了解施工现场临时用电的合规要求。

电气事故的原因与防范知识：学生需了解电气事故的常见原因，如短路、过载等，并学习相应的防范措施。

临时用电设备和材料：学生需要了解常见的临时用电设备和材料，如电缆、插座、电箱等，掌握其特点和适用场景。

素质目标 ☞

安全意识和责任感：培养学生对施工现场临时用电安全的意识和责任感，自觉遵守安全操作规程，积极参与安全管理和监督。

创新能力和问题解决能力：培养学生在临时用电安全方面发现问题、解决问题的能力，提出创新的安全措施和方法。

团队合作和沟通能力：培养学生与他人合作、协调的能力，加强团队合作和沟通技巧，共同维护施工现场安全。

学习单元 25 施工现场用电安全要求

施工现场用电与一般工业或居民生活用电相比具有临时性、露天性、流动性和不可选择性的特点，有与一般工业用电或居民生活用电不同的规范。很多人员在具体操作使用过程中，存在马虎、凑合、不按标准规范操作的现象，并有相当多的施工人员对电的特性不了解，对电的危险性认识不足，没有安全用电的基本知识，不懂临时施工用电的规范。

视频：施工现场
用电安全要求

触电造成的伤亡事故是建筑施工现场的多发事故之一，因此凡进入施工现场的每一个人员必须高度重视安全用电工作，掌握必备的电气安全技术知识。

25.1　施工现场供电方式

施工现场必须采用三相五线制供电，并符合下列要求：

①必须采用 TN－S 保护接零系统（用电设备的金属外壳必须采用保护接零），专用保护接零线的首、末端及线路中间必须重复接地。

②三相五线制的供电干线、分干线必须敷设至各级电制箱。

③专用保护接零（地）线的截面积与工作零线相同，且不得小于干线截面积的 50%，机械强度必须满足线路敷设方式的要求。

④接至单台设备的保护接零（地）线的截面积不得小于接至设备的相线截面积的 50%，且不得小于 2.5 mm^2 多股绝缘铜芯线。

⑤与相线包扎在同一外壳的专用保护接零（地）线（如电缆），颜色必须为绿或黄双色线，芯线在任何情况下不准改变用途。

⑥专用保护接零（地）线在任何情况下严禁通过工作电流。

⑦动力线路可装设短路保护，照明及安装在易燃易爆场所的线路必须装设过载保护。

⑧用熔断器作短路保护时，熔体额定电流应不大于电缆线路或绝缘导线穿管敷设线路的导体允许载流量的 2.5 倍，或明敷绝缘导线允许载流量的 1.5 倍。

⑨保护、控制线路的开关、熔断器应按线路负荷计算电流的 1.3 倍选择。

25.2　施工现场用电安全要求

为贯彻国家安全生产的法律和法规，保证施工现场用电安全，防止触电和电气火灾事故发生，促进建设事业发展，施工现场用电安全要求有以下几点：

①对施工用电中存在的线路老化、破皮处包扎、部分线路接头较多等安全隐患要及时整改，消除施工用电隐患。

②临时电源线搭接混乱。在实际施工中，经常会有一些施工机具需要临时搭接电源短时工作，而工地电工人员往往忽视临时负荷的用电安全，贪图方便省事不按规范操作接线。实际检查中发现较多的是将闸刀开关胶木盖取下后把电源线直接挂在熔断丝上，一方面造成闸刀开关熔断丝裸露，容易造成触电事故，另一方面造成电源搭接点容易氧化，导线发热等。

③定期对临时用电进行检测，每个电气设备必须做到"一机一闸一漏一箱"的要求，线路标志要分明，线头引出要整洁，各电箱要有门有锁，个别配电箱开关罩壳破损的应及时更换（见图 8－3）。使用中的电气设备应保持良好的工作状态。熔断器的熔体更换时，严禁用不符合原规格熔体或铁丝、铜丝、铁钉等金属体代替。

图 8 – 3　施工现场注意事项

④不得在用电设备旁堆放杂物，影响设备散热，容易造成安全隐患。

⑤遇到打雷天气，及时关闭用电设备，切断电源，以免造成设备损坏或造成安全事故。

⑥所有用电设备要保持良好接地和相对固定的位置安装，不得随意拆卸，不得随意拉接电线和增加用电设备。电气设备和线路要符合规格，并且应该定期检修。

⑦不符合安全规范或存在安全隐患的临时性用电线路和设备不得投入使用。

⑧加强日常巡视检查。对漏电保护器是否有效动作，熔体额定值和断路器整定值是否正确，接地线引线和用电设备的 PE 线是否连接良好等，要形成定期和不定期的检查和维护。保护接地电阻不大于 4 Ω。

⑨使用移动式用电设备（如振动器、手持式电动工具）的操作人员，必须穿戴绝缘鞋、绝缘手套。

⑩电源电缆长的移动式用电设备，必须设专人调整电缆（操作人员必须穿戴绝缘鞋、绝缘手套），严禁电缆浸水。电源线严禁直接牵拉。

⑪运行中的漏电开关发生跳闸必须查明原因才能重新合闸送电，发现漏电开关损坏或失灵必须立即更换。漏电开关应送生产厂或有维修资质的单位修理，严禁现场电工人员自行维修漏电开关，严禁漏电开关撤出或在失灵状态下运行。

⑫严禁线路两端用插头连接电源与用电设备，或电源与下一级供电线路。

⑬潮湿场所的灯具安装高度小于 2.5 m 时必须使用 36 V 照明电压。

⑭电线、电缆不允许直埋，不允许拖地，埋设时必须做好穿管保护。

25.3　施工现场安全用电组织与管理

随着我国经济的快速发展，面临着大规模的经济建设，建设规模逐年扩大，建筑业已成为我国的第 4 支柱产业。建设工程安全生产形势严峻，安全事故时有发生，触电已经成为建筑施工安全事故四大伤害之一。如何做好施工现场临时用电的管理，遏止事故的发生，是一个值得现场管理人员深思的问题。

1. 当前施工现场用电存在的问题

（1）临时用电组织设计编制不规范或者未编制。

①部分施工现场的临时用电组织设计由非专业电气工程技术人员编制，比如施工员、安全员或者电工人员，根本不能用于指导现场施工，有的仅写出方案或者编制、审核、批准不符合程序。

②编制内容简单、针对性不强。规范规定临时用电组织设计应包括8项内容，但是有的内容仅2~3项；有的无机械设备台数统计，直接计算出用电量，计算结果毫无根据；有的没有架空线路和外电防护，而是把规范中的规定照抄照搬；有的临时用电组织设计仍在引用旧的设计标准。

（2）安全技术档案不全。

安全技术档案不全表现为临时用电施工完成后，没有验收表；运行过程中没有检查表；电工没有安装、巡检、维修、拆除工作记录；没有接地电阻、绝缘电阻和漏电保护器漏电动作参数测定记录表等。

（3）外电线路及电气设备防护不到位。

有的施工现场的外电线路和变压器与建筑物外脚手架的距离小于规范规定，甚至有些位于塔吊作业半径范围内，却没有任何防护措施或防护高度不够，不仅存在重大事故隐患，而且很容易发生触电事故。

（4）接地与防雷不规范。

规范中严格规定：不得一部分设备做保护接零，另一部分设备做保护接地。少数施工现场仍然接地不规范，或者重复接地组数达不到要求。规范中规定TN系统中保护零线除必须在配电室或总配电箱处做重复接地外，必须在配电系统的中间处和末端处作重复接地，也就是说施工现场要有不少于三组的重复接地。但是在检查中发现少数施工现场（特别是联营队伍）仅在总配电箱处作一组重复接地，更有个别工地在开关箱处做的重复接地体不是角钢、钢管或光面圆钢，而是错误地用螺纹钢（见图8-4）。

图8-4 接地与防雷

2. 针对存在问题的防治措施

（1）熟悉标准、规范。

项目经理部要为相关人员和电工配发《施工现场临时用电安全技术规范》，并组织学习、理解，特别是电工作业人员，要熟知《规范》的内容和强制性标准条文的规定，才能使施工现场的临时用电达到或基本达到《规范》要求，从而保证施工用电安全。

（2）编制临时用电组织方案及审查要严格。

项目经理部要根据所承担工程的特点、难易程度，按 8 项内容编制临时用电组织设计。对于施工单位使用的用电设备，在编制施工组织设计 5 台以上或总用电量在 50 kW 及以上的临时施工用电设计时，必须按《建设工程施工现场供用电安全规范》要求编写保证安全用电的组织措施和技术措施，以及提供主要用电设备的名称和技术参数。

临时用电组织设计要有编制依据和用电原则，必须具有针对性和可操作性，不能照抄规范条文。另外，监理单位在审查施工单位报送的临时用电组织设计时一定要认真细致，若发现不妥之处，一定要求施工单位及时整改或重新编制，并作为临电施工的纲领性文件规范临时用电行为。

（3）提高电工的专业技术素质。

针对目前电工技术素质低，难以满足施工现场临时用电施工需要的状况，应对电工作业人员提出如下要求：

①电工既要持证上岗，又要有相应的技术等级，如果是刚从事电工工作的，项目经理可以从企业内和其他企业中招聘有经验的老电工，由他们进行"传帮带"。

②从以往的电工培训来看，所用教材不是《施工现场临时用电安全技术规范》，而是一般的电工基本知识，培训内容与施工现场临时用电要求不能良好衔接，今后的培训应以《施工现场临时用电安全技术规范》为主要教材。电工培训应至少安排一天时间让学员到施工现场，既要参观规范的施工现场又要去看不规范的，使学员既可以学到理论知识又能够增加对临时用电的感性认识。

（4）注意做好接地与接零保护系统。

为了防止意外带电体上的触电事故，根据不同情况应采取保护措施。保护接地和接零是防止电气设备意外带电造成触电事故的基本技术措施。

1）接地及作用。

①工作接地。

将变压器中性点直接接地叫工作接地，阻值应小于 4 Ω。工作接地可以稳定系统的电压，防止高压侧电源直接窜入低压侧，造成低压系统的电气设备被摧毁不能正常工作。

②保护接地

将电气设备外壳与大地连接叫保护接地，阻值应小于 4 Ω。保护接地可以保护人体接触设备漏电时的安全，防止发生触电事故。

③保护接零。

将电气设备外壳与电网的零线连接叫保护接零。保护接零是将设备的碰壳故障改变为单相短路故障，保护接零与保护切断相配合，由于单相短路电流很大，所以能迅速切断熔断丝或自动开关跳闸，使设备与电源脱离，达到避免发生触电事故的目的。

④重复接地。

在保护零线上再做的接地叫重复接地，阻值应小于 10 Ω。重复接地可以起到保护零线断线后的补充保护作用，也可降低漏电设备的对地电压和缩短故障持续时间。在一个施工现场中，重复接地不能少于三处（始端、中间、末端）。

2）保护接地与保护接零比较。

在低压电网已做了工作接地时，应采用保护接零，不应采用保护接地。因为用电设备发生碰壳故障时，采用保护接地，故障点电流太小，对 1.5 kW 以上的动力设备不能使熔断器快速熔断，设备外壳将长时间有 110 V 的危险电压，而保护接零能获取大的短路电流，保证熔断器快速熔断，避免触电事故。另外，每台用电设备采用保护接地，阻值达 4 Ω，需要一定数量的钢材打入地下费工费材料，而采用保护接零敷设的零线可以多次周转使用，从经济上是比较合理的。

但是在同一个电网内，不允许一部分用电设备采用保护接地，另一部分设备采用保护接零，这样是相当危险的。如果采用保护接地的设备发生漏电碰壳时，将会导致采用保护接零的设备外壳同时带电。

（5）采取保护措施。

在工程施工中，梁、柱和楼板大多数是现浇钢筋混凝土，混凝土振动棒使用率频繁，特别是在楼板现浇中，振动棒电源线在钢筋上拖来拉去，电源线很容易破皮，产生漏电。为避免发生漏电，可以在振动棒电源线外套一根 4 cm 的塑料水管。电源线长度为 33 m，作业范围为 60 m，能满足施工需要，这样既可以防止电源线外皮破损，延长电源线使用寿命，还可以有效防止人员触电事故的发生。

（6）明确责任制，认真落实整改。

项目经理部应明确专业电工是施工现场临时用电的第一责任人。从临时用电的安装、维修、更换到拆除均应由电工负责，不经电工允许其他人员（包括总包队伍和分包队伍）不得私拉、乱接电线。项目经理部应赋予电工处罚权，一旦某个劳务队、分包队伍出现违规用电现象，电工有权对其进行经济处罚和没收用电物品。

实践证明，根据建筑电气施工中常见的问题，采取相应的处理措施，对于预防触电事故的发生是十分有效的，保证了人民生命和财产的安全。在建筑电气施工过程中，由于施工用电点多面广，并具有潜在性危险，在施工现场从管理人员到具体作业人员时刻要重视施工用电的安全，坚决贯彻执行"安全第一、预防为主、综合治理"的方针。加强安全用电知识的普及、培训，是提高人员素质的关键，增加资金的投入是安全用电的根本保证。

学习单元 26　施工现场临时安全用电的措施

26.1　施工现场临时用电安全技术要求

1. 用电管理

（1）临时用电的施工组织设计。

临时用电设备在 5 台及以上或设备总容量在 50 kW 及以上时，电工应编制临时用电施工组织设计；临时用电设备在 5 台以下和设备总容量在 50 kW 以下时，电工应制定安全用电技术措施和电气防火措施。临时用电施工组织设计的内容和步骤应包括：

视频：施工现场临时
用电安全措施

①现场勘探。

②确定电源进线、变电所、配电室、总配电箱、分配电箱等设备的位置及线路走向。

③进行负荷计算。

④选择变压器容量、导线截面和电器的类型、规格。

⑤绘制电气平面图、立面图和接线系统图。

⑥制定安全用电技术措施和电气防火措施。

临时用电工程图纸必须单独绘制，并作为临时用电施工的依据。临时用电施工组织设计必须由电气工程技术人员编制，技术负责人审核，经主管部门批准后实施。变更临时用电施工组织设计时，必须履行规定手续，并补充有关图纸资料。

（2）专业人员要求。

①掌握安全用电基本知识和所用设备的性能。

②使用设备前必须按规定穿戴和配备好相应的劳动防护用品并检查电气装置和保护设施是否完好。严禁设备带"病"运转。

③停用的设备必须拉闸断电，锁好开关箱。

④负责保护所用设备的负荷线、保护零线和开关箱，发现问题，及时报告并解决。

⑤搬迁或移动用电设备，必须经电工切断电源并作妥善处理后进行。

（3）安全技术档案。

施工现场临时用电必须建立安全技术档案，内容应包括：

①临时用电施工组织设计的全部资料。

②修改临时用电施工组织设计的资料。

③技术交底资料。

④临时用电工程检查验收表。

⑤电气设备的试、检验凭单和调试记录。

⑥接地电阻测定记录表。

⑦定期检（复）查表。

⑧电工维修工作记录。

安全技术档案应由主管现场的电气技术人员负责建立与管理，其中《电工维修工作记录》可指定电工代管，并于临时用电工程拆除后统一归档。

临时用电工程的定期检查时间：施工现场每月一次；基层公司每季一次。基层公司检查时，应复查接地电阻值。检查工作应按分部、分项工程进行，对不安全因素，必须及时处理，并应履行复查验收手续。

2. 施工现场临时用电的基本要求

施工现场临时用电是安全生产的内容之一，建筑施工的触电伤亡事故占事故类别的第二位，仅次于高空坠落。为确保施工用电安全，结合承担建筑及维修双重任务的特点，制定施工现场临时用电的安全技术要求，以达到施工现场临时用电安全规范的要求：

①施工现场临时用电必须由专业电工施工和维修，要安排一个电工从事临时用电操作，全面负责施工现场安全用电。

②暂设电工上岗证交工程部安全员检查，复印件交工程部安全员备案。

③一般建筑及维修工程由工地电工负责人（电工工长）设计临时用电方案，大型工程由技术室设计临时用电方案。

④临时用电的配电系统接地型式必须采用 TN－S 型或 TN－C－S 型，采用 TN－C－S 型要从总配电箱开始，PE 线（保护零线）和 N 线（工作零线）严格分开，不得混接。

⑤临时用电系统的配电设备，用电设备的金属外壳、碘钨灯金属支架等均应做可靠保护接零线。

⑥施工现场用电设备必须接漏电开关，可根据用电设备选用单相两极、三相三极和三相四极漏电开关。施工当中必须保证漏电开关完好，发现损坏及时更换。

⑦临电线路要选用 VV 型电缆或橡皮线，可架空、挂墙、埋地敷设，过路要穿管埋地敷设。直接在地上敷设要采取保护措施，不允许塑铜线和橡铜线直接在地上敷设。破损电缆要及时更换。

⑧小型用电设备，如碘钨灯、切割机、手动电锯等，装插头不应直接用导线连接。其他大型用电设备保证一个漏电开关控制一台设备。用电设备至开关距离小于 5 m。

以上技术要求必须严格执行，电工工长，暂设电工要按要求安装临电线路及设备，并经常巡视施工现场临电设施，保证完好。在安全检查中发现不符合技术要求的临电线路及设备要予以处罚。

26.2　安全用电技术措施

1. 安全用电技术措施

（1）接地与接零。

在施工现场专用的中性点直接接地的低压电线路中，必须采用 TN – S 接零保护系统。

①保护零线应由工作接地线或配电室的零线或第一级漏电保护器电源侧的零线引用。

②保护零线应与工作零线分开单独敷设，不作他用，保护零线（PE）必须采用绿 – 黄双色线；

③保护零线必须配电室（或总配电箱）、配线路中间和末端至少三处作重复接地，重复接地线应与保护零线相连接。

④保护零线的截面应不小于工作零线的截面，同时必须满足机械强度的要求，与电气设备连接的保护零线为截面大于 $2.5\ \text{mm}^2$ 的绝缘多股铜线。

⑤在电气设备的正常情况下，不带电的金属外壳、框架、部件、管道、轨道、金属操作台，以及靠近带电部分的金属围栏、金属门等均应作保护接零。

⑥供电电力变压器中性点的直接工作接地电阻值和保护零线重复接地电阻值，应符合接地与接地装置设计的要求。

特别注意：不可一部分设备作保护接零，另一部分作保护接地。

（2）设置漏电保护器。

①施工现场的总配电箱和开关箱应至少设置两级漏电保护，两级漏电保护器的额定漏电动作电流和额定漏电动作应作合理配合，使之具有分级保护的功能。

②开关箱中必须设置漏电保护器，施工现场所有用电设备，除作保护接零外，必须在设备负荷线的首端处安装漏电保护器。

③漏电保护器安装在配电箱电源隔离开关的负电荷侧和开关箱电源隔离开关的负电荷侧。

④漏电保护器的选择应符合国标 GB 6829—86《漏电电流动作保护器（剩余电流动作保护器)》的要求，开关箱内的漏电保护器额定漏电动作电流应小于 30 mA，额定漏电动作应小于 0.1 s。使用潮湿和有腐蚀介质场所的漏电保护器应采用防溅型产品，额定漏电动作电流应小于 15 mA，额定漏电时间应小于 0.1 s。

（3）安全用电。

安全电压指不穿戴任何保护设备，接触时对人体各部位不造成任何损害的电压。我国国家标准 GB 3805—83《安全电压》中规定，安全电压值的等级有 42 V、36 V、24 V、12 V、6 V 5 种，同时规定当电气设备采用超过 24 V 时，必须采取防直接接触带电体的保护措施。根据上述规定，工程地下室照明采用 36 V 安全电压照明。

（4）电气设备的设置应符合下列要求。

①配电系统应设置室内配电屏和室外配电箱，或设置室外总配电箱和分配电箱，实

行分级配电。

②动力配电箱与照明箱宜分别设置，若合置在同一配电箱内，动力和照明线路应分路设置，照明线路接线宜接在动力开关的上侧。

③开关箱应由末级分配电箱配电。开关箱内应一机一闸，每台用电设备应有自己的开关箱，严禁使用一个开关电器直接控制两台及以上的用电设备。

④总配电箱应设在靠近电源的地方，分配箱应装设在用电设备或负荷相对集中的地区。分配电箱与开关箱的距离不得超过 30 m。开关箱与其控制的固定式用电设备的水平距离不宜超过 3 m。

⑤配电箱、开关箱应装设在干燥、通风及常温场所，不得装设在易受外来固体物撞击、强烈振动、液体浸溅及热源烘烤的场所。

⑥配电箱、开关箱安装要端正、牢固，移动式的箱体应装设在紧固的支架上。固定式配电箱、开关箱的下皮与地面的垂直距离为 1.3 ~ 1.5 m。移动式分配电箱、开关箱的下皮与地面垂直距离为 0.6 ~ 1.5 m。配电箱、开关采用铁板或优质绝缘材料制作，铁板的厚度应大于 1.5 mm。

⑦配电箱、开关箱中导线的进线口和出线口应设在箱体下底面，严禁设在箱体的顶面、侧面、后面或箱门处。

（5）电气设备的安装要求。

①配电箱内的电器应先安装在金属或非木质的绝缘电器板上，然后整体紧固在配电箱箱体内，金属板与配电箱箱体应作电气连接。

②配电箱、开关箱内的各种电器应按规定的位置紧固在安装板上，不得歪斜和松动，并且电器设备之间、设备与板四周的距离应符合有关工艺标准的要求。

③配电箱、开关箱内的工作零线应接线端子板连接，并应与保护零线端子板分设。

④配电箱、开关箱内的连接线应采用绝缘导线，导线的型号及截面应严格执行临电图纸的标示截面。各种仪表之间的连接线应使用截面大于 2.5 mm^2 的绝缘铜芯导线。导线接头不得松动，不得外露带电部分。

⑤各种箱体的金属构架、金属箱体、金属电器安装板，以及箱内电器的正常不带电的金属底座、外壳等必须做保护接零，保护零线应经过接线端子板连接。

⑥配电箱后面的排线需排列束齐，绑扎成束，并用卡钉固定在盘板上，盘后引出及入的导线应留出适当余度，以便检修。

⑦导线剥削处不应伤线芯过长，导线压头应牢固可靠，多股导线不应盘圈压接，应加装压线端子（有压线孔者除外）。若必须穿孔用顶丝压接时，多股线应涮锡后再压接，不得减少导线股数。

（6）电气设备的防护。

①在建工程不得在高、低压线路下方施工，高、低压线路下方不得搭设作业棚、建

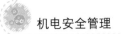

造生活设施，或堆放构件、架具、材料及其他杂物。

②施工时各种架具的外侧边缘与外电架空线路的边线之间必须保持安全操作距离。当外电线路的电压为 1 kV 以下时，最小安全操作距离为 4 m；当外电架空线路的电压为 1~10 kV 时，最小安全操作距离为 6 m；当外电架空线路的电压为 35~110 kV 时，最小安全操作距离为 8 m。上下脚手架的斜道严禁搭设在有外线路的一侧。旋转臂架式起重机的任何部位或被吊物边缘与 10 kV 以下的架空线路边线最小水平距离大于 2 m。

③施工现场的机动车道与外电架空线路交叉时，架空线路的最低点与路面的最小垂直距离应符合以下要求：外电线路电压为 1 kV 以下时，最小垂直距离为 6 m；外电线路电压为 1~35 kV 时，最小垂直距离为 7 m。

（7）电气设备的操作与维修人员。

施工现场内临时用电的施工和维修必须由经过培训后取得上岗证书的专业电工完成，电工的等级等应同工程的难易程度和技术复杂性相适应，初级电工不允许进行中、高级电工的作业。

（8）电气设备的使用与维护。

①施工现场的所有配电箱、开关箱应每月进行一次检查和维修。

②检查维修时必须将前一级相应的电源开关分闸断电，并悬挂停电标志，严禁带电操作。

③配电箱内盘面上应标明各回路的名称、用途，同时要作出分路标记。

④总、分配电箱门应配锁，配电箱和开关箱应指定专人负责，现场停止作业一小时以上时应将动力箱上锁。

⑤各种电气箱内不允许放置任何杂物，并保持清洁。

⑥熔断器的熔体更换时，严禁用不符合原规格的熔体代替。

（9）施工现场的配电线路。

①施工现场中所有架空线路必须采用绝缘铜线或绝缘铝线，并架设在专用电线杆上。

②架空线路的导线接头在一个档距内，每层架空线接头数不超过本层导线条数的 50%，且一根导线只允许一个接头。

③架空线路的排列：采用 TN-S 供电系统，排列顺序从左至右为 L1、N、L2、L3、PE。

④架空线路所使用电杆应为专用砼杆，架空线路所使用的横担角钢、杆上的其他配件应根据导线截面、杆的类型选用。

（10）施工现场的电缆线路。

①电缆线路应采用埋地敷设、穿管埋地或沿墙、电线杆架空敷设，严禁沿地面明设。

②橡皮电缆沿墙或电杆敷设时，应用绝缘子固定，严禁使用金属裸线绑扎。

③电缆的接头应牢固可靠，绝缘包扎后，接头不能降低原有的绝缘强度，并不得承受张力。

（11）室内导线的敷设及照明装置。

①室内配线必须采用绝缘铜线或绝缘铝线，采用瓷瓶、瓷夹或塑料夹敷设，距地高

度大于2.5 m。

②进户线设在室外要用绝缘子固定，过墙应穿套管，室外要做防水弯头。

③金属外壳的灯具必须做保护接零，所用配件均使用镀锌件。

④室外灯具距地面大于3 m，室内大于2.4 m。

⑤螺口灯头及接线必须符合要求：相线接在与中心轴头相连的一端，零线接在与螺纹口相连的一端；灯头的绝缘外壳不得有损伤或漏电。

⑥各种用电设备、灯具的相线必须经开关控制，不得将相线直接引入灯具。

⑦暂设照明灯具应采用拉线开关，严禁在床上设开关。

2. 安全用电组织措施

（1）项目部必须建立临时用电施工组织设计和安全用电技术措施的编制、审批制度，并建立相应的技术档案。

（2）建立技术交底制度。向各专业电工、各类用电人员介绍临时用电施工组织设计和安全用电技术措施总体示意图、技术内容和注意事项，并在技术交底文字资料上履行交底人和被交底人的签字手续，注明交底日期。

（3）建立安全检测制度。从临时用电工程竣工开始，定期对临时用电进行检测，主要内容是接地电阻值、电气设备绝缘电阻值、漏电保护器动作参数等，并做好检测记录。

（4）建立电气维修制度，加强日常和定期维修工作，及时发现和消除隐患，并建立维修工作记录。

（5）建立工程拆除制度。建筑工程竣工后，临时用电工程的拆除应有统一的组织和指挥，并规定拆除时间、人员、程序、方法、注意事项和防护措施等。

（6）建立安全检查和评估制度。施工管理部门和企业按照 JG 359—99《建筑施工安全检查评分标准》，定期对现场进行组织评估。

（7）建立安全用电责任制。对临时用电各部位的操作、监护、维修、分片分块分机落实到人，并辅以必要的奖惩。

（8）建立安全教育和培训制度。定期对专业电工和各类用电人员进行用电安全教育和培训，上岗人员必须有劳动部门核发的上岗证，严禁无证上岗。

（9）电气防火措施。

①施工组织设计根据电气设备的用电量计算和选择导线截面，从理论上杜绝线路过负荷使用。

②导线架空敷设、安全间距必须符合规范要求，经常教育用电人员正确执行安全操作规程，避免作业不当造成火灾。

③电气操作人员要认真执行规范，正确连接导线、接线柱，开关连接要牢固。

④配电室的耐火等级大于3级，室内配备砂箱和绝缘灭火器。施工现场的电动机严禁超载使用，电机周围无易燃物，发现问题及时解决，保证设备正常运转。

⑤施工现场内严禁使用电炉子。使用碘钨灯时，易燃物间距大于 30 cm，室内不允许使用超过 100 W 的灯泡，严禁使用长明灯。

⑥使用焊机时，要实行用火证制度，并有专人监护。施焊周围不存在易燃物体，并配齐防火设备，电焊机放在通风良好的地方。

⑦存放易燃气体、易燃物的室内，照明装置应采用防爆型装备，导线敷设、灯具安装与设备连接均要满足规范要求。

⑧配电箱开关箱内严禁存放杂物及易燃物体，并专人负责定期清扫。

⑨施工现场应建立防火检查制度，强化电气防火领导体制，建立电气防火队伍。

施工现场一旦发生火灾，扑灭时应注意以下事项：

①迅速切断电源，避免事态扩大。

②当电源因其他原因不能及时切断时，一方面派人去供电端拉闸，另一方面灭火时人体的各部位与带电体应保持一定距离，并必须穿戴绝缘用品。

③扑灭电气火灾时，要用绝缘性能好的灭火器，如干粉灭火机、CO_2 灭火器或干燥砂子，严禁使用导电灭火器进行扑救。

学习单元 27　施工现场电气设备的设置

27.1　施工现场电气设备的设置原则

施工现场采用三级配电系统，应遵守四项基本原则：分级分路原则、动照分设原则、压缩配电间距原则、环境安全原则。

（1）分级分路原则。

①从一级总配电箱（配电柜）向二级分配电箱配电可以分路，即一个总配电箱（配电柜）可以分若干分路向若干分配电箱配电。

②从二级分配电箱向三级开关箱配电同样可以分路，即一个分配电箱可以分若干支路向若干开关箱配电。

视频：施工现场电气
设备的设置

③从三级开关箱向用电设备配电实行"一机一闸"制，不存在分路问题，即每一个开关箱只能连接控制一台与其相关的用电设备（含插座）。

按照分级分路原则的要求，在三级配电系统中，任何用电设备不得越级配电，总配电箱和分配电箱不得挂接其他任何设备，否则三级配电系统的结构形式和分级分路原则将被破坏。

（2）动照分设原则。

动力配电箱与照明分配电箱宜分别设置。当动力和照明合并设置于同一配电箱时，动力和照明应分路配电，动力和照明开关箱必须分别设置，不存在共箱分路设置问题。

（3）压缩配电间距原则。

压缩配电间距原则是指除总配电箱、配电室（配电柜）外，分配电箱与开关箱之间、开关箱与用电设备之间的空间间距应尽量缩短。按照规范规定，压缩配电间距规则可用以下三个要点说明：

①分配电箱应设在用电设备或负荷相对集中的场所。

②电杆最大间距为 35 m；分配电箱与开关箱的距离小于 30 m。

③开关箱与其供电的固定式用电设备的水平距离小于 3 m。

（4）环境安全原则。

环境安全是指配电系统对其设置和运行环境的安全要求，包括三种环境要求：使用环境、防护环境和维修环境，具体要求如下：

①防护环境。配电系统应装设在干燥通风及常温场所，不得装在有严重损伤作用的燃气、烟气、潮气及其他有害介质中，亦不得装设在易受外来固体撞击、强烈振动、液体浸溅及热源烘烤场所，否则，应予清除或做防护处理。

②维修环境。配电箱、开关箱周围应有足够的工作空间和通道，不得堆放任何妨碍操作、维修的物品，不得有灌木、杂草。

③使用环境。配电系统使用中满足压缩配电间距原则。

27.2　配电箱和开关箱的设备配置

配电箱和开关箱一般会配置三级，一级总箱，二级配电箱和三级开关箱。

一级总箱包括配置计量表、电流电压表、电源总隔离开关、分路隔离开关、漏电开关、接地接零排。

二级配电箱具备电源总隔离开关、分路隔离开关、断路器插座，应按规定的位置紧固在绝缘板上，不得歪斜和松动。

三级开关箱必须设置隔离开关和漏电保护器。

27.3　配电箱和开关箱的安全要求

1. 安全要求

（1）施工现场配电系统应设置室内总配电屏和分配电箱，或室外总配电箱和分配电箱分级供电，各级配电装置的容量应与实际负载匹配，动力、照明应分别设置。

（2）配电箱、开关箱制作安装应满足下列要求。

①配电箱采用铁板或其他防火绝缘材料制作，做到通风、散热、防雨、防火。

②箱内各种电器，应安装在金属或其他绝缘板上（非木质板），并紧固于箱内。金属底板应与箱体作电气连接。

③正常不带电箱体金属外壳、底座等必须接零（地），通过专用端子连接，并与保护

零线接线端子板分设。各电气连接线应采用绝缘导线，接头可靠，不得外露。

④进、出线必须采用橡皮绝缘电缆，进、出线口应设在箱体的下端面，并加保护圈。进出线应做好防水弯，不得承受外力。

（3）总配电箱电器额定值、动作整定值，应与分路开关电器的额定值、动作整定值相适应，并装设总自动开关、漏电保护器和分路自动开关。

（4）各级配电箱中使用的各种电气元件和漏电保护器，应符合国标质量要求。

（5）各级配电箱中的漏电保护器，应合理布置，起到分级、分段保护作用。

（6）漏电保护器应严格按产品说明书使用，并定期进行试验和作好运行记录。对闲置已久和连续使用一个月以上的漏电保护器，应检查试验，合格后方可使用。

（7）安装电流型低压触电保安器应符合下列要求。

①触电保安器应完好无损，动作灵敏可靠，并应根据实际负荷电流的大小合理选用。

②被保护的线路和电气设备应绝缘良好，触电保安器的电流标位应正确选择。

③穿过触电保安器的导线，应绞合在一起，用纱带或胶布包好，并放在中心。触保器前后 200 mm 范围内集束不应散开。

④触电保安器应远离交流电磁场，如变压器、电流互感器、电动机等，与之配用的交流接触器应安装在 400 mm 以外。

⑤通过触电保安器后的零线，不得重复接地，仅允许做工作零线，被保护电气设备的金属外壳宜采用保护接地。

⑥若采用保护接零，保护零线应从触电保安器开关前出引。

（8）每台用电设备应有专用的开关，必须实行一机一闸，严禁一闸多用。

（9）手动开关电器只允许用于直接控制照明电路和容量小于 3 kW 的动力电路。各级配箱应明确专人负责，做好定期检查、维修和清洁工作。

（10）配电箱进行检查、维修时，必须将与前一级相对应的电源开关切断，并悬挂醒目的停电检修标志牌。

2. 维护与检修

（1）配电箱、开关箱应有名称、用途、分路标记及系统接线图。

（2）配电箱、开关箱箱门应配锁，并应由专人负责。

（3）配电箱、开关箱应定期检查、维修。检查、维修人员必须是专业电工。检查、维修时电工必须按规定穿戴绝缘鞋、手套，必须使用电工绝缘工具，并做检查、维修工作记录。

（4）对配电箱、开关箱进行定期维修、检查时，必须将前一级相应的电源隔离开关分闸断电，并悬挂"禁止合闸、有人工作"停电标志牌，严禁带电作业。

（5）配电箱、开关箱必须按照下列顺序操作：

①送电操作顺序为总配电箱、分配电箱、开关箱。

②停电操作顺序为开关箱、分配电箱、总配电箱。

但出现电气故障的紧急情况可除外。

（6）施工现场停止作业 1 小时以上时，应将动力开关箱断电上锁。

（7）配电箱、开关箱内不得放置任何杂物，并应保持整洁。

（8）配电箱、开关箱内不得随意挂接其他用电设备。

（9）配电箱、开关箱内的电器配置和接线严禁随意改动。更换熔断器的熔体时，严禁采用不符合原规格的熔体代替。漏电保护器每天使用前应启动漏电试验按钮试跳一次，试跳不正常时严禁继续使用。

情境小结

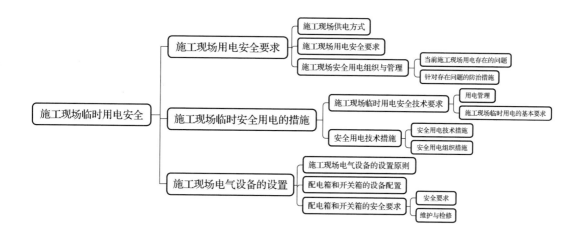

思考与习题

一、单项选择题

1. JGJ 46—2005《施工现场临时用电安全技术规范》规定，凡用电设备台数或总容量在（　　）以上者，应编制用电组织设计。

A. 5 台或 50 kW

B. 3 台或 30 kW

C. 8 台或 80 kW

2. 10 kV 的外电架空线路与施工现场机动车道交叉时，架空线路的最低点与路面的最小垂直距离不得小于（　　）。

A. 6 m

B. 7 m

C. 8 m

3. 配电箱、开关箱周围应有足够（　　）同时工作的空间和通道，不得堆放任何妨碍操作、维修的物品。

A. 1 人　　　　　　　　　　　　　　　B. 2 人

C. 3 人

4. 开关箱内的漏电保护器的额定漏电动作电流不应大于（　　），额定漏电动作时间不应大于（　　）。

A. 30 mA，0.1 s　　　　　　　　　　　B. 50 mA，0.12 s

C. 75 mA，0.1 s

5. 室外 220 V 灯具距地面不得低于（　　）。

A. 3.5 m　　　　　　　　　　　　　　B. 3 m

C. 2.5 m

6. 配电箱进出线中的工作零线必须通过（　　）端子板连接；保护零线必须通过（　　）端子板连接。

A. N 线；N 线　　　　　　　　　　　B. PE 线；PE 线

C. N 线；PE 线　　　　　　　　　　　D. PE 线；N 线

7. 工作接地电阻值不得大于（　　）；重复接地电阻值不得大于（　　）；防雷接地电阻值不得大于（　　）。

A. 4 Ω；10 Ω；30 Ω　　　　　　　　B. 10 Ω；10 Ω；30 Ω

C. 10 Ω；4 Ω；10 Ω　　　　　　　　D. 4 Ω；4 Ω；10 Ω

8. 漏电保护器（　　）使用前应启动漏电试验按钮试跳一次。

A. 每天　　　　　　　　　　　　　　B. 每周

C. 每月

9. 隧道中的照明，电源电压不应大于（　　）。

A. 42 V　　　　　　　　　　　　　　B. 36 V

C. 24 V　　　　　　　　　　　　　　D. 12 V

10. 电缆直接埋地敷设的深度不应小于（　　）。

A. 1.2 m　　　　　　　　　　　　　　B. 1 m

C. 0.7 m　　　　　　　　　　　　　　D. 0.5 m

二、多项选择题

1. 三级配电是指（　　）、（　　）、（　　）逐级配电。

A. 总配电箱　　　　　　　　　　　　B. 变压器

C. 分配电箱　　　　　　　　　　　　D. 开关箱

E. 用电设备

2. 每台用电设备必须有各自专用的开关箱，严禁用同一个开关箱直接控制 2 台及 2 台以上用电设备（含插座），开关箱四个一原则即（　　）、（　　）、（　　）、（　　）。

A. 一机　　　　　　　　　　　　　　B. 一闸

C. 一箱 　　　　　　　　　　　D. 一漏

E. 一线

3. 根据现行的国家标准 GB 50054《低压配电设计规范》，低压配电系统有三种接地形式，即（　　）、（　　）、（　　）。

A. IT 　　　　　　　　　　　　B. TT

C. TN 　　　　　　　　　　　　D. TN – C

E. TN – S

三、简答题

1. 简述"一机一闸、一箱一漏"各代表什么含义？

2. 临时用电的漏电保护器有哪些要求？

☑ 学习评价

					学习效果				结论及建议
序号	内容	采取形式	自评得分（50分，每项10分）	测试得分（50分，每项10分）	好	一般	较好	较差	
1	学习目标达成情况		（　）分						
			（　）分						
			（　）分						
2	重难点突破情况		（　）分						
			（　）分						
3	知识技能的理解应用			（　）分					
4	知识技能点回顾反思			（　）分					
5	课堂知识巩固练习			（　）分					
6	思维导图笔记制作		·	（　）分					
7	思考与习题			（　）分					

学习情况测评量表

备注："学习效果"一栏请用"√"在相应表格内记录。采取形式：可以根据实际情况填写，如笔记、扩展阅读、案例收集分析、课后习题测试、课后作业、线上学习等。

参 考 文 献

[1]胡兴志.机电安全技术[M].北京:国防工业出版社,2015.

[2]孙世梅,付会龙,刘辉.机电安全技术[M].北京:中国建筑工业出版社,2016.

[3]胡兴志,罗建国.机电安全工程[M].北京:中国建筑工业出版社,2016.

[4]陈金刚.电气安全工程[M].北京:机械工业出版社,2016.

[5]石一民,冯武卫.机械电气安全技术[M].北京:海洋出版社,2016.

[6]杨勇.电气安全知识[M].北京:中国劳动社会保障出版社,2017.

[7]李盈康.电气安全技术问答[M].北京:中国石化出版社,2017.

[8]夏洪永.电气安全技术[M].北京:化学工业出版社,2018.

[9]郭世良.电力施工项目管理简明手册[M].北京:中国电力出版社,2010.

[10]黄华英.电力工程施工安全管理[M].北京:水利水电出版社,2011.

[11]葛庆博.机电安全管理存在的问题及对策研究[J].建材与装饰,2018(40):186 – 187.

[12]朱林.机电安全生产问题及解决措施分析[J].才智,2017(22):278.

[13]姚志刚.机电设备管理存在的问题和对策[J].电力系统设备,2021(12).

[14]庞璐.论机电设备管理在煤矿安全生产中的作用[J].当代化工研究,2021(4).

[15]万小菲.机电设备管理的信息化技术应用效果分析[J].时代汽车,2021(13).